甘肃科技发展战略研究

GANSU KEJI FAZHAN ZHANLUE YANJIU

2019–2020

甘肃省科学技术发展战略研究院　编

甘肃科学技术出版社

图书在版编目（C I P）数据

甘肃科技发展战略研究. 2019-2020 / 甘肃省科学技术发展战略研究院编；张爱宁，杜英，马燕玲主编. -- 兰州：甘肃科学技术出版社，2021.12
ISBN 978-7-5424-2902-5

Ⅰ. ①甘… Ⅱ. ①甘… ②张… ③杜… ④马… Ⅲ. ①科技发展－发展战略－研究－甘肃－2019-2020 Ⅳ. ①G322.742

中国版本图书馆 CIP 数据核字（2021）第 262978 号

甘肃科技发展战略研究 2019-2020

甘肃省科学技术发展战略研究院 编

责任编辑 马婧怡
封面设计 孟孜铭

出 版 甘肃科学技术出版社
社 址 兰州市城关区曹家巷 1 号 730030
网 址 www.gskejipress.com
电 话 0931-2131576（编辑部） 0931-8773237（发行部）

发 行 甘肃科学技术出版社 印 刷 甘肃海通印务有限责任公司
开 本 787 毫米×1092 毫米 1/16 印 张 19 插 页 1 字 数 450 千
版 次 2021 年 12 月第 1 版
印 次 2021 年 12 月第 1 次印刷
印 数 1~600
书 号 ISBN 978-7-5424-2902-5 定 价 58.00 元

前 言

“向科技创新要答案”。当前和今后一个时期，中国发展仍然处于重要战略机遇期，坚持科技创新导向，以科技创新推动产业升级，对于提升区域竞争力、支撑高质量发展具有重要作用。时间是伟大的书写者，忠实地记录了奋斗者的足迹。2019—2020年，甘肃科技事业厚植优势、突出重点，着力为经济社会高质量发展增添新动能。发挥兰州白银国家自主创新示范区和兰白科技创新改革试验区等平台带动作用，突出打赢脱贫攻坚战和发展十大生态产业两大主题，坚决贯彻落实一手抓新冠肺炎疫情防控、一手抓经济社会发展的总要求，深入实施创新驱动发展战略，深耕科技创新创业，助力打赢脱贫攻坚战，促进科技成果转移转化，强化技术创新体系，加快提升企业技术创新能力，持续提升产业基础能力和产业链现代化水平，以高水平科技供给有力支撑甘肃省经济社会高质量发展。

站在战略研究的角度对甘肃科技发展的成绩、经验和问题进行总结与归纳，2年间，甘肃省科技发展战略研究院（以下简称“省战略院”）聚焦甘肃省科技发展战略、政策研究、体制机制改革、科技支撑产业发展及区域创新体系建设等多个方面群策群力开展持续研究，集成相关项目研究、学术论文、科技决策参考、调研报告、甘肃科技发展报告等多种形式的研究成果，展现了从科技支撑抗疫、改善民生到支撑高质量发展的驱动之路，从“十二五”热点追踪、“十三五”创新能力分析到“十四五”发展建议的建言之路。

本书共有五个篇章。其中，第一篇是战略研究篇，主要摘编了近两年来省战略院在“十四五”规划和发展建议、科技服务民生、决策咨询智库建设、科技投入等方面的研究成果。第二篇是产业研究篇，主要从工业、农业、战略性新兴产业等领域开展研究，既关注科技前沿的农作物基因编辑和量子科技、区块链等主题，也着眼于甘肃藜麦产业、十大生态产业和兰白科技创新改革试验区重点产业等领域的发展态势。第三篇是区域研究篇，在对《2020 中国区域科技创新评价报告》《2019 中国区域科技创新评价报告》和《2018 甘肃省区域科技进步》综合分析的基础上，重点对酒泉市、金昌市、兰州市、兰白科技创新改革试验区和黄河流域甘肃段的发展现状进行了剖析。第四篇是政策研究与评估评价篇，主要包括应对新冠肺炎疫情中央及地方政策分析、科技成果转化机制及科技成果第三方评价、企业研发投入等相关内容方面的研究成果。第五篇是大事记，主要摘选了省战略院近两年的重大项目立项、重大成果验收或奖励、表彰、开展的重大活动、重要会议等重大事件。

本书为省战略院各类型、各主题研究成果的汇编，因涉及研究领域、研究方法、成果应用形式繁多，在内容展现形式上存在篇幅长短体例不一、形式多样，以及主题跨越较大等问题，敬请各位读者理解。在成稿过程中，编辑人员对书中参考的大量国内外文献资料尽量一一注明，如有遗漏之处，敬请原著者谅解，在此，编写组向有关作者表示衷心的感谢！

编写组

2022 年 2 月

目 录

战略研究篇

产业研究篇

区域研究篇

政策研究及评估评价篇

大事记

新时代背景下的甘肃省科技决策咨询智库建设研究

一、绪 论

(一)研究背景

党的十八大以来，习近平总书记多次对智库建设作出重要批示，他指出：智库是国家软实力的重要组成部分，要积极探索中国特色新型智库的组织形式和管理方式。这些重要论述既阐释了智库建设对推进国家治理体系和治理能力现代化的重要意义，又为建设中国特色新型智库指明了根本方向、提出了总体要求。

2012 年 11 月，党的十八大报告提出："坚持科学决策、民主决策、依法决策，健全决策机制和程序，发挥思想库作用"。2013 年 4 月，习近平总书记对建设中国特色智库作出重要批示，要求将智库发展提高到国家战略高度，作为国家软实力的重要组成部分。2013 年 11 月，十八届三中全会将"加强中国特色新型智库建设，建立健全决策咨询制度"写进《关于全面深化改革的若干重大问题的决定》，作为推进国家治理体系和治理能力现代化的重要措施之一。2014 年 3 月，习近平总书记在访问德国时，强调在中德两国全方位战略伙伴关系中，要加大政府、政党、议会、智库交往。把智库建设提上了国家外交层面，"智库外交"成为中国国际交流与合作的"第二轨道"。2014 年 7 月 8 日，习近平总书记主持召开经济形势专家座谈会时指出，广泛听取各方面专家学者意见并使之制度化，对提高党的执政能力、提高国家治理能力具有重要意义。他指出经济形势专家座谈会是落实十八大和十八届三中全会要求加强中国特色新型智库建设，建立健全决策咨询制度这个决策部署的重要体现，希望广大专家学者不断拿出有真知灼见的成果，为中央科学决策建言献策。2014 年 10 月 27 日，中央全面深化改革领导小组第六次会议审议了《关于加强中国特色新型智库建设的意见》，习近平总书记强调，我们进行治国理政，必须善于集中各方面智慧、凝聚最广泛力量。重点建设一批具有较大影响和国际影响力的高端智库，重视专业化智库建设，这既为中国智库的发展提出了挑战，也为各类智库发挥作用提供了广阔的空间。改革发展任务越是艰巨繁重，越需要强大的智力支持。要从推动科学决策、民主决策，推进国家治理体系和治理能力现代化、增强国家软实力的战略高度，把中国特色新型智库建设作为一项重大而紧迫的任务切实抓好。

2015 年 1 月，中共中央办公厅、国务院办公厅印发《关于加强中国特色新型智库建设的意见》，并要求各地区各部门结合实际认真贯彻执行。这是中华人民共和国成立以来第一个关于推动发展智库的纲领性文件，在中国智库发展史上具有里程碑意义。

《关于加强中国特色新型智库建设的意见》是党和政府科学民主依法决策的重要支撑、国家治理体系和治理能力现代化的重要内容、国家软实力的重要组成部分阐述了建设中国特色新型智库的重大意义，提出在坚持党的领导和把握正确导向、坚持围绕大局和服务中心工作、坚持科学精神和鼓励大胆探索、坚持改革创新和规范有序发展的原则上，统筹推进党政部门、社科院、党校行政学院、高校、军队、科研院所和企业、社会智库协调发展，形成定位明晰、特色鲜明、规模适度、布局合理的中国特色新型智库体系。

2015 年 11 月，中央深改小组通过了《国家高端智库建设试点工作方案》，对如何选择并建设一批国家亟须、特色鲜明、制度创新、引领发展的高端智库作出部署。2015 年 12 月 1 日，国家高端智库建设试点工作会议召开，共有 25 家机构入选首批国家高端智库建设试点单位。首批入选的机构分为四种类型：第一类是党中央、国务院、中央军委直属的综合性研究机构，共 10 家，分别是国务院发展研究中心、中国社会科学院、中国科学院、中国工程院、中央党校、国家行政学院、中央编译局、新华社、军事科学院和国防大学；第二类是依托大学和科研机构形成的专业性智库，共 12 家，分别是中国社会科学院国家金融与发展实验室、中国社会科学院国家全球战略智库、中国现代关系研究院、国家发改委宏观经济研究院、商务部国际贸易经济合作研究院、北京大学国家发展研究院、清华大学国情研究院、中国人民大学国家发展与战略研究院、复旦大学中国研究院、武汉大学国际法研究所、中山大学粤港澳发展研究院、上海社会科学院；第三类依托大型国有企业建设，为中国石油经济技术研究院；第四类是基础较好的社会智库，共 2 家，分别是综合开发研究院（中国·深圳）和中国国际经济交流中心。

试点工作启动以来，中央财办、中央外办、中央网信办、外交部、国家发展改革委等部门高度重视智库作用，主动提出决策亟需的重大研究选题，与智库积极对接。社会各界高度关注，媒体积极发挥舆论引导作用。中国特色新型智库建设工作实现了精彩开局、迈出了重要步伐。

（二）研究意义

随着各国对智库建设的重视，国内外关于智库建设的理论研究较为广泛，特别是美英等发达国家，智库起步较早、智库研究的理论成果丰硕。中国智库发展起步较晚、发展较为滞后，理论研究还相对不足。从国际环境看，经济全球化、世界多极化深度发展，世界经济不稳定不确定因素增多，主要经济体政策调整及其外溢效应带来变数，保护主义加剧，地缘政治风险上升，和平、发展、合作的环境更趋复杂，纷繁复杂的国际环境对决策者决策内容和决策把握提出更高要求。从国内环境看，中国特色社会主义进入新时代，我国社会主要矛盾已经发生深刻变化，我国已经进入协调推进“四个全面”战略布局的关键时期，各地改革发展稳定任务繁重，需要面临、应对和破解的问题复杂艰巨，对党委、政府依法科学决策带来了更高挑战、提出了新的更高要求。对甘肃而言，迫切需要加强各类智库建设，广泛听取民智、广泛吸纳民意、广泛利用社会智慧，用专业化的智库知识为党委、政府科学决策、依法决策提供重要依据参考。

二、智库概述

（一）智库的含义

智库又称“思想库”，一般是指研究公共政策的专业机构，主要职能是提供高质量的思想产品，为公共决策者解决经济、政治、社会、外交等方面的问题出谋划策。现代意义上的智库产生于19世纪，是社会分工精细化和决策科学化的结果。20世纪中叶以来，随着科技进步，世界政治力量格局和经济秩序持续发生重大变化，各国面临形势和环境的复杂性不断增强，人类社会发展史上以个体形式为主的谋士、幕僚的能力已远远不能适应决策者应对挑战的需要，迫切需要团队形式的智库为决策者提供更高质量的专业咨询和政策方案。各类智库由此得到快速发展，决策咨询服务水平不断提高，政策影响力日益扩大，决策层与智库的关系愈加紧密。智库逐渐成为国家治理体系的重要组成部分，在国家治理中发挥着越来越重要的作用。

在习近平新时代中国特色社会主义思想指引下，智库有着本土化内涵和特征。《关于加强中国特色新型智库建设的意见》指出，中国特色新型智库是以战略问题和公共政策为主要研究对象、以服务党和政府科学民主依法决策为宗旨的非营利性研究咨询机构。中国智库的目标任务主要是服务国家或上级部门的宏观决策，任务部署以“自上而下”形式为主，功能主要集中在咨政建言、理论创新、舆论引导、社会服务和公共外交等方面，组织架构较为完整，智库人员相对固定，经费主要来自中央财政拨款，智库产品具有非竞争性、非排他性的社会公共产品属性，是特征鲜明的非营利组织。

在中国，对照首批国家高端智库建设试点单位，根据智库主体可将智库分为4类：

（1）党中央、国务院、中央军委直属的综合性研究机构，如国务院发展研究中心、中国科学院、中国工程院、中国科学技术协会、中国社会科学院、军事科学院等。此类智库的特点是由中央财政全额拨款，以支撑服务政府决策为主要职能，研究内容宽泛，组织体系较为系统完整。

（2）依托大学和科研机构形成的专业性智库，如国家发展改革委宏观经济研究院、清华大学国情研究院、上海社会科学院，这类智库具有较强的学术背景，研究问题针对性强，第三方色彩相对明显。

（3）依托大型中央和国有企业的行业智库，例如中国石油经济技术研究院、国家电网电力科学研究院等，它们服务于上级行业部门，聚焦所在专门领域的具体技术问题，力求推动行业发展。

（4）由社会团体组建的社会智库，例如中国国际经济交流中心、盘古智库，此类智库具有非官方属性，完全面向市场，对经济市场变化更加敏感，科研组织方式灵活，多数采用合同管理。

（二）智库的作用

现代意义上的智库主要以专业、客观、独立的方式提出公共政策主张，帮助决策者制定和推行政策，并就有关政策进行论证、评估。由于社会治理体制、文化传统、发展阶段等原因，西方发达国家的智库多以政府体制外的社会性智库为主；而在东亚地区，一些主要经济体的政府在20世纪后期主动建立大量智库，形成了以“官办”智库为主的东亚特色。无论智库的属性如何，它们都在当代国家的发展和治理中发挥着重要作用。美国大西洋理事会在里根执政期间完成了《今后十年的对华政策》，报告中的主要观点成为当时美国政府处理中美关系的重要依据。美国兰德公司对苏联第一颗卫星发射时间、越战撤军、中美建交、古巴导弹危机、德国统一等国际重大事件的成功预测和战略研判，奠定了其在美国政府决策中的地位，为其赢得了世界著名智库的声誉。另外，西方国家的议员们在立法机构就各类公共政策发言或辩论，背后往往是不同智库主张之间的交锋。日本综合研究所提出的“综合安全保障战略”，指导日本顺利渡过了第二次石油危机。以韩国开发研究院（KDI）为代表的数十家官办智库，为韩国实现工业化、现代化出谋划策，作出了社会公认的贡献。智库的质量与水平已经成为现代国家治理能力的重要体现。

当前，全面建成小康社会进入决胜期，破解改革发展稳定难题和应对全球性问题的复杂性、艰巨性前所未有。这要求中国智库特别是国家高端智库积极把握和回应新时代发展变革的主题主线，以战略问题和公共政策为主要研究对象，以服务党和政府科学决策、民主决策、依法决策为宗旨，担负起时代赋予的职责和使命。

1.为实现国家治理现代化提供智力支持

纵观当今世界各国现代化历程，智库在国家治理中的作用越来越重要，日益成为国家治理体系不可或缺的组成部分。在以习近平同志为核心的党中央的坚强领导下，中国正在积极推进国家治理体系和治理能力现代化建设。确保国家治理现代化不断取得积极进展，需要集中各方面智慧、凝聚最广泛力量。国家高端智库应在构建科学治理体系、提高治理能力方面提供强大智力支持。

2.为推动高质量发展咨政献策

当前，中国经济已进入高质量发展阶段。这是一个爬坡过坎的关键期，要打好防范化解重大风险、精准脱贫和污染防治三大攻坚战，跨越转变发展方式、优化经济结构、转换增长动力的关口。在世界格局深刻调整的背景下实现经济转型升级、核心竞争力提升和可持续增长，必须迎接新挑战、解决新问题。这要求国家高端智库把握新形势下经济高质量发展的客观规律，提出全局性、战略性的对策和建议，为促进经济社会持续健康发展贡献力量。

3.为应对百年未有之大变局凝聚智慧

当今世界正处于百年未有之大变局，国际力量对比发生新的变化，中国日益走近世界舞台中央。中国道路、理论和制度的巨大成功，受到越来越多国家的关注和认同。然而，西方一些国家对中国的战略围堵日益加剧，对中国的战略遏制逐渐升级。面对这样的情形，国家高端智库应在国际交流合作中发挥好作用，在规划对接、政策协调、机制设计上做好党和政府的参谋助手，在理念传播、政策解读、民意通达上当好纽带桥梁，凝结中国智慧、凝聚国际共识，为我国发展创造更广阔、更有利的空间。

（三）科技智库的含义

科技智库是以科技战略政策研究和科技支撑服务公共政策制定为主要职能的专业政策研究和咨询机构。科技智库是智库的类型之一，其特点是以科学和技术为研究对象和研究内容，关注科学和技术在公共政策与决策咨询中的作用和影响。科技智库从科学技术的角度出发，研究事关全局的重大战略问题，从科学技术发展规律角度出发，前瞻性思考世界科技发展趋势，开展科学评估，进行预测预判，对经济社会发展的重大科技创新问题提出前瞻性、建设性的建议，在国家科技战略、规划、布局和政策等方面发挥关键作用。

从研究目的看，科技智库以科学和技术为研究对象，以影响社会科学技术发展为研究目标。从研究活动来看，科技智库将科学和技术作为工具，广泛利用科技领域所涉及的技术和方法，以预见、评估、解决社会前沿、热点问题。从研究影响看，科技智库为科学和技术提供政策咨询和建设服务，是科学和技术在当代社会生存和发展的保障。

围绕科技智库发展目标，科技智库主要承担以下五方面职能：

(1) 服务国家科技战略和宏观决策，为决策提供客观的科学依据和数据支撑；

(2) 引领创新方向，从科学理念、科学方法、科学文化方面影响社会公众，推动社会进步；

(3) 创新研究方法和工具，确保研究的科学性和权威性，得到智库同行的认同；

(4) 向公众普及和解读国家科技政策，在一定程度上发挥政府和公众之间的桥梁纽带作用；

(5) 培养科技人才，以咨询论证任务为牵引，培养优秀的多学科交叉的复合型智库人才。

此外，科技智库也发挥了政府官员和研究学者之间“旋转门”和“中转站”的作用。一方面，科技智库为离任的政府官员提供继续发挥才能和施展才华的空间和舞台，提供容身之所。例如美国布什政府财长鲍尔森离开政府之后进入霍普金斯大学做访问研究员。另一方面，科技智库也为政府决策机构输送储备干部。例如卡特总统任职期间，吸纳了三边委员会、对外关系委员会、布鲁金斯学会等智库的数十位成员在政府任职。科技智库成员出入政界已成为美国政治的一大特色，也是衡量智库影响力的一项重要指标。

（四）科技智库的主要特征

科技智库作为智库的一个主要分支，具备智库的共性特征：

（1）研究工作具有政治性和现实针对性，不以学术研究为主，而以影响政府决策为科研目标，因此决策者是否考虑或者采纳其政策建议是判断智库影响力大小的主要标准；

（2）具有独立和非营利性，以科研院所、高校、学会、公司、中心等命名，作为独立法人机构，以事业单位或现代企业方式进行管理，但不以营利为目的；

（3）智力产品是赖以生存的根本，通过为决策部门提供政策思想、方案和建议等智力产品及其带来的影响和声誉来维持自身的生存与发展。

此外，科技智库作为致力于科学研究和公共政策咨询的专业型智库，还具备专业性、多学科化、知识工具性等特征，具体如下。

①专业性。科技智库研究是一个知识密集型工作，具有很强的专业性，科研人员需要经过长期特定的专业学习训练，掌握特定的科学研究方法和流程，对专业内部的规律性较为敏感。科研人员针对政府需求，搜集本领域的专业知识和信息，了解世界发展态势，利用特定的分析工具和研究方法提出专业性强的政策建议。同时，科研涉及的知识具有较强的专业性，只有较强专业背景的人员才能够开展相关研究。

②多学科化。随着科学技术的爆炸式发展，智库的研究领域和方向呈现出多元化趋势，综合性进一步增强，学科交叉现象在政策研究过程中已成为常态，所涉及的研究方向由一个或几个学科向综合集成领域转变。为解决综合复杂问题，研究人员必须具备多学科知识背景，不能仅精通一门学科，还要对问题涉及的相关专业有一定了解，有利于学科知识间的交叉融合，提出多角度、全方位的政策建议。

③知识工具性。科技智库对知识工具和信息技术依赖性越发明显，面对经济、科技的快速发展和社会的多元化需求，科技智库面对及处理的各种问题的综合性更加突出，科技智库必须以强有力的知识、信息和情报作为支撑，为新政策的研究制定提供知识信息基础，才能做到咨询论证结论科学、准确和客观。

三、甘肃科技决策咨询智库建设

甘肃科技决策咨询智库的建设，要全面贯彻落实《关于加强中国特色新型智库建设的意见》《国家科技决策咨询制度建设方案》和甘肃省《关于加强中国特色新型智库建设的实施意见》精神，建立健全决策咨询制度，集聚整合甘肃省科技系统的学科和人才优势，推进高水平决策咨询智库建设。

（一）智库建设的必要性

党的十八大以来，党中央高度重视中国特色新型智库建设，中国特色新型智库是党和政府科学民主依法决策的重要支撑，是坚持和完善中国特色社会主义制度，推进国家治理体系和治理能力现代化的重要内容。全面提高科技智库的核心能力和核心竞争力既是时代的要求，也是中国发展阶段的必然选择。

科技智库建设是贯彻落实习近平总书记“八个着力”的重要举措。2013 年，习近平总书记在视察甘肃时做出了“八个着力”重要指示，为甘肃科技创新指明了努力方向，提供了新遵循。完成全面建成小康社会任务，破解改革发展难题，推进以科技创新为核心的全面创新，迫切需要加强科技智库建设，以科技咨询支撑科学决策，以科学决策引领科学发展。

科技智库建设是欠发达地区实施创新驱动发展战略的必然要求。习近平总书记指出：“越是欠发达地区，越需要实施创新驱动发展战略”，欠发达地区要“以创新的思维和坚定的信心探索创新驱动发展新路”。探索具有时代特征、西部特色、示范内陆欠发达地区的创新驱动战略发展模式，迫切需要建设科技创新智库，加强创新驱动发展的预判性、前瞻性研究，不断提升科技创新发展的战略预见力。

科技智库建设是推进治理现代化的内在要求。习近平总书记指出：“要从推动科学决策、民主决策，推进国家治理体系和治理能力现代化、增强国家软实力的战略高度，把中国特色新型智库建设作为一项重大而紧迫的任务切实抓好”。建设科技智库，能够强化创新决策的价值判断力，增强决策咨询研究活动的针对性和实效性，强化对全社会提供公共战略信息产品的能力，推进创新治理体系和治理能力的现代化。

党的十八届三中全会明确提出，要加强中国特色新型智库建设。2017 年 2 月，中央全面深化改革委员会第三十二次会议审议通过《国家科技决策咨询制度建设方案》。科技智库通过全面准确把握创新的发展规律和战略动向，把智力优势转化为决策咨询的战略优势，是贯彻落实中央关于加强智库建设精神的重要举措。

科技智库建设是科技系统落实“四个全面”战略布局，在科技创新和经济建设主战场更加奋发有为，在实践服务中不断拓展科技事业发展新空间的有力支撑。目前，甘肃省智库发展正处于起步阶段，涉及多个类型，但仍然存在突出的矛盾与问题：一是协同能力弱，缺乏合力和联合攻关机制；二是决策质量低，供需对接不畅，影响力不强；三是品牌智库少，缺乏独立性、原创性和思想性的智库产品。因此，亟待聚集行业资源、延伸研究深度、拓展研究构架。

（二）智库的建设目标

1.基本定位

甘肃科技决策咨询智库定位于科技决策的支撑者、科技创新的践行者，开展具有前瞻性、储备性、服务性、独立性和诊断性的科技战略决策研究，打通科技与经济、科技与产业、科技与信息之间的通道，通过搭建开放式的科技决策咨询平台和运行机制，围绕建设创新型甘肃和实施创新驱动发展战略，研究国内外科技发展趋势，针对科技政策规划、科技发展战略、产业结构调整、产业发展规划、产业技术方向、产业政策制定、重大工程项目等开展决策咨询、评估预测等研究，不断提高科技决策水平。

2.建设原则

（1）坚持科学决策。坚持科学精神，坚持理论联系实际，围绕省委省政府经济社会发展需求、科技创新能力建设和创新驱动发展战略的实施开展决策咨询研究，体现决策研究的导向性、精准性、时效性，形成符合经济社会发展规律的新思想、新观点、新理论。

（2）坚持科技创新。面向实施创新驱动发展战略和建设创新型甘肃，围绕甘肃省重大科技需求，在科技发展战略、政策、规划、评价等方面多点突破，促进科技创新与经济社会发展、研发机构与产业需求、研发活动与成果转化、科技人员与激励机制、创新驱动与市场发展深度融合。

（3）坚持区域特色。立足甘肃、研究甘肃、服务甘肃，着力研究和把握好甘肃科技经济社会发展的规律和特点，开展区域可持续发展的战略规划、竞争力分析、创新能力评价、创新增长路径设计等工作，为区域经济社会发展提供有针对性的决策咨询服务。

（4）坚持开放合作。发挥“一带一路”黄金段区位优势，奉行互利共赢战略，实施双边与多边的科技经济合作，加强与“一带一路”区域智库之间的合作交流，以开放促创新促改革，促进与京津冀、长江经济带、海上丝绸之路的协同发展，建设创新共同体，全力拓展开放广度，为西部发展奠定坚实基础。

3.总体目标

到2020年，建成一个独立思考、社会影响广泛、决策部门认同的智库系统，成为省委省政府“信得过、靠得住、用得上”的思想库和智囊团。聘请熟悉政策背景、素质过硬、决策咨询能力强的国家层面专家组成咨询委员会，建立多方联合、开放协同的智库专家体系，构建专业功底扎实、创新思维活跃、研究潜力大的人才研究团队，打造以《科技决策参考》《甘肃省科技发展报告》《专题调研报告》《产业技术路线图谱》《评估报告》《统计监测报告》等咨询产品为标志的高端智库成果体系，强力支撑区域重要决策。

（三）智库的组织架构

甘肃科技决策咨询智库是由省科教工作领导小组统一领导，省科技厅负责建设，省政府各部门参与，智库下设专家咨询委员会和办公室。智库实行“双组长”制，省科技厅厅长和专家咨询委员会主任分别任组长。

省科技厅负责智库建设的宏观指导、协调和督促，协调科教工作小组各成员单位关于智库的重大事项，督促建立并完善智库相关管理制度建设，建立长效机制，不断提高整体决策水平。

专家咨询委员会由国家层面具有较高学术水平、较丰富实践经验和开拓创新精神的科技、经济、管理等方面的专家、学者、企业家、高级管理人员或学术带头人组成，专家咨询委员会委员由甘肃省政府聘任。重视听取科学家意见，聘请中国科学院、中国工程院的甘肃籍院士和在甘院士若干人任专家咨询委员会名誉主任，聘请国家科技发展战略领域的专家任专家咨询委员会主任，聘请中国科技和管理领域的知名专家学者任专家咨询委员会副主任。

智库办公室设在省科技发展战略研究院，负责处理智库的日常工作。主要职责是：负责研究提出智库工作方案；组织有关智库的重大活动；负责起草智库的各种工作制度和文件草案；协助智库成员单位开展课题研究和调研活动等。

智库成员单位主要由甘肃省长期从事科技创新战略研究的政策研究机构、科研院所、高等院校和企业等组成（见附表），成员单位可动态调整。成员单位主要职责：参与智库的相关活动；承担智库研究项目；向智库办公室推荐智库成员等。

智库成员主体来源于智库成员单位，由 100 名在甘肃省各领域具有深厚积累和业界影响的党政决策部门、大型企事业单位、科研院所、高等学院、咨询服务机构和社会媒体的专家学者组成。按照“小实体、大网络”的方针，坚持开放合作，广泛吸收退休的领导干部、专家学者，打造一支跨界联合、任务驱动、集聚共赢的立体式智库核心研究队伍。智库成员注重发挥群体综合智力优势，采取课题研究、专题调研、会议研讨等多种方式开展研究。

（四）智库的运行机制

甘肃科技决策咨询智库采用虚实相结合的方式运行，围绕省委、省政府的中心工作和重大战略目标，以智库项目为纽带，集聚跨学科、跨部门的决策咨询资源，推出具有重要决策影响的系列智库产品，建立智库与省委省政府的联系机制，及时了解省委、省政府的决策需求，及时向省委、省政府汇报智库研究成果和决策咨询建议，为省委、省政府战略决策提供智力支撑。

1.智库管理机制

（1）成员单位管理。智库成员单位实行聘任制，对入库成员单位由省科教工作领导小组发放聘书，聘期每届五年。智库办公室负责对智库成员单位分类登记、沟通联络。非成员单位内的离散型智库成员由智库办公室选择、聘任，聘期每届三年。

（2）智库工作年会。每年年底召开智库工作年会，智库办公室向领导小组和专家咨询委员会汇报本年度智库工作开展情况，奖励完成优秀研究成果的智库成员单位，商议确定下年度智库的主要研究项目。

（3）需求对接与成果报送。在立项预研论证、项目研究、结题评审评议等方面积极探索，进一步完善智库项目选题、立项、研究、评审、报送等环节的要求和流程。主动对接省委、省政府及相关决策部门，围绕决策需求做好选题立项工作。加强对智库研究成果的考核评价，建立重大决策咨询建议及时报送机制和智库成果定期报送机制，服务省委省政府决策需求。智库研究成果以智库领导小组、专家咨询委员会和智库办公室等多种名义向省委省政府提供决策咨询建议。

2.项目实施机制

（1）遴选委托。经智库年会决定的项目，以列入省级软科学计划（自筹）项目的形式，通过委托招标开展研究。智库办公室与主要承担的成员单位签订委托协议，主要承担的成员单位根据研究需要，充分利用智库资源，打破学科、单位、领域界限建立协作团队开展研究。

（2）研究总结。为科技创新提供时效性、实用性和可实施的政策建议，一般不超过半年。智库办公室对项目成果进行统一管理和呈报。支持开展持续性、跟踪性的长期决策咨询研究。

（3）考核评价。建立以质量创新和实际贡献为导向的成果评价机制，由智库办公室组织专家对研究成果进行客观评价和考核，对在决策咨询工作中表现突出的先进个人和团体予以奖励，对通过考核的课题，利用智库的呈报渠道，积极强化研究成果的发布和成果转化。

3.咨询服务机制

（1）推出特色智库产品。利用《科技决策参考》的品牌影响力和渠道优势向省委省政府呈报智库研究成果。持续推出高影响力的品牌产品，构建《甘肃科技发展报告》《市（州）科技进步统计监测报告》《科技评价评估报告》、技术路线图、产业图谱等智库产品序列。

（2）举办高规格论坛。通过定期举办创新沙龙、论坛等形式，为创新驱动发展战略研究机构搭建信息共享、资源共享、成果共享的交流合作平台，优化合作方式，消除知识和信息壁垒，提高研究水平。创建“丝路·思路论坛”智库交流活动品牌，发挥智库功能，提升智库显示度。

（3）加强交流与培训。充分发挥智库的“旋转门”作用，建立智库研究人员和政府管理人员的角色互换机制，定期选派一些研究人员到各类政策研究室、机关挂职锻炼，聘请政府管理人员到智库当专家，把智库研究思维带进政府决策部门，把政府部门经验带到智库，促进智库与政府互相了解。积极参与外部智库平台对话，建立与省内外知名智库、“一带一路”沿线国家智库的交流机制。加强智库成员单位人才培养，不定期选派研究人员到省外或国外留学进修、客座研究、考察学习。

4.经费保障机制

积极推动将决策咨询报告、政策方案、规划设计等纳入政府采购程序和政府购买服务专门化目录，通过市场化途径开展专业咨询服务。政府购买科技决策咨询智库服务所需资金，由购买主体从既有预算中统筹安排。

（五）智库的保障措施

通过强化保障措施，探索建立多元化、多渠道、多层次的智库经费体系，健全课题成果转化和评价考核机制，实施智库人才队伍建设和高端人才培养规划，高标准抓好智库建设。

1.搭建智库平台

由省列科技计划支持建立支撑甘肃科技智库的数据、信息和产品体系的服务数字化平台，构建“智云”网络虚拟研究院，吸引智库专家“入驻”虚拟研究院，定期定题不限形式漫谈、讨论，激发研究思路、广泛征集需求、开展难题招标和攻关合作，以数字化方式发布智库产品，扩大研究产品和智库观点的传播效率和影响，鼓励行业协会等专业网络信息平台与虚拟研究院网络协同平台相互补充、互联互通。

2.提升媒体宣传实效

充分发挥新媒体网络传播覆盖面广、时效性强、影响力大的优势，及时面向社会各界发布科技智库最新重要研究成果，探索建立重大咨询成果公开发布制度，放大科技智库声音，提升科技智库的社会影响力和权威性，更好发挥服务科学决策、引领社会思潮的智库功能。

3.强化人员保障

整合内部和外部两类资源，成立进出畅通、结构优化、动态管理、专兼职结合的研究保障体系。以省战略院为基础，聘请省内外有较高理论修养、较强实践能力、在创新和管理方面具有丰富经验的高层次人才作为智库兼职专家，培养和造就一批年轻创新人才团队，形成一支规模适中、结构优化、布局合理、富有创新精神和活力的研究队伍。形成“1+1+N”（1 名核心人员负责 1 个核心领域、联络行业领域内多名专家）的服务体系。在各县（市、区）科技管理部门、高等院校、科研院所和企业之间建立“联络员”制度，设专人进行联络、管理，推进科技创新智库参与重大决策的制度化、规范化、程序化，形成统一管理、各成员单位积极配合的协作互动格局。

4.建立考核评价机制

每年底对智库成员单位的成果进行考核评估，重点考察是否按年度研究计划进行、是否保证足够的研究时间、课题方向是否偏离交办的研究任务、是否能够按时保质保量地完成研究课题、成果是否具有可行性和效益性、是否引起省委、省政府主要领导的重视和肯定，对考核优秀的智库成员单位，下年度优先交派研究任务，考核不合格的将退出智库。

（撰稿人：李建伟）

甘肃省构建以知识价值为导向分配政策体系研究

甘肃省构建以知识价值为导向分配政策体系，首先，要突出政策引导，构建体现增加知识价值的收入分配机制，发挥收入分配政策的激励导向作用，让更多有作为、有贡献的科研人员凭借聪明才智和创新成果合理合法富起来，创新之泉才会更快迸发涌流。其次，要彰显知识价值，知识已经成为价值形成的重要源泉。鼓励科研人员通过科技成果转化获得合理收入，积极探索通过市场配置资源加快科技成果转化，是实现知识价值的有效方式。再次，要体现政策协同，在国家政策框架内，继承创新了甘肃省原有相关政策，并进一步细化延伸政策，即保持政策连续性和稳定性，又体现政策一脉相承又与时俱进。

一、构建三元薪酬体系

基本思路是发挥市场机制的作用，构建基本工资、绩效工资和科技成果转化性收入的三元薪酬体系。三元薪酬体系确立了增加知识价值分配的政策导向，目标是要在全社会形成知识创造价值、价值创造者能够得到合理回报的良性循环，因此具有政策导向性。

（一）充分发挥绩效工资激励导向作用

在保障基本工资水平正常增长的基础上，逐步提高科研人员绩效工资水平。科研机构、高校要完善考核制度，制定考核细则。制定切实可行的考核办法和分配制度，加大对奖励性绩效工资的分配力度。基础性绩效工资，用于支付受聘各类岗位的科研人员认真履行岗位职责的薪酬，相对稳定且具有一定的保障功能，逐步提高基础性绩效在绩效工资中的比重，达到60%～70%。奖励性绩效工资占绩效工资的30%～40%，用于激励科研人员、教师等高质量、高水平完成或超额完成工作任务的薪酬，体现工作量和实际贡献等因素。建立绩效工资稳定增长机制，进一步优化绩效工资分配办法，体现优绩优酬。

根据甘肃省人社厅、省财政厅《甘肃省其他事业单位绩效工资实施意见》〔甘政办发（2011）208号〕中“基础性绩效工资主要体现地区经济发展水平、物价水平、岗位职责和社会公益目标任务完成情况等因素，占绩效工资总量的50%～70%，具体比例由主管部门根据所属其他事业单位的实际情况分别确定，一般按月发放。基础性绩效工资的项目和标准由县级以上人社、财政部门研究确定。奖励性绩效工资主要体现工作量和实际贡献等因素，占绩效工资总量的30%～50%，根据考核结果发放。其他事业单位按照规范的程序和要求，采取灵活多样的分配方式和办法，自主决定本单位具体项目、标准和分配方式。”

（二）依法落实科技成果转化收入

下放科技成果使用权、处置权、收益权，科研机构、高校可自主决定科技成果转化收益分配和奖励办法。科研机构、高校转化职务科技成果，依法对研究开发该项科技成果的职务科技成果完成人和为成果转化做出重要贡献的其他人员给予股权、期权、分红激励等产权激励和现金奖励，构建科技成果转化激励的长效激励机制。对符合条件的股票期权、股权期权、限制性股票、股权奖励以及科技成果投资入股等实施递延纳税优惠政策，鼓励科研人员创新创业，促进科技成果转化。逐步提高稿费和版税等付酬标准，增加科研人员的成果性收入。

根据国家《关于深化体制机制改革加快实施创新驱动发展战略的若干意见》中“加快下放科技成果使用、处置和收益权。不断总结试点经验，结合事业单位分类改革要求，尽快将财政资金支持形成的，不涉及国防、国家安全、国家利益、重大社会公共利益的科技成果的使用权、处置权和收益权，全部下放给符合条件的项目承担单位。单位主管部门和财政部门对科技成果在境内的使用、处置不再审批或备案，科技成果转移转化所得收入全部留归单位，纳入单位预算，实行统一管理，处置收入不上缴国库。”

二、进一步扩大科研机构收入分配自主权

给予高校、科研院所收入分配上充分的自主调节权，引导科研机构、高校实行体现自身特点的分配办法，完善适应高校教学岗位特点的内部激励机制，落实科研机构、高校在岗位设置、人员聘用、绩效工资分配、项目经费管理等方面的自主权，重视科研机构、高校中长期目标考核。

（一）自主制定收入分配激励办法

落实科研机构、高校在岗位设置、人员聘用、绩效工资分配、项目经费管理等方面的自主权。科研机构、高校要履行法人责任，按照职能定位和发展方向，制定以实际贡献为评价标准的科技创新人才收入分配激励办法，突出业绩导向，建立与岗位职责目标相统一的收入分配激励机制。健全绩效工资管理，科研机构、高校自主决定绩效考核和绩效分配办法。

（二）合理调节收入分配结构

根据事业单位分类管理、人事改革、收入分配等政策，高校和科研机构要改变对科研人员的身份管理，对科研人员实行岗位管理制度，采用分类管理，以岗定薪，同岗同

薪，岗变薪变。合理确定单位内部岗位等级的结构比例，并建立各级专业技术岗位动态调整机制。合理调节单位内部教学人员、科研人员、实验设计与开发人员、辅助人员、科研管理人员和专门从事科技成果转化人员等各类岗位收入差距，除科技成果转化收入外，单位内部收入差距要保持在合理范围。科研辅助人员主要包括技术人员（实验技术、工程技术和农业技术）、文献情报和科研秘书 3 种人员。

（三）加快推进分类管理制度

对从事基础性研究、农业和社会公益研究等研发周期较长的人员，收入分配实行分类调节，通过优化工资结构，稳步提高基本工资收入。对从事应用研究和技术开发的人员，主要通过市场机制和科技成果转化业绩实现激励和奖励。对从事哲学社会科学研究的人员，以理论创新、决策咨询支撑和社会影响作为评价基本依据，形成合理的智力劳动补偿激励机制。

（四）基础性绩效工资向教学人员倾斜

细化落实对专职从事教学的人员，适当提高基础性绩效工资在绩效工资中的比重，加大对教学型名师岗位的激励力度。对高校教师开展的教学理论研究、教学方法探索、优质教学资源开发、教学手段创新等，在绩效工资分配中给予倾斜。设立青年人才培养基金，提高部分岗位青年科研人员和教师收入，加强学术梯队建设。

（五）加大科研辅助人员激励力度

依据完善相关管理制度，加大对科研辅助人员的激励力度的要求，结合事业单位分类改革，完善用人制度、编制制度和科研项目经费管理办法，从制度上为科研辅助人员工资、福利待遇改善提供保障。重视技术性和高学历科研辅助人员需求，鼓励科研辅助人员承担和参与本职工作相关的科研项目，保障其知识产权权益。建立起适合科研辅助人员的荣誉表彰奖励体系，将科研辅助人员评价体系与薪酬体系、奖励体系挂钩。

（六）重视和规范中长期目标考核

科学设置考核周期，合理确定评价时限，避免短期频繁考核，形成长期激励导向。结合科研机构、高校分类改革和职责定位，加强对科研机构、高校中长期目标考核，建立与考核评价结果挂钩的经费拨款制度和员工收入调整机制，对评价优秀的员工加大绩效激励力度。对有条件的科研机构，探索实行合同管理制度，按合同约定的目标完成情况确定拨款、绩效工资水平和分配办法。完善科研机构、高校财政拨款支出、科研项目收入与支出、科研成果转化及收入情况等内部公开公示制度。

三、发挥科研项目资金激励引导作用

发挥财政科研项目资金的激励引导作用，对不同功能和资金来源的科研项目实行分类管理，在绩效评价基础上，加大对科研人员的绩效激励力度。建立健全符合自身特点的劳务费、间接经费管理方式，使科研人员的劳动付出得到应有的报酬，提高其科研工作干劲和创新积极性。

（一）完善科研项目资金管理制度

对不同功能和资金来源的科研项目实行分类管理。在绩效评价基础上，加大对科研人员的绩效激励力度。对目标明确的应用型科研项目逐步实行合同制管理。对社会科学研究机构和智库，推行政府购买服务制度，项目资金由项目承担单位按照服务合同约定管理使用。

（二）提高间接费用比重

赋予财政科研项目承担单位对间接经费的统筹使用权，合理安排间接经费中的绩效支出。实行公开竞争方式的省级研发类项目，均要设立间接费用，间接费用按直接费用扣除设备购置费的一定比例确定，即500万元以下的项目为20%，500万元（含500万元）至1000万元的项目为15%，1000万元（含1000万元）以上的项目为13%。取消间接费用中绩效支出比例限制，其支出不计入项目承担单位绩效工资总额基数。

根据《甘肃省支持科技创新若干措施》中“提高省级科研项目间接费用比重，加大绩效激励力度。实行公开竞争方式的省级研发类项目，均要设立间接费用，间接费用按直接费用扣除设备购置费的一定比例确定，即500万元以下的项目为20%，500万元（含500万元）至1000万元的项目为15%，1000万元（含1000万元）以上的项目为13%。”同时，借鉴《福建省人民政府关于促进高校科技创新能力提升的若干意见》〔闽政（2016）37号〕中“500万元以下的部分为20%、500万元至1000万元的部分为15%、1000万元以上的部分为13%。取消间接费用中绩效支出比例限制，其支出不纳入项目承担单位绩效工资总额。”

（三）劳务费不设比例限制

对参与科研项目的研究生、博士后及聘用的研究人员、科研辅助人员、咨询与评估专家等均可开支劳务费。项目聘用人员的劳务费开支标准，参照当地科学研究和技术服务业从业人员平均工资水平，根据其在项目研究中承担的工作任务确定，其社会保险补助纳入劳务费科目列支。劳务费预算不设比例限制，由项目承担单位或课题组据实编制。

根据《甘肃省支持科技创新若干措施》中“参与项目研究的研究生、博士后、访问学者以及项目聘用的研究人员、科研辅助人员、咨询与评估专家等，均可开支劳务费”。《关于进一步完善中央财政科研项目资金管理等政策的若干意见》中“明确劳务费开支范围，不设比例限制。项目聘用人员的劳务费开支标准，参照当地科学研究和技术服务业从业人员平均工资水平，根据其在项目研究中承担的工作任务确定，其社会保险补助纳入劳务费科目列支。劳务费预算不设比例限制，由项目承担单位和科研人员据实编制。”

（四）完善横向项目经费自主使用

项目承担单位以市场委托方式取得的横向经费，纳入单位财务统一管理，由单位按照委托方要求或合同约定管理使用。没有约定的，可由项目承担单位自主决定，单位可以依法依规提取技术开发、技术咨询、技术服务等活动的奖酬金。项目研发团队和科技人员获得的科研劳务收入，不纳入单位绩效工资总量调节指标。横向经费在项目承担单位收取管理费和资产占用费后，结余经费使用由项目研发团队根据合同约定自主分配决定。科研机构、高校应与研发团队约定管理费和资产占用费。管理费一般不超过到账科研项目经费的 10%。资产占用费由科研机构、高校与研发团队按成本据实结算。科研机构、高校收取的管理费和资产占用费纳入部门预算管理。

根据《甘肃省支持科技创新若干措施》中“自主规范管理横向经费。项目承担单位以市场委托方式取得的横向经费，纳入单位财务统一管理，由项目承担单位按照委托方要求或合同约定管理使用。”同时，借鉴《湖北省省属高校院所横向科研项目经费管理暂行办法》中“四、高校院所应与研发团队（公司）约定管理费和国有资源（资产）有偿使用费。管理费一般不超过到账科研项目经费的 10%。国有资源（资产）有偿使用费由高校院所与研发团队（公司）按成本据实结算。”

（五）提高科研人员劳务收入比重

承担横向委托项目的科技人员和研发团队，可在项目经费中获得科研劳务收入，其中软件开发类、设计类、规划类和咨询类项目的比例最高可达团队使用经费部分的 70%，其他项目比例最高可达 50%。高校、科研机构科研人员的科研劳务收入按照单项劳务报酬计缴个人所得税，不纳入调控的绩效工资总额。经技术市场交易或登记的技术合同项目，在当事人履行技术合同，取得技术性收入后，单位应从技术性纯收入中提取一定比例的奖酬金，奖励对该项目有直接贡献的人员，此项奖励费用不计入单位奖金总额，不计征奖金税。

借鉴《湖北省关于推动高校院所科技人员服务企业研发活动的意见》中“提高科研人员科研劳务收入比重。承担省内企业委托研发项目的高校院所研发团队和科技人员，可在项目经费中获得科研劳务收入，其中软件开发类、设计类、规划类和咨询类项目的比例最高可达团队使用经费部分的70%，其他项目比例最高可达50%。高校院所科研人员的科研劳务收入按照单项劳务报酬计缴个人所得税，不纳入调控的绩效工资总额。”

根据《甘肃省技术合同认定登记管理办法》中第七条“当事人履行技术合同，取得技术性收入后，单位应从技术性纯收入中提取一定比例的奖酬金，奖励对该项目有直接贡献的人员，此项奖励费用不计入单位奖金总额，不计征奖金税”。

（六）知识密集型项目激励政策

对实验设备依赖程度低和实验材料耗费少的基础研究、软件开发和软科学研究等智力密集型项目，项目承担单位应在国家政策框架内，建立健全符合自身特点的劳务费、间接经费管理方式。项目承担单位可结合科研人员工作实绩，合理安排间接经费中绩效支出。个人收入不与承担项目多少、获得经费高低直接挂钩。修订哲学社会科学项目资金管理办法，建立健全间接成本补偿机制和科研激励机制，并明确劳务费开支范围和标准，同时下放预算调剂权限。

根据财政部、全国哲学社会科学规划领导小组《国家社会科学基金项目资金管理办法》中“责任单位应当处理好合理分摊间接成本和对科研人员激励的关系，根据科研人员在项目工作中的实际贡献，结合项目研究进度和完成质量，在核定的间接费用范围内，公开公正安排绩效支出，充分发挥绩效支出的激励作用。”

（七）探索实行负面清单管理

建立符合科技创新规律的财政科技经费监管制度，探索科研项目中实行经费支出负面清单管理，对课题研究经费的使用列出“负面清单”，划定研究人员经费使用的禁区，对违反规定者予以处罚。建立科研人员信用数据库，资助和管理部门在课题立项后要加强对承担课题的研究机构及其研究团队、项目负责人使用经费情况，进行动态监测和评估。简化负面清单外的横向经费支出。

根据全国政协委员雷后兴《给科研经费立“负面清单”》的论述“要探索实行‘负面清单’的管理模式，对课题研究经费的使用列出‘负面清单’，划定研究人员经费使用的禁区，对违反规定者予以处罚。建立科研人员信用数据库，资助和管理部门在课题立项后要加强对承担课题的研究机构及其研究团队、项目负责人使用经费情况，进行动态监测和评估”。

四、建立长期激励制度

作为长期激励的一大突破就是把科研成果的所有权、处置权和收益分配权“下放”给单位，发挥产权对收入分配长期的激励作用，包括要探索对科研人员实行股权、期权、分红激励，加大在专利权、著作权、职务新品种权、集成电路、布图设计专有权这些知识产权以及科技成果的转化形成的股权，岗位分红权这些方面的激励，都将发挥长期激励作用。

（一）完善科技成果转化收益分配相关制度

鼓励财政设立的科研机构、高校自主决定向企业转移科技成果，转移收入全部留归科研单位，主要用于奖励科技人员和开展科研、成果转化等工作。科研机构、高校应建立健全科技成果转化内部管理与奖励制度，自主决定科技成果转化收益分配和奖励方案。高校、科研机构可与研发团队以合同形式明确各方收益分配比例，并授权研发团队全权处理科技成果转化事宜，具体方式由成果完成人或研发团队按照公开透明的原则自行确定。科技成果转移转化的奖励和报酬支出，计入单位当年工资总额，不受单位当年工资总额限制，不纳入单位工资总额基数，不计入绩效工资。建立健全后续科技成果转化收益反馈机制。

根据《实施〈中华人民共和国促进科技成果转化法〉若干规定》中“国家设立的研究开发机构、高等院校对其持有的科技成果，可以自主决定转让、许可或者作价投资，除涉及国家秘密、国家安全外，不需审批或者备案。国家设立的研究开发机构、高等院校转化科技成果所获得的收入全部留归单位，纳入单位预算，不上缴国库，扣除对完成和转化职务科技成果作出重要贡献人员的奖励和报酬后，应当主要用于科学技术研发与成果转化等相关工作，并对技术转移机构的运行和发展给予保障。”

教育部、科技部《关于加强高等学校科技成果转移转化工作的若干意见》中“科技成果转移转化的奖励和报酬的支出计入单位当年工资总额，不受单位当年工资总额限制，不纳入单位工资总额基数。”同时，借鉴《江苏省关于加快推进产业科技创新中心和创新型省份建设的若干政策措施》中“高等院校、科研院所可与研发团队以合同形式明确各方收益分配比例，并授权研发团队全权处理科技成果转化事宜，具体方式由成果完成人或研发团队按照公开透明原则自行确定。”

（二）强化科技成果转化长期激励法人责任

坚持长期产权激励与现金激励并举，探索对科研人员实施股权、期权和分红激励，加大在专利权、著作权、植物新品种权、集成电路布图设计专有权等知识产权及科技成果转化形成的股权、岗位分红权等方面的激励力度。科技成果转化过程中，通过技术交易市场挂牌交易、拍卖等方式确定价格的，或者通过协议定价并在本单位及技术交易市场公示拟交易价格的，单位领导在履行勤勉尽责义务、没有牟取非法利益的前提下，免除其在科技成果定价中因科技成果转化后续价值变化产生的决策责任。

根据《实施<中华人民共和国促进科技成果转化法>若干规定》中“科技成果转化过程中，通过技术交易市场挂牌交易、拍卖等方式确定价格的，或者通过协议定价并在本单位及技术交易市场公示拟交易价格的，单位领导在履行勤勉尽责义务、没有牟取非法利益的前提下，免除其在科技成果定价中因科技成果转化后续价值变化产生的决策责任。”

（三）建立知识产权激励机制

高校、科研机构将知识产权转化成效作为考核体系和科研人员业绩评估的重要组成部分。创新收益分配机制，允许、鼓励科研人员利用自己作为发明人的知识产权进行创业，充分调动科研机构、高校科研人员将知识产权转化为现实生产力的积极性。国有企业应将科技人员列入激励对象，允许其分享出资人享有的部分知识产权实施应用的收益，建立责任与管理者利益相结合的知识产权激励机制。建立以合同协商为主的发明人与出资人权益分配组合制度。借鉴河北省《关于支持鼓励科技人员创办科技型企业的实施办法》中“鼓励保留原有身份科技人员以非职务专利、非职务技术等知识产权创办科技型企业，包括科技成果在内的无形资产最高可占注册资本的70%。”

（四）提高科技成果转化收益

在利用财政资金设立的科研机构、高校中职务科技成果由成果完成人实施转化的，可将不低于60%的转化收益奖励给成果完成人和为成果转化做出贡献人员。科技成果两年内未转化的，可采取挂牌交易、拍卖等方式实施转化，将不低于80%的转化净收益奖励给成果完成人和为成果转化做出贡献的人员。支持国有企业提高研发团队及重要贡献人员分享科技成果转化或转让收益比例，具体由双方事先协商确定，骨干团队和主要发明人的收益比例不低于成果转化奖励金额的50%。

根据《甘肃省促进科技成果转化条例》中“将该项职务科技成果转让、许可给他人实施的，从该项科技成果转让净收入或者许可净收入中提取不低于百分之六十的比例。”同时，借鉴《江苏省关于加快推进产业科技创新中心和创新型省份建设的若干政策措施》中“完善股权激励相关制度。允许转制科研院所、高新技术企业、科技服务型企业的管理层和核心骨干持股，且持股比例上限放宽至30%。支持国有企业提高研发团队及重要贡献人员分享科技成果转化或转让收益比例，具体由双方事先协商确定，骨干团队和主要发明人的收益比例不低于成果转化奖励金额的50%。”《陕西省促进科技成果转化若干规定（试行）》中“科技成果2年内未转化的，采取挂牌交易、拍卖等方式实施转化，将不低于80%的转化净收益奖励给成果完成人和为成果转化作出贡献的人员。奖励直接发放给个人，不计入工资总额基数。”

（五）支持科技成果作价入股

对符合条件科研机构、高校等事业单位以科技成果作价入股的企业，依规实施股权和分红激励政策。以科技成果作价入股作为对科技人员的奖励涉及股权注册登记及变更的，无需报科研机构、高校的主管部门审批。对以股份或出资比例等股权形式给予个人奖励约定，可进行股权确认。财政、国有资产管理、知识产权、版权、工商等部门对上述约定的股权奖励和确认应当予以承认，根据职责权限落实国有资产确权和变更、知识产权、注册登记等相关事项。落实国家国有股转持豁免制度。

借鉴《江苏省关于加快推进产业科技创新中心和创新型省份建设的若干政策措施》中“对符合条件科研院所、高等院校等事业单位以科技成果作价入股的企业，依规实施股权和分红激励政策。对以股份或出资比例等股权形式给予个人奖励约定，可进行股权确认。财政、国有资产管理、知识产权、版权、工商等部门对上述约定的股权奖励和确认应当予以承认，根据职责权限落实国有资产确权和变更、知识产权、注册登记等相关事项。”

（六）鼓励企业采取股权期权分红激励

根据国务院国资委《关于做好中央科技型企业股权和分红激励工作的通知》中“科学选择激励方式。鼓励符合条件的企业优先开展岗位分红激励。科技成果转化和项目收支明确的企业可选择项目分红激励。稳妥实施股权激励，企业应当在积累试点经验的基础上逐步推进。在股权和分红激励起步阶段，同一企业原则上应当以一种方式为主。同一激励对象就同一职务科技成果或产业化项目，只能采取一种激励方式、给予一次激励。”

（七）落实股权激励有关所得税政策

对符合条件的股票期权、股权期权、限制性股票、股权奖励以及科技成果投资入股等实施递延纳税优惠政策。科技人员在取得股权激励时可暂不纳税，递延至转让该股权时纳税。股权转让时，按照股权转让收入减除股权取得成本以及合理税费后的差额，适用“财产转让所得”项目，按照20%的税率计算缴纳个人所得税。股权转让时，股票（权）期权取得成本按行权价确定，限制性股票取得成本按实际出资额确定，股权奖励取得成本为零。

根据财政部、税务总局《关于完善股权激励和技术入股有关所得税政策的通知》中“非上市公司授予本公司员工的股票期权、股权期权、限制性股票和股权奖励，符合规定条件的，经向主管税务机关备案，可实行递延纳税政策，即员工在取得股权激励时可暂不纳税，递延至转让该股权时纳税；股权转让时，按照股权转让收入减除股权取得成本以及合理税费后的差额，适用“财产转让所得”项目，按照20%的税率计算缴纳个人所得税。股权转让时，股票（权）期权取得成本按行权价确定，限制性股票取得成本按实际出资额确定，股权奖励取得成本为零。”

（八）规范领导干部科技成果股权收益

甘肃省属科研机构、高校正职领导，是科技成果的主要完成人或者对科技成果转化做出重要贡献的，可以根据促进科技成果转化法规的规定获得现金奖励，原则上不得获取股权激励。若在担任现职前因科技成果转化获得的股权，任职后应及时予以转让，逾期未转让的，任期内限制交易。限制股权交易的，在本人不担任上述职务一年后解除限制。对担任领导职务科技人员的科技成果转化收益分配实行公开公示制度，不得利用职权侵占他人科技成果转化收益。

根据中组部、科技部《科研事业单位领导人员管理暂行办法》中“领导人员是科技成果主要完成人或者对科技成果转化作出重要贡献的，可以按照有关规定获取科技成果转化奖励。”《实施 < 中华人民共和国促进科技成果转化法 > 若干规定》中“对担任领导职务的科技人员的科技成果转化收益分配实行公开公示制度，不得利用职权侵占他人科技成果转化收益。”《甘肃省支持科技创新若干措施》中“省属高等学校、科研院所正职领导，是科技成果的主要完成人或者对科技成果转化作出重要贡献的，可以根据促进科技成果转化法规的规定获得现金奖励，原则上不得获取股权激励。”

（九）提高科技特派员成果转化收益

经选派的科技特派员从事创新创业和科技成果转化，可以取得技术服务报酬或者从企业获得股权、期权和分红。科研机构、高等院校通过许可、转让、技术入股等方式支持科技特派员转化科技成果，开展农村科技创业，提高科技特派员科技成果转化收益。

《关于深入推行科技特派员制度的若干意见》中“鼓励高校、科研院所通过许可、转让、技术入股等方式支持科技特派员转化科技成果，开展农村科技创业，保障科技特派员取得合法收益。”根据《甘肃省支持科技创新若干措施》中“经选派的科技特派员从事创新创业和科技成果转化，可以取得技术服务报酬或者从企业获得股权、期权和分红。”

（十）完善国有企业科技人员长效激励机制

尊重企业作为市场经济主体在收入分配上的自主权，完善国有企业科研人员收入与科技成果、创新绩效挂钩的奖励制度。国有企业科研人员按照合同约定薪酬，探索对聘用的国际高端科技人才、高端技能人才实行协议工资、项目工资等市场化薪酬制度。符合条件的国有科技型企业，可采取股权出售、股权奖励、股权期权等股权方式，或项目收益分红、岗位分红等分红方式进行激励。

五、体现增加知识价值的人事制度改革

实行以知识价值为导向的分配政策还需要人事制度的配套改革，允许科研人员从事

兼职工作获得合法收入，允许高校教师从事多点教学获得合法收入，鼓励教师参与社会服务等突破了过去的常规，积极为科研单位和科研人员“松绑、减负”“增动力、添活力”。

（一）允许科技人员依法依规适度兼职兼薪

科研机构、高校科技人员在履行岗位职责、完成本职工作的前提下，经本人申请、单位同意后，可以到企业和其他科研机构、高校、社会组织等兼职并取得合法报酬。鼓励高校科技人员公益性兼职，积极参与决策咨询、扶贫济困、科学普及、法律援助和学术组织等活动。担任领导职务的科技人员兼职及取酬，按中央有关规定执行。科研机构、高校应当规定或与科研人员约定兼职的权利和义务，实行科研人员兼职公示制度。兼职行为不得泄露本单位技术秘密，损害或侵占本单位合法权益，违反承担的社会责任。兼职取得的报酬原则上归个人，建立兼职获得股权及红利等收入的报告制度。鼓励科研机构、高校设立一定比例的流动岗位，聘请有创业实践经验的企事业单位科技人才兼职从事教学和科研工作。

借鉴《陕西省关于落实以增加知识价值为导向分配政策促进省属高校科技成果转移转化的实施意见》中“经所在单位批准，高校科技人员可以离岗从事科技成果转化等创新创业活动。鼓励高校设立一定比例的流动岗位，聘请有创业实践经验的企事业单位科技人才兼职从事教学和科研工作。”

（二）鼓励科技人员离岗创新创业

经所在单位批准，科研机构、高校非领导职务科技人员可以离岗从事科技成果转化等创新创业活动。离岗创业不超过3年时间内保留人事关系，与原单位其他在岗人员同等享有参加职称评聘、岗位等级晋升和社会保险等方面的权利。离岗创业期间，科技人员所承担的科研项目原则上不得中止，确需中止的应当按照有关管理办法办理手续。建立和完善科技人员在岗兼职、离岗创业和返岗任职制度，对在岗兼职的兼职时间和取酬方式、离岗创业期间和期满后的权利和义务及返岗条件做出规定并公示。离岗创业收入不受本单位绩效工资总量限制，个人须如实将兼职收入报单位备案，按有关规定缴纳个人所得税。

根据人社部《关于支持和鼓励事业单位专业技术人员创新创业的指导意见》中“支持和鼓励事业单位专业技术人员离岗创新创业，事业单位专业技术人员带着科研项目和成果离岗创办科技型企业或者到企业开展创新工作（简称离岗创业），是充分发挥市场在人才资源配置中的决定性作用，提高人才流动性，最大限度激发和释放创新创业活力的重要举措，有助于科技创新成果快速实现产业化，转化为现实生产力”。

借鉴《陕西省关于落实以增加知识价值为导向分配政策促进省属高校科技成果转移转化的实施意见》中“离岗创业不超过三年时间内保留人事关系，与原单位其他在岗人员同等享有参加职称评聘、岗位等级晋升和社会保险等方面的权利。离岗创业期间，科技人员所承担的科研项目原则上不得中止，确需中止的应当按照有关管理办法办理手续。”

（三）允许高校教师从事多点教学取得合法收入

高校建立和完善基于教育和学术本位的考核、评价体系，引导教师专注本职工作，提高工作质量。在此基础上，高校教师经所在单位批准，可依法依规适度开展多点教学并获得报酬。鼓励利用网络平台等多种媒介，推动精品教材和课程等优质教学资源的社会共享，授课教师按照市场机制取得报酬。参考中国青年报《本职工作没做好的教师还是别兼职了》一文中“只有在高校内建立和完善基于教育和学术本位的考核、评价体系，才能引导教师专注本职工作，提高工作质量，在此基础上进行兼职。让每个科研人员、教师乐于工作，人尽其才，这是发挥知识价值的最重要途径。”

（四）规范科研辅助人员的职称评定制度

重视科研教辅人员队伍建设，规范科研辅助人员评定标准和程序，科研辅助人员应与科研人员有相同的晋升机会和平等的晋升渠道。鼓励优秀科研辅助人员参与并申报科研项目。制订科研辅助人员和科研人员双向转岗制度。强化“工作质量”“服务水平”“服务对象满意度”等激励性指标，将科研辅助人员评价体系与薪酬体系、奖励体系挂钩。参考中青在线《高校科研辅助人员生存隐忧：收入低等致行业人才缺乏》，“中国科协公布了一系列对科研人员工作、生活情况的调查结果显示，我国科研辅助人员与科研人员的比例偏低。其中收入偏低、晋升机会少、不受重视等原因导致整个行业人才缺乏，并且流失严重”。参考智库精选《科研辅助人员配置结构不合理、作用尚未得到充分发挥》等。

（五）建立科技成果转移转化绩效评价机制

科研机构、高等院校应当建立符合科技成果转化工作特点的职称评定、岗位管理和考核评价制度，完善收入分配激励约束机制。建立有利于促进科技成果转化的绩效考核评价体系，将科技成果转化情况作为对相关单位及人员评价、科研资金支持的重要内容和依据之一，并对科技成果转化绩效突出的相关单位及人员加大科研资金支持。鼓励科研机构、高校设立专门的科技成果转化岗位并建立相应的职称职务评聘制度。将科技成果转化业绩与论文、纵向课题指标同等对待，科技成果转移转化绩效突出的科研和管理人员，可纳入破格晋升职称序列。

根据《甘肃省促进科技成果转化条例》中“第十九条，政府设立的研究开发机构、高等院校的主管部门以及科学技术、财政、人力资源和社会保障等相关行政部门和国有企业应当建立有利于促进科技成果转化的绩效考核评价体系，将科技成果转化情况作为对相关单位及人员评价、科研资金支持的重要内容和依据之一，并对科技成果转化绩效突出的相关单位及人员加大科研资金支持。”同时，借鉴《陕西省关于落实以增加知识价值为导向分配政策促进省属高校科技成果转移转化的实施意见》中“横向科研项目与政府科技计划项目，在科技人员业绩考核中应同等对待。将科技成果转化业绩与论文、纵向课题指标同等对待，科技成果转移转化绩效突出的科研和管理人员，纳入破格晋升职称序列”。

（撰稿人：谢艳艳）

甘肃省推进县域创新驱动发展研究

一、绪 论

（一）研究背景

党的十八大明确提出，“科技创新是提高社会生产力和综合国力的战略支撑，必须摆在国家发展全局的核心位置”，强调要坚持走中国特色自主创新道路，实施创新驱动发展战略。实施创新驱动战略，基础在县域，活力在县域。但也不能忽略一个事实——难点也同样在县域。近年来，无论是管理机制，还是运行机制，无论是改善环境、还是科技支撑，各地都在不断地加大改革创新力度，清除县域发展过程中的积弊和障碍，以激发县域活力。

实践表明，县域只有实施创新驱动发展战略，发展才有动力，经济才有活力，实现高质量发展才能有效落实，乡村振兴的产业基础才能夯实。这里的创新驱动不仅仅指科技，还包括政策、环境、人才、技术等各个要素。

党中央国务院高度重视县域科技工作，在 2016 年全国科技创新大会上，习近平总书记明确指出“发挥各地在创新发展中的积极性和主动性，对形成国家科技创新合力十分重要”，“各级党委和政府要肩负起领导和组织创新发展的责任”。李克强总理强调“要大力加强区域创新的协同配合，取长补短、优势互补，形成创新合力”，刘延东副总理要求“重视引导量大面广的县域经济走上创新发展之路”。国务院《“十三五”国家科技创新规划》明确提出“要进一步加强基层科技工作系统设计与指导，坚持面向基层、重心下移，统筹中央和地方科技资源支持基层科技创新”。

改革开放以来，科技部等部门以及各地方党委政府高度重视县域创新驱动发展工作，共同努力，积极推动，中国县域发展取得了长足进步，县域科技创新迈上了新台阶，开始逐步走上创新驱动发展之路。但总体上看，县域科技工作依然薄弱，区域发展不平衡等现象突出，部分省份县域科技投入相对不足，科技管理力量呈现进一步弱化趋势，不少方面仍然是建设创新型国家的短板。

2017 年 5 月，国务院办公厅印发了《关于县域创新驱动发展的若干意见》（以下简称《意见》），对“十三五”乃至较长一段时间县域创新工作的开展进行了顶层设计，对县域经济发展的双创、产业转型、发展载体等多方面提出了明确要求。《意见》既是对新形势下县域创新驱动发展的战略部署，又是对基层典型成功经验的总结提升，有利于发挥科技创新在县域供给侧结构性改革中的关键引领作用，有利于打造县域发展新引擎、培育增长新动能，有利于实现县域经济社会协调发展，是未来几年指导全国各地县域经济发展创新的纲领性文件。

《意见》充分体现了中央统筹推进“五位一体”总体布局和“四个全面”战略布局以及新发展理念。《意见》紧紧围绕“推进县域创新驱动发展”这条主线，确立了“创新驱动、人才为先、需求导向、差异发展”四项原则，明确了八大任务和四条保障措施。

《意见》部署县域创新驱动发展的八大任务：一是加快产业转型升级，促进县域特色主导产业向绿色化、品牌化、高端化、集群化发展。二是培育壮大创新型企业，突出强调企业在创新驱动发展中的主体作用。三是集聚创新创业人才，激发各类人才的创新创业活力。四是加强创新创业载体建设，在有条件的县（市）建设创新型县（市）、创新型乡镇。五是促进县域社会事业发展，推动科技成果更多惠及民生改善。六是创新驱动精准扶贫精准脱贫，强化科技创新对精准扶贫精准脱贫的支撑引领作用。七是加大科学普及力度，切实提升城乡居民科学素质。八是抓好科技创新政策落地，加强国家与地方科技创新政策有效衔接。

《意见》提出县域创新驱动发展的四条保障措施：一是加强组织领导，建立适应县域创新驱动发展的组织领导体制和工作推进体系。二是加大支持力度，部门和地方加强对县域创新驱动发展的政策扶持和项目支持。三是开展监测评价，落实国家创新调查制度组织开展全国县（市）创新能力监测和评价。四是做好宣传总结，推广县域创新驱动发展的新典型、新模式、新机制。

《意见》凸显了五个方面亮点：一是在国务院文件中首次以县域创新驱动发展为主题，坚持把科技与经济社会结合作为基层科技工作的着力点，推动县域科技工作从科技管理向创新服务转变。二是首次提出建设创新型县（市）、创新型乡镇，将创新型国家、创新型省份、创新型城市的建设延伸到县市和乡镇，对于优化区域创新布局、完善区域创新体系意义重大。三是强调把培育高新技术企业和创新型企业家作为县域创新驱动发展的重中之重，有利于夯实企业技术创新主体地位，激活县域创新驱动发展活力，培育新动能，发展新经济。四是将县域创新驱动发展与“大众创业、万众创新”紧密结合起来，形成县域创新创业新热潮，以创业带动县域就业，以创新促进县域发展。五是坚持分类指导、精准施策，针对县域不同资源禀赋和发展基础，因地制宜确定目标和任务，推动县域差异化、可持续发展。

（二）研究意义

县域是省市和乡镇的重要纽带，与省市相比，县域更加贴近基层，更能发现当前发展中存在的问题；与乡镇相比，其行政结构更加完备，行政治理能力更加健全。

县域经济是城市经济与农村经济的结合点，是国民经济的重要组成部分和战略基石，承担着促进国家和区域经济持续健康发展的战略使命，面临着提质增效升级和农业农村现代化的战略任务，蕴含着创新驱动发展的巨大变革和创新活力。走中国特色新型工业化、信息化、城镇化、农业现代化道路，县域经济是关键。县域农业创新驱动发展是实现农业农村现代化、三产融合、推进新型城镇化和城乡融合发展、建设县域现代化经济体系的战略举措，问题是如何激活县域农业创新驱动发展的巨大动能和创新创业活力，让其转化为县域创新经济发展、农业农村现代化和乡村振兴的强大推动力量。

县域经济占据中国国民经济的半壁江山，是创新驱动发展战略不可或缺的一环。当前中国科技成果转化环境大大改善，为县域承接科技成果转化形成增长新动能提供了有利环境。科技成果转化带动金融资本、产业资本和高技术人才流动，为县域利用资源优势、产业基础对接高技术成果、高端人才和高端资本加速发展提供了机遇。

县域不仅是统筹中国城乡发展的基本单元和区域经济发展的基石，也是打好精准脱贫攻坚战的主战场。县域经济发展，是中国推动经济转型升级和高质量发展，实施乡村振兴战略的着力点和落脚点。中国特色社会主义进入新时代，县域经济发展必须以习近平新时代中国特色社会主义经济思想为指导，结合中国东、中、西三大区域县域经济发展差异与产业特色优势，依托“一带一路”、京津冀协同区和长江经济带等区域发展战略，以制度变革和主动融入区域协同发展为着力点，促进县域经济跨区域融合共享发展，提升县域经济发展实力。

县域是落实新时代国民经济发展战略和政策措施的基本单元，县域经济发展关乎中国全面深化改革、“三变改革”、供给侧结构性改革、乡村振兴战略、精准脱贫攻坚等一系列重大战略的有效实施，而且也是落实新时代中国区域协调发展战略，缩小城乡发展差距，促进城乡融合发展的基础单元。

研究中国县域创新驱动发展，努力发挥科技创新在我国县域供给侧结构性改革中的支撑引领作用，支持中国县域开展以科技创新为核心的全面创新，推动大众创业、万众创新，加快实现创新驱动发展，是打造发展新引擎、培育发展新动能的重要举措，有利于强化科技与县域经济社会发展有效对接，打通从科技强、产业强到经济社会发展强的通道，对于推动我国县域经济社会协调发展、确保如期实现全面建成小康社会奋斗目标具有重要意义。

因此，作为经济欠发达且县域经济发展比较缓慢的甘肃，必须抢抓机遇，推动党和国家的创新政策在县域贯彻、创新驱动发展目标在县域实现。

二、县域创新驱动发展概述

（一）创新驱动与县域发展

1.创新驱动发展

党的十八大明确提出，科技创新是提高社会生产力和综合国力的战略支撑，必须摆在国家发展全局的核心位置。强调要坚持走中国特色自主创新道路、实施创新驱动发展战略。这是我们党放眼世界、立足全局、面向未来作出的重大决策。学习贯彻十八大精神，就要以全球视野谋划和推动自主创新，着力增强创新驱动发展新动力，加快形成经济发展新方式，推动经济社会科学发展、率先发展。

创新驱动发展战略有两层含义：一是中国未来的发展要靠科技创新驱动，而不是传统的劳动力以及资源能源驱动。二是创新的目的是驱动发展，而不是发表高水平论文。2006年全国科技大会以及十七大都明确提出科技发展要紧紧围绕经济社会发展这个中心任务，要解决制约经济社会发展的关键问题，尤其是明确提出要建立以企业为主体、以市场为导向、产学研结合的创新体系，让企业成为创新主体。高技术不再是独立发展的产业，而要与传统产业全面结合。创新驱动发展是对上述认识的精辟总结，也为科研人员提供了广阔的舞台。

实施创新驱动发展战略，将科技创新摆在国家发展全局的核心位置，实现到2020年进入创新型国家行列的目标，必须充分认识实施创新驱动发展战略的重大意义，抓住重点，形成合力。实施创新驱动发展战略，对中国形成国际竞争新优势、增强发展的长期动力具有战略意义。改革开放30多年来，中国经济快速发展主要源于发挥了劳动力和资源环境的低成本优势。进入发展新阶段，中国在国际上的低成本优势逐渐消失。与低成本优势相比，技术创新具有不易模仿、附加值高等突出特点，由此建立的创新优势持续时间长、竞争力强。实施创新驱动发展战略，加快实现由低成本优势向创新优势的转换，可以为中国持续发展提供强大动力。

实施创新驱动发展战略，对中国提高经济增长的质量和效益、加快转变经济发展方式具有现实意义。科技创新具有乘数效应，不仅可以直接转化为现实生产力，而且可以通过科技的渗透作用放大各生产要素的生产力，提高社会整体生产力水平。实施创新驱动发展战略，可以全面提升我国经济增长的质量和效益，有力推动经济发展方式转变。

实施创新驱动发展战略，对降低资源能源消耗、改善生态环境、建设美丽中国具有长远意义。实施创新驱动发展战略，加快产业技术创新，用高新技术和先进适用技术改造提升传统产业，既可以降低消耗、减少污染，改变过度消耗资源、污染环境的发展模式，又可以提升产业竞争力。

2.县域经济

县域经济是国民经济的基础层次和基本细胞。县域经济，是以县级行政区划为地理空间，以县级政权为调控主体，以市场为导向，优化配置资源，具有地域特色和功能完备的区域经济。县域经济是指在县级行政区划的地域内统筹安排和优化经济社会资源而形成的开放的、功能完备的，具有地域特色的区域经济。

首先，县域经济属于区域经济范畴，是一种行政区划型区域经济，它以县城为中心，乡镇（尤其是建制镇）为纽带，广大农村为腹地，城乡兼容。其次，县域经济有一个较完整的市场调控主体，有一定的相对独立性，并有一定的能动性，且具有地域特色，这种地域特色与其地理区位、历史人文、特定资源相关联。再次，县域经济以市场为导向，随着市场经济的发展，在更大的区域内进行资源配置，获取竞争优势，具有开放性。最后，县域经济是国民经济的基本单元，县域经济是功能完备的综合性经济体系，县域经济活动涉及生产、流通、消费、分配各环节，一二三产业各部门，但县域经济又不同于国民经济，县域经济不能“小而全”，要“宜农则农”“宜工则工”“宜商则商”“宜游则游”，注重发挥比较优势，突出重点产业。县域经济是以农业和农村经济为主体，工业化、城镇化、现代化是县域经济的发展主题和方向，是全面推进小康建设的重要任务。

3.县域经济是城市经济的摇篮

县域经济与城市经济都是区域经济。县域经济的基础是区域内的自然资源，而城市经济的发展主要靠资金、技术和人才。中国是一个传统农业大国，为了加快国民经济工业化与城市化，长期采取了农业支持工业、农村支持城市的经济政策。县域经济为城市经济提供了巨大的资金、土地、劳动力等资源，城市经济在县域经济的摇篮中发育、成长。

第一，发展县域经济是繁荣农村经济的重要保证。农业及农村经济是县域经济发展的基础。同时也只有县域经济发展了，农业发展的产前、产中、产后服务体系健全了，农业的产业化发展以及农业的基础地位才更加巩固。也只有县域经济发展起来了，带动了农村的商业、生活服务业的发展，才能够促进农村经济的全面发展。

第二，县域经济是小城镇发展的重要基础。坚持大中小城市和小城镇协调发展，是“十一五”时期中国推进城镇化的重要方针。小城镇建设要突出重点，讲究实效。因此小城镇的发展必须以县域经济的发展为前提。只有县域经济发展了，也只有县域经济发展了，才能促进产业集聚、人口集聚，小城镇发展才有经济基础。中国沿海发达地区的广大农村正是借助于乡镇企业的发展推动了城镇化步伐。

第三，县域经济是吸纳农村富余劳动力转移的主要渠道。如何消化农村富余劳动力是我们必须长时间内要面对的突出问题。县域经济的发展将能够在这方面发挥作用。县城和小城镇将成为农村劳动力转移的主要目的地。县域经济发展了，就能够为当地的富余劳动力提供就业机会，让城镇成为务工经商的农民新的就业平台。加快农村劳动力的就地转移，可以避免农村人口过度集中到大中城市，可以在一定程度上缓解大中城市就业压力和社会管理的压力。

第四，县域经济是农民增收的重要途径。中国农村人多地少，加快农村劳动力向非农产业和城镇产业转移，是增加农民收入的必由之路。1990 年以来，农民来自第一产业的收入从 75.6%，降为 2004 年的 59%。来自务工的工资性收入已经上升到了 34%，从新增的收入来看，50%以上是来自务工收入。务工收入成为农民增收的一个主渠道。在这样的情况下，农民要增加收入必须转移到城镇或者是非农产业。那么县域经济的发展，将有效推动农村非农产业的发展，为农村提供更多的就业门路和就业机会，将成为农村增收的重要途径。

（二）县域创新驱动发展的内涵与特征

1.县域经济发展是实现精准扶贫、精准脱贫的基础

从国家级贫困县到深度贫困地区，都存在基础设施落后、产业基础薄弱、经济增长缓慢、农民收入水平不高等基本问题，打好精准脱贫攻坚战，县域是主战场，只有用精准脱贫攻坚统领县域经济社会发展全局，把脱贫攻坚与推动县域主导产业发展和切实改善民生结合起来，紧紧瞄准“两不愁、三保障”的目标精准发力，加快贫困县、贫困乡镇、贫困村的基础设施建设，补齐脱贫攻坚短板，夯实县域经济发展基础，做精做特做细县域特色产业，才能为脱贫攻坚奠定坚实的物质基础和产业基础。

2.县域经济发展是实现高质量发展的聚焦点

改革开放40年来，支撑中国县域经济发展的外部条件、资源环境、产业结构、发展动力等，都发生了根本性转变。面对新时代发展的新背景、新理念和新要求，高质量发展将是当前和今后一个时期确定发展思路、制定经济政策、实施宏观调控的根本要求。因此，县域经济发展目标、发展思路、发展战略等的制定与实施，都必须以2017年中央经济工作会议，关于推动高质量发展提出的八项重点任务和四大政策体系为指导，重点聚焦加快结构转换升级、创新驱动新兴产业发展、转变经济发展方式、深化经济体制改革、催生经济发展新动能等一系列推动高质量发展的战略举措和实施方案，使县域经济成为推动中国经济高质量发展的引领者和先行区。

3.县域经济发展是落实乡村振兴战略的细化主体

县域经济是以县城为中心、以城镇为纽带、以乡村为腹地的区域经济，乡村振兴战略的腹地也是乡村，因此，县域经济将是以产业兴旺、生态宜居、治理有效、乡风文明和生活富裕为总要求的乡村振兴战略有效实施的细化主体。十九大报告明确指出，要坚持农业农村优先发展，按照乡村振兴战略的总要求，建立健全城乡融合发展体制机制和政策体系，加快推进农业农村现代化。2017年中央经济工作会议和2018年中央一号文件即《中共中央国务院关于实施乡村振兴战略的意见》，关于乡村振兴战略都进行了具体而详细的部署，稳步提升农业综合生产能力，明显提高农业供给体系质量，推动农村一二三产业融合发展，进一步拓宽农民增收渠道，打好精准脱贫攻坚战，改善农村人居环境，进一步提高城乡基本公共服务均等化水平等一系列乡村振兴战略目标的实现最终都落脚在县域层面。

4.县域经济发展是实现经济转型升级的着力点

县域经济是国民经济的重要基础，经济转型升级与主导产业壮大和新兴产业培育是分不开的，一方面主导产业是县域经济的支柱和产业转型的关键，另一方面新兴产业是构建县域多元产业体系，推动一二三产业融合发展的新动能。目前中国部分县域经济存在行业层次低、规模小、布局分散、资源节约集约利用程度不高等问题，要实现县域经济转型升级，就需要最大限度盘活存量资源，开拓发展新空间，整治县、乡、村等低端

工业园，新建特色产业园，推动县域特色经济与特色产业共同发展。以改革创新增强转型动能，加大科技创新投入，深化产学研合作，延伸县域特色产业链条，探索县域经济创新发展之路，促进县域经济新旧动能顺畅接续转换，破除经济转型升级中的羁绊，持续增强转型动力。

5.县域经济发展是推动区域发展战略和政策落实的落脚点

相对于城市经济，在过去近三十年的工业化和城镇化过程中，县域经济总体属于附属和配角地位。在行政管理体制方面，城乡二元制度是制约县域经济发展的重要障碍；在经济发展机制方面，县域缺乏灵活的工业用地供给机制和县域经济投融资机制；在农业发展方面，相对分散的农业生产模式难以适应现代化农业生产经营要求。在中国特色社会主义进入新时代，尤其是十九大报告中明确指出要“决胜全面建成小康社会，开启全面建设社会主义现代化国家新征程”，县域经济迎来了新的发展机遇，也成为国家区域发展战略和政策落实的落脚点。县域经济在顺应全面深化改革的战略部署和十九大报告的政策要求下，以供给侧结构性改革为主线，加快建设县域实体经济、科技创新、现代金融、人力资源协同发展的产业体系，着力构建县域市场机制有效、微观主体有活力、宏观调控有度的经济体制，不断增强县域经济创新力和竞争力，将国家区域发展战略和各项政策措施落到实处。

党的十八大提出了实施创新驱动发展战略的重大战略任务，明确要求要加快建设国家创新体系，着力构建以企业为主体、市场为导向、产学研相结合的技术创新体系。要坚持走中国特色自主创新道路，推动科技与经济结合，推进经济结构战略性调整，保持经济社会可持续发展。当前，在全面深化改革，继续扩大开放和经济发展新常态的大背景下，要实现经济中高速增长，迈向中高端水平的“双目标”，经济发展模式和发展取向就要从依赖以要素、投资规模为基础的粗放发展模式转化为实施以科技为基础的创新驱动发展战略。

三、国内推动县域创新驱动发展的经验与启示

（一）国内推动县域创新驱动发展情况

山东省发布《山东省人民政府办公厅关于加快县域创新驱动发展的实施意见》提出，将增强县域创新意识，鼓励县（市）依托区域特色产业和先进生产技术，建设融文化传承、创新展示、科普宣传、参与体验、旅游互动等为一体的创意展示中心、宣教中心、展览馆等科教基地。健全支持创新驱动发展的政策体系，鼓励有条件的县（市）设立科技成果转化基金、创业投资引导基金等。全面提升县域知识产权代理、交易、咨询和评估等服务水平，加大对知识产权侵权失信行为的惩戒力度，建设一批国家知识产权试点示范县（市）。明确将支持园区成立特色产业创新联盟，带动县域大力培育年销售

收入100亿元以上的特色产业集群，打造区域创新高地，加强对乡村振兴的科技支撑。进一步强化乡村人才培训，畅通智力、技术、管理下乡通道，建立多种方式并举的乡村人力资本开发机制。加强新型职业农民、贫困村创业致富带头人培训，形成以新型职业农民、致富带头人、转业军人、乡土人才为主体的基层科技人才队伍。通过联合与合作模式开展双创，组建合作制、股份合作制和股份制等形式的双创联盟，发展“农业+”旅游、康养、文化、教育、休闲等多种模式。深入挖掘、继承、创新优秀传统乡土文化，弘扬主旋律和社会正气，提高乡村社会文明程度。促进县域创新型产业集群建设，大力加强省级高新区、创新型产业集群、高新技术产业化基地培育，争创国家高新技术产业化基地、火炬特色产业基地和创新型产业集群，实现全省县域创新型产业集群（基地）全覆盖。省级财政科技资金对达到一定规模、带动力强的集群分领域予以立项支持。重点支持建设一批省级创新型县（市）、乡镇，积极争创全国创新型县（市）、乡镇，强化典型示范和宣传。

四川省发布《四川省人民政府办公厅关于加快县域创新驱动发展的实施意见》，提出推动县域创新驱动发展工作主要目标：到2022年，县域创新驱动发展环境显著改善，创新驱动发展能力明显增强，全社会科技投入大幅提高，县域产业竞争力显著增强，形成科技创新与经济社会协调发展的新格局，为建成国家创新驱动发展先行省奠定坚实基础。全省县（市、区）科技进步贡献率的平均水平55%，R&D支出占地区生产总值比重的平均水平1.2%以上。意见部署了县域创新驱动发展的六项重点任务：一是加快县域产业转型升级。二是培育壮大创新型企业。三是加强县域创新创业平台建设。四是强化科技惠民利民。五是实施科技扶贫专项行动；六是推进大众创业、万众创新。

陕西省发布《陕西省人民政府办公厅关于加快县域创新驱动发展的实施意见》，指出推动县域创新驱动发展工作主要目标：到2020年，全省县域创新驱动发展环境显著改善，全社会科技投入进一步提高，公民科学素养整体提升，创新驱动发展能力明显增强，形成经济社会协调发展新格局，为实施乡村振兴战略提供有力支撑。到2030年，构建起县域工业、农业、服务业技术创新体系，县域创新驱动发展环境进一步优化，创新驱动发展能力大幅提升，创新创业活力有效释放，产业结构明显优化，城乡居民收入显著提高，生态环境更加友好，基本形成县域现代化经济体系。意见部署了县域创新驱动发展的十二项重点任务：一是编制县域创新发展规划。二是加快推进创新型市县建设。三是加快产学研深度融合。四是建立产学研技术创新战略联盟。五是大力发展高新技术产业。六是促进县域社会事业发展。七是加速成果转移转化。八是集聚创新创业人才。九是推动大众创业、万众创新。十是创新驱动精准扶贫精准脱贫。十一是推动园区协同发展。十二是加大科学普及力度。

海南省发布《海南省人民政府办公厅关于加快县域创新驱动发展的实施意见》，部署了县域创新驱动发展的六项重点任务：一是建立县域创新驱动发展管理体制机制。二是推动县域特色优势产业转型升级。三是培育壮大县域科技型中小企业。四是加大县域

“创新财政”科技投入力度。五是引导创新创业人才向县域集聚。六是加快县域众创空间和星创天地建设。七是强化创新驱动精准扶贫精准脱贫。八是促进县域社会事业发展。九是加强县域科学技术普及。

（二）经验与启示

从国家和其他省市出台的推动县域创新驱动发展的具体措施看，具体的出发点和着力措施主要有：一是因地施策，错位发展。牢固树立全域发展理念，立足各县交通区位、资源禀赋、产业特色等比较优势，加强对县域经济发展模式的规划指导，坚持分类指导、因地施策，支持各地选择最佳路径、发挥最大潜力，宜农则农、宜工则工、宜商则商，错位发展。二是产业主导，转型发展。以培育壮大县域特色优势产业为重点，坚持扩大总量与提升质量并重，加快产业园区建设，促进产业集聚发展，打造一批特色较鲜明、产业链条长、发展潜力大、带动能力强的特色产业集群和产业园区，推动县域经济加快转型升级，提质增效。三是深化改革，创新发展。按照“权责统一”的原则稳步推进扩权强县，持续深化县级财税体制、金融市场、土地管理、干部培养等领域改革，深入实施创新驱动战略，不断强化模式创新、科技创新、服务创新，营造良好发展环境，激发县域经济内生动力。四是统筹推进，协调发展。把推进县域经济社会协调发展、促进城乡居民增收、改善社会民生作为出发点和落脚点，统筹推进县域新型工业化、信息化、城镇化、农业现代化深度融合，推动富民与强县相统一，让群众共享县域经济发展成果，实现共同富裕和全面小康。

对甘肃县域创新驱动发展的启示，一是在县及县级市开展创新型县（市）、创新型乡镇、科技创新特色小镇建设工作。选择一批政府重视、积极参与、科技创新基础条件比较好和创新驱动发展成效比较显著、具有典型性和示范性的县（市）和乡镇，建设创建创新型县（市）、创新型乡镇和科技创新特色小镇。二是加速培育县域特色优势产业集群。加大科技项目、科技金融对县域产业集中集约发展、骨干企业产品精深研发、品牌标准、绿色安全的支持力度，培育高新技术企业和创新型企业。三是加大县域创新平台载体建设。积极引导和扶持县域建设高新技术产业开发区、农业科技园区、“星创天地”、科技企业孵化器、现代农业产业科技创新中心、产业技术创新战略联盟。四是突出甘肃的地方实际。甘南、临夏两个少数民族自治州的科技进步水平严重落后、区位又处于丝绸之路旅游黄金段，因此必须考虑精准扶贫、少数民族科技创新特色和全域旅游等科技支撑问题。五是突出生态建设保护。甘肃是国家生态安全屏障综合试验区，祁连山生态问题凸显，必须加大科技支撑“三屏四区”建设力度，加大城镇和农村生态环境保护先进技术应用示范，加大重大自然应急科技能力建设，筑牢国家生态安全屏障。六是靠实责任突出落实。明确县级党委和政府是推进县域创新驱动发展的责任主体，党政领导科技进步目标责任制考核纳入县级党委和政府考核范畴。七是加大政策资金扶持。省级年度财政预算予以支持，省级科技计划设立县（市）科技创新引导专项，省政府设立县域创新驱动发展担保基金，科技特派员、乡土科技人才、农民创业创新带头人等人才工程纳入省委人才工程。八是加强监测评估。开展县（市）科技创新能力监测和评价，加强县（市）创新驱动发展战略研究。

四、甘肃省县域创新驱动发展的目标要求

（一）指导思想

全面贯彻党的十八大和十八届三中、四中、五中、六中全会精神，深入贯彻习近平总书记系列重要讲话精神和视察甘肃时提出的“八个着力”重要指示精神，统筹推进“五位一体”总体布局和协调推进“四个全面”战略布局，发挥科技创新在县域供给侧结构性改革中的支撑引领作用，以建设创新型县（市）和创新型乡镇为抓手，形成以创新为主要引领和支撑的经济体系和发展模式，打通从科技强、产业强到经济社会发展强的通道，增强脱贫致富内生动力，大力发展富民产业，构建特色产业体系，推动形成县域创新创业热潮，做大做强县域经济，实现更高质量、更高水平、更加协调、更显共享的发展。

（二）基本原则

1.创新驱动

坚持以创新引领和带动县域经济发展，强化科技创新与县域经济社会发展的有效对接，推动科技创新与脱贫攻坚、转型升级、生态保护、文化旅游、社会发展有机融合，壮大县域经济总量，提升发展水平质量。

2.人才支撑

坚持把人才作为支撑县域创新发展的第一资源，实施更加积极的创新创业激励和人才吸引政策，把留住用好本土人才和引进对口急需人才结合起来，优化县域人才环境，加快培育集聚创新创业人才队伍。

3.产业导向

坚持以培育壮大县域特色优势产业为核心，提高科技创新供给质量和效率，打造创新平台，集聚创新资源，完善区域创新体系，推动产学研紧密结合，加快先进适用科技成果向县域转移转化，发展优势产业、新兴产业、富民产业。

4.差异发展

坚持因地制宜、分类指导，立足资源禀赋和区位条件，政策扶持、资金支持和技术帮扶共同推进，打造特色产业集群和产业园区，走出一条城乡统筹、产城融合、各具特色的富民强县之路。

（三）主要目标

到2020年，县域创新驱动发展环境显著改善，全社会科技投入大幅提高，特色产业集群形成规模，带动力和竞争力明显增强，科学技术普及程度和公共服务能力明显提升，创新创业氛围更加浓厚，城乡居民收入显著提高，生态环境更加友好，形成创新驱动经济社会协调发展的新格局，为建成创新型甘肃奠定坚实基础。

五、甘肃省县域创新驱动发展的重点任务

（一）实施创新型县域建设工程

选择一批政府重视、积极参与、科技创新基础条件比较好和创新驱动发展成效比较显著、具有典型性和示范性的县（市）和乡镇，建设创新型县（市）和创新型乡镇。由省科技厅制定具体考评办法，联合相关部门组织实施，考评通过的经省政府同意，由省科技厅授予创新型县（市）、创新型乡镇称号，省级财政资金通过后补助的方式给予支持。“十三五”时期，每年建设5个创新型县（市）、10个创新型乡镇、5个左右科技园区。

（二）实施产业集群加速培育工程

围绕县域特色优势产业发展，结合新型城镇化建设，促进产业向国家级和省级开发区以及工业集中区集聚，改造提升县域工业集中区，支持符合主体功能定位的产业集约集团发展。加大省级科技计划对县域产业集中集约发展、骨干企业产品精深研发、品牌标准建设、绿色安全发展、民生社会发展、生态环境保护的支持力度，培育高新技术企业和创新型企业，打造、补强产业链，培育优势产业集群。

（三）实施平台载体带动对接工程

科学编制县域总体规划，积极引导和扶持县域建设高新技术产业开发区、农业科技园区、“星创天地”、科技企业孵化器、众创空间等创新创业载体。整合农业科技创新资源建设现代农业产业科技创新中心。积极建设农业科技服务体系、农业大数据平台、农产品电商平台。推动科研院所、高等学校、工程（技术）研究中心、重点实验室、企业技术中心等各类创新平台与县域产业对接，解决技术难题。各类创新平台服务县域创新成效纳入创新平台绩效考核评价体系。引导和支持县域企业与省内外科研院所和高校共同建设产业技术创新战略联盟。

（四）实施精准扶贫科技助力工程

强化科技创新对精准扶贫、精准脱贫的支撑引领作用，引导优质科技资源和服务向基层集聚，由各级科技部门牵头组建 1 支科技专家扶贫队伍，每个贫困县建立 1 个农技专家服务站，通过一对一、一对多开展精准科技帮扶服务。大力推进科技特派员精准扶贫创新创业行动向每个贫困村覆盖，并以带项目和创业等多种形式，推进科技脱贫。通过发放资料、科普讲座、现场培训、典型示范、远程指导及线上线下服务等多种形式，确保有劳动能力的贫困户掌握 1 项以上脱贫致富职业技能。

（五）实施少数民族科技创新特色工程

打“绿色、民族、珍品”牌，以高寒、特色、环保为重点，开发牦牛、藏羊、香猪等特色畜产品和草原生物资源、中藏药、菌类等特色产品，建设少数民族生态特色产业创新示范基地。加强民族饮食、藏医药和民族用品研发创新，加强国际合作，做大做强产业，推进民族产品的标准化、高端化、多样化，建设绿色民族产业产品、民族民俗产品出口加工商贸物流基地。

（六）实施科技服务能力提升工程

加强科技管理服务部门能力建设、队伍建设、条件设施建设。加强县级生产力促进中心建设，提升知识产权代理、交易、咨询、评估等服务水平。延伸“12316”“12396”“12330”服务体系，开发建设信息进村入户综合服务平台。推动科技活动周在县（市）举办，加大科普大篷车、青少年科技创新大赛等活动在县域和乡村受众面，提高县域中小学科普教育质量，结合县域特色建立科普教育基地、示范基地，积极开展中小学对口帮扶科普活动。

（七）实施人才集聚培训提升工程

选派“博士服务团”“科技镇长团”“科技管理与服务人才”到县（市）产业园区、科技企业、乡镇挂职服务，构建长效机制。鼓励科技人员利用科技成果到县域创办、参办企业，取得股权期权等回报。积极培育县域现代农业产业创新创业团队。深入实施“三区”科技人才、大学生到村任职、“三支一扶”计划、科技特派员等人才工程，将乡土科技人才、农民创业创新带头人纳入科技特派员管理。广泛开展产业政策、技术知识及产业致富典型经验宣传，培训技术骨干人才和创新创业人才。加强农民就业创业培训，培育新型职业农民，推动农村劳动力转移就业。

（八）实施全域旅游科技提升工程

推动科技与文化、信息、旅游等服务业态的融合创新，推动全域旅游产业发展，建设智慧旅游公共服务平台和旅游大数据平台。支持国家和省级旅游示范区建设，突出高铁沿线、黄河沿岸和周边县（市）、乡镇全域旅游提升推介，打造“文化旅游城镇化”旅游联盟。按照“留住乡愁、美化乡容、开发乡宝、富裕乡民”的目标，高标准建设旅游特色小镇。搭建全国知名电商企业合作平台，扩大特色农产品和民俗文化产品销路。加快形成文化和科技融合的产业链，促进一批新兴业态的文化科技企业集聚发展。

（九）实施生态建设科技支撑工程

加大科技支撑祁连山内陆河生态安全屏障、黄河上游生态安全屏障、长江上游生态安全屏障建设力度。促进陇东黄土高原丘陵沟壑水土保持生态功能区、石羊河下游生态保护治理区、敦煌生态环境和文化遗产保护区和肃北北部荒漠生态保护区建设。加快在县域应用示范受损生态系统的快速修复技术，草原沙化、土地退化防治技术，水污染治理技术，清洁生产技术，畜禽养殖污染防治技术，农作物病虫害绿色防控和统防统治技术，无害化处理和资源化利用技术，增强应对重大突发性自然灾害的科技能力。

（撰稿人：刘晓荣）

甘肃省重大创新政策评估实施意见研究

一、绪 论

（一）研究背景

2015 年 3 月，中共中央国务院印发了《中共中央国务院关于深化体制机制改革加快实施创新驱动发展战略的若干意见》，对创新政策评估督查与绩效评价提出明确要求，《甘肃省人民政府批转省发展改革委关于 2017 年深化经济体制改革重点工作意见的通知》提出“探索建立重大创新政策评估机制和年度报告制度”要求，省委全面深化改革领导小组已将重大创新政策评估列 2017 年重点改革任务和台账。因此，迫切需要围绕政策评估进行深入研究，研究起草制定《甘肃省重大创新政策评估实施意见》显得尤为必要。

（二）研究意义

《国家创新驱动发展战略纲要》《中共中央国务院关于深化体制机制改革加快实施创新驱动发展战略的若干意见》《深化科技体制改革实施方案》明确提出关于加强创新政策评估督查与绩效评价。一项政策出台后，不仅要关注其短期的实施效果，更要关注其实施带来的中长期影响。政策评估对提升政策的有效性具有重要作用，其涉及评估依据、评估对象、评估信息采集分析、评估效果陈述、提出评估建议等诸多方面。因此，研究制定适合甘肃省发展的政策评估制度显得尤为迫切。本研究通过梳理国内外政策评估理论及案例，在借鉴国内各省经验的基础上，研究撰写《甘肃省重大创新政策评估实施意见》，将对提升甘肃省政策评估能力、夯实更加有效的政策评估机制具有重要意义。

（三）政策依据

（1）《国家创新驱动发展战略纲要》。

（2）《科技评估工作规定（试行）》。

（3）《中共中央国务院关于深化体制机制改革加快实施创新驱动发展战略的若干意见》。

（4）《中共中央办公厅 国务院办公厅关于印发＜深化科技体制改革实施方案＞的通知》。

（5）《甘肃省人民政府批转省发展改革委＜关于 2017 年深化经济体制改革重点工作意见＞的通知》（甘政发〔2017〕51 号）

（6）《中共甘肃省委甘肃省人民政府贯彻落实＜中共中央、国务院关于深化体制机制改革加快实施创新驱动发展战略若干意见 > 的实施意见》。

（7）《江苏省关于开展重大政策举措第三方评估的实施意见》。

（8）《南京市重大政策措施第三方评估实施办法（试行）》。

二、甘肃省政策评估

（一）出台政策情况

甘肃省政府围绕政府组织机构、综合政务、国民经济管理、国有资产管理、财政、金融、审计、国土资源等方面出台了一系列政策。政策评估作为衡量其效果的有效手段，可以对政策方案、实施过程及实施效果等进行全方位分析，但由于现阶段对政策评估的理论及方法方面的研究相对薄弱，致使理论方法不完善、评估范式缺失等因素制约评估实践发展。

（二）政策评估案例

1.甘肃省实施《国家中长期科学和技术发展规划纲要（2006—2020 年）》总结评估

2019 年 4 月，根据《科技部办公厅关于请协助开展〈国家中长期科学与技术发展规划纲要（2006—2020 年）〉实施情况总结评估工作的函》，甘肃省科技厅委托甘肃省科学技术情报研究所开展了甘肃省实施《国家中长期科学和技术发展规划纲要（2006—2020 年）》总结评估工作。《甘肃省中长期科学和技术发展规划纲要（2006—2020 年）》是根据《国务院关于印发实施〈国家中长期科学和技术发展规划纲要（2006—2020 年）〉若干配套政策的通知》〔国发（2006）)6 号〕精神制定，目的在于营造激励自主创新的环境，推动企业成为技术创新主体，促进经济增长方式转变。评估发现，自实施以来，甘肃省全面贯彻党中央、国务院关于科技创新工作的决策部署，在省委、省政府的坚强领导下，深入学习领会习近平新时代中国特色社会主义思想，坚持新发展理念要求，按照“五位一体”总体布局和“四个全面”战略布局，全面推进创新、协调、绿色、开放、共享发展理念，加快建立以创新为引领的经济体系和发展模式，进一步推动甘肃经济的发展。对本地方产生的影响主要体现在以下几个方面：立足全局谋划推进科技创新工作，坚持面向科技前沿、面向经济主战场、面向国家和甘肃省重大需求，着力夯实科技基础，强化科技供给，充分发挥科技创新对经济社会发展的支撑引领作用。尤其对甘肃省“十一五”“十二五”“十三五”科技规划纲要的颁布实施起到了指导性的作用，为甘肃省推动科技工作发展指明了方向。

2.甘肃省科技领域实施《国家“十三五”规划 < 纲要 >》总结评估报告

2016 年 3 月，中共中央办公厅、国务院办公厅印发了《国家“十三五”规划纲要》，要求各地区各部门结合实际认真贯彻落实。甘肃省科技厅积极贯彻中央精神，围绕《国家“十三五”规划纲要》及《甘肃省“十三五”规划纲要》制定了综合类重点专项规划《甘肃省“十三五”科技创新规划》和《兰白科技创新改革试验区发展规划》。几部《规划》为甘肃省“十三五”时期科技发展明确了发展方向，确定了指导思想、目标和任务，对科技工作做出了战略部署，为创新驱动发展战略实施奠定了重要基础。根据《甘肃省发展和改革委员会关于开展甘肃省“十三五”规划实施总结评估工作的通知》要求，开展甘肃省科技领域落实《国家“十三五”规划纲要》实施总结评估工作，围绕甘肃省科技领域重大战略任务推进情况、国家“十三五”规划纲要重大工程项目实施进展情况、规划实施中的典型经验和有益探索等进行客观实际、全面细致地分析评估，深入思考科技领域推进落实“十三五”规划进程中存在的困难特别是体制机制障碍，科学分析并提出改进建议。

3.甘肃省落实《“十三五”国家科技创新规划》评估

“十三五”以来，甘肃省全面贯彻党的十八大、十八届三中、四中、五中、六中全会以及十九大精神，落实全国科技创新大会精神和省委、省政府关于实施创新驱动发展战略的决策部署，深入学习领会习近平新时代中国特色社会主义思想，坚持新发展理念要求，按照“五位一体”总体布局和“四个全面”战略布局，奋力开启建设甘肃篇章的新征程。在省委、省政府的坚强领导下，兰白科技创新改革试验区建设加快推进，科技体制改革全面深化，科技创新环境持续改善，自主创新能力不断提升，推动供给侧结构性改革的关键作用进一步凸显，甘肃省作为实施创新驱动发展战略、推进自主创新和发展高新技术产业成效明显的省份受到国务院表扬激励。

报告分析了甘肃省科技创新各项工作取得的成效。一是科技支撑能力显著增强。二是科技创新能力持续提高。三是科技体制改革和创新政策实施成效显著。四是兰白试验区辐射带动效应不断增强。五是科技创新创业环境日益优化。同时，梳理了制约甘肃省科技创新发展的主要问题。一是科研成果就地转化能力不充分。二是高新技术产业创新动力不充足。三是创新人力资源整体优势不突出。四是区域科技创新资源布局不均衡。最后，围绕制约甘肃省科技创新发展的制约因素与主要问题研究提出建议。一是统一科技进步贡献率计算口径。二是中央加大对西部省份优惠政策支持力度。三是继续加强规划监测评估。

4.《甘肃省“十三五”科技创新规划》执行情况总结评估

《甘肃省“十三五”科技创新规划》（以下简称《规划》）是省委、省政府确定的“十三五”时期 33 项综合类重点专项规划之一，是甘肃省“十三五”期间科技创新发展的纲领性文件。《规划》为甘肃省“十三五”时期科技发展明确了发展方向，确定了指导思想、目标和任务，对科技工作做出了战略部署，为创新驱动发展战略实施奠定了重要基础。受甘肃省科学技术厅委托，由甘肃省科技发展战略研究院、甘肃省科技评价监测重点实验室对《规划》执行效果和落实情况进行客观实际、全面细致地分析评估，为“十四五”科技创新专项规划制定奠定基础，对促进创新型甘肃建设及经济社会可持续发展具有积极意义。

评估分析发现，“十三五”以来，甘肃省全面贯彻党的十八大、十九大以及十九届二中、三中、四中全会精神，落实全国科技创新大会精神和省委、省政府关于实施创新驱动发展战略的决策部署，深入学习领会习近平新时代中国特色社会主义思想，深入贯彻落实习近平总书记对甘肃重要讲话和指示精神，在科技部有力指导和支持下，围绕甘肃省中心工作，发挥兰州白银国家自主创新示范区和兰白科技创新改革试验区（以下简称“兰白自创区”“兰白试验区”或“两区”）等平台带动作用，突出打赢脱贫攻坚战和发展产业两大主题，主动服务各行各地，深耕科技创新创业，促进成果转移转化，着力“集聚、整合、激活、撬动”创新资源，优化科技资源配置方式，增加高水平科技创新供给，构筑发展新优势，打造发展新空间，科技创新对甘肃省高质量发展的支撑引领能力持续增强。一是指标稳步推进，科技创新仍需驱动攻坚。二是深入体制改革，创新生态体系逐步优化。三是“两区”创新引领，区域创新高地加快推进。四是搭建创新平台，科技创新能力全面提升。五是产业转型升级，科技支撑能力显著增强。六是聚焦脱贫攻坚，民生科技体系不断改善。七是科学普及普惠，创新创业环境日益优化。八是交流合作，内外科技资源有效利用。

制约甘肃科技创新发展的因素与问题。一是科技创新投入总量仍然不足。二是科技创新的人力资源较为匮乏。三是科技创新环境有待优化提升。四是创新平台技术扩散能力不强。五是产学研机制不顺畅。六是科技成果转化程度低。提出了“十四五”时期甘肃省科技发展建议。一是深化体制机制改革、提升创新治理效能。二是加紧建设区域创新体系、优化科技发展生态环境。三是加大多元化科技投入、夯实科技进步保障体系。四是加快“两区”建设、放大先行先试平台效应。五是加速科技成果转移转化、支撑供给侧结构性改革。六是着力构建现代产业体系、推动产业优化升级。七是加强科技创新人才队伍建设、夯实自主创新基础。八是推进科技开发合作、积极融入全球创新体系。

5.甘肃省落实国家科技改革和发展重大政策自查评估

连续三年对甘肃省落实国家科技改革和发展重大政策进行自查，甘肃省围绕落实《中华人民共和国促进科技成果转化法》已出台了《甘肃省科技厅、甘肃省财政厅落实关于建立科技成果转移转化直通机制的实施意见奖励措施实施方案（试行）》《关于建立科技成果转移转化直通机制的实施意见》《关于加快技术转移体系建设的实施意见》等 8 个配套政策；为全面落实《国务院印发关于深化中央财政科技计划（专项、基金等）管理改革方案的通知》，出台了《关于深化项目评审、人才评价、机构评估改革的实施方案》《甘肃省科技计划项目管理办法》《甘肃省科技计划管理改革实施方案》等 14 个配套政策；为全面落实《关于进一步完善中央财政科研项目资金管理等政策的若干意见》，出台了《关于优化科研管理提升科研绩效若干措施》《关于贯彻落实赋予科研机构和人员更大自主权和开展减轻科研人员负担及清理唯论文、唯职称、唯学历、唯奖项专项行动的通知》《甘肃省省级科技计划专项资金管理办法》等 9 个配套政策。自查报告分别从出台的相关政策、政策内容及与国家相关政策的相符性、配套政策实施情况等方面进行了详细分析。

6.甘肃省科技创新政策工作情况总结评估

党的十九大报告提出，要坚定实施创新驱动发展战略，加快建设创新型国家，把科技创新摆在更加重要位置。按照中央的部署，围绕习近平总书记在甘肃视察时提出的“八个着力”重要指示精神，根据甘肃省委提出的五个方面的工作要求，甘肃省正在大力实施创新驱动发展战略，深化科技体制机制改革，进一步强化兰白试验区龙头牵引带动作用、企业创新主体地位、科技成果转化、人才队伍建设以及创新创业环境营造，发挥科技创新在供给侧结构性改革中的基础、关键和引领作用，提高科技创新供给的质量和效率，加快实现发展动力转换，全面推进创新型甘肃建设。以科技创新为支撑的新产业、新模式、新业态不断涌现，经济发展的新动能正在逐步形成。

评估工作梳理了甘肃省科技创新政策体系框架、主要内容和特点，并就科技、产业、财政、税收、金融、创业、人才等政策的协同情况进行了分析。提出以下需要完善的地方：一是优化西部政策环境。根据西部地区的实际发展情况，必须致力于创造一个良好的发展环境来促进科技发展，使西部地区在市场经济条件下具备与东部地区平等竞争的机会，这就需要国家改进西部地区的优惠政策，在法律上及倾斜的力度上给予一定幅度的增加，提供良好的外在环境来促进西部地区的科技发展。二是政府在西部地区科技发展问题上，要给予操作性强、可量化的政策优惠，尤其对于执行政策的相关职能部门来说，执行细则必须表现出高度的可操作性、可监督性，只有这样，才能有效地评估政策所起的实际作用。三是对于西部的政策优惠力度应当进一步加大，具体表现为西部地区在现有的市场经济体制中，具备与东部地区相对较为平等的竞争地位，在人才资源、科技资源和资金投入方面，西部地区获得的支援不应少于东部地区，最理想的状况是这些资源投入西部地区获得比东部地区更高的收益和更明显的效果。

三、甘肃省重大创新政策评估实施意见

（一）研究内容与方法

本研究运用文献调研、调查分析和案例研究等方法。

（二）特点和可行性

课题通过梳理国内外政策评估理论及案例，在借鉴国内各省经验的基础上，研究撰写《甘肃省重大创新政策评估实施意见》（以下简称《实施意见》），将有助于提升甘肃省政策评估能力，夯实更加有效的政策评估机制。《实施意见》在评估制度建设、评估范围、评估内容、第三方评估机制、年度报告制度建立等方面均有所突破，且可行性较强。

（1）在评估范围的确定上有所突破。国家重要改革举措和重大创新政策在甘肃的实施情况，有关国务院对甘肃定位的重大创新政策的实施情况均在本《实施意见》范围。

（2）对评估内容进行了全方位界定。要求对重大创新政策完善度和协同度进行评估，并对重大创新政策继续实施产生可能的影响及风险进行分析。

（3）建立第三方评估机制。把第三方评估经费纳入部门预算，以后补助或政府购买服务的方式，确保专业评估机构经费有保障。

（4）建立创新政策评估制度和年度报告制度。对重大创新政策实施效果进行动态监测评估，健全重大创新政策监测评估报告体系，并建立年度报告制度，将评估机制常态化、制度化。

（三）《甘肃省重大创新政策评估实施意见》起草说明

1.起草背景及过程

2015年3月，中共中央国务院印发了《中共中央国务院关于深化体制机制改革加快实施创新驱动发展战略的若干意见》，对创新政策评估督查与绩效评价提出了明确要求，省委全面深化改革领导小组已将重大创新政策评估列为重点改革任务和台账。为此，省科技厅牵头起草了《甘肃省重大创新政策评估实施意见》。

2.相关政策依据

（1）《国家创新驱动发展战略纲要》。

（2）《科技评估工作规定（试行）》。

（3）《中共中央国务院关于深化体制机制改革加快实施创新驱动发展战略的若干意见》。

（4）《中共中央办公厅国务院办公厅关于印发 < 深化科技体制改革实施方案 > 的通知》。

（5）《甘肃省人民政府批转省发展改革委 < 关于2017年深化经济体制改革重点工作意见 > 的通知》。

（6）《中共甘肃省委甘肃省人民政府贯彻落实 < 中共中央、国务院关于深化体制机制改革加快实施创新驱动发展战略若干意见 > 的实施意见》。

（7）江苏省《关于开展重大政策举措第三方评估的实施意见》。

（8）《南京市重大政策措施第三方评估实施办法（试行）》的通知。

3.主要内容

《实施意见》共五部分。第一部分，明确了重大创新政策评估和年度报告制度的总体要求。第二部分，明确了评估范围，并进一步要求了重大创新政策评估内容。第三、四部分，通过确定评估对象、遴选评估机构、开展评估工作、评估结果应用等明确了组织实施过程，对政府管理机构、评估机构、有关社会组织等各方提出了具体工作要求。第五部分，对重大创新政策评估工作保障措施做了规范。

4.《实施意见》的特点

《实施意见》以加强对国家和甘肃省重大创新政策执行情况、实施效果和社会影响的跟踪评估为主旨，一是对重大创新政策落实进展总体状况实行第三方评估，并建立年度报告制度。二是坚持客观公正、注重实效、动态监测原则，以合理配置政策资源为出发点和落脚点，强化严密规范，提高决策科学化水平。三是对国家重大创新政策、有关国务院对甘肃定位的重大创新政策实施情况评估作了重点要求。四是坚持遵循规律，按照评估流程，完善了重大创新政策评估内容。

5.《实施意见》的新颖性

《实施意见》在评估制度建设、评估范围、评估内容、第三方评估机制、年度报告制度建立等方面均有所突破，成为《实施意见》的新颖点。

（1）在评估范围的确定上有所突破。国家重要改革举措和重大创新政策在甘肃的实施情况，有关国务院对甘肃定位的重大创新政策的实施情况均在本《实施意见》范围。

（2）对评估内容进行了全方位界定。要求对重大创新政策完善度和协同度进行评估，并对重大创新政策继续实施产生可能的影响及风险进行分析。

（3）建立创新政策评估制度和年度报告制度。对重大创新政策实施效果进行动态监测评估，健全重大创新政策监测评估报告体系，并建立年度报告制度，将评估机制常态化、制度化。

（四）甘肃省重大创新政策具体评估实施意见

为深入贯彻全国科技创新大会精神，进一步落实《国家创新驱动发展战略纲要》《中共中央国务院关于深化体制机制改革加快实施创新驱动发展战略的若干意见》《深化科技体制改革实施方案》中“关于加强创新政策监测评估工作的精神”，以及《甘肃省人民政府批转省发展改革委关于2017年深化经济体制改革重点工作意见的通知》提出的“探索建立重大创新政策评估机制和年度报告制度”要求，加强对国家和省级重大创新政策执行情况、实施效果和社会影响的跟踪评估，合理配置政策资源，提高决策科学化水平，提升政府治理能力，结合甘肃省实际，制定实施意见。

1.总体要求

全面贯彻党的十八大和十八届三中、四中、五中、六中全会精神，认真落实中央及省委、省政府关于建立创新政策调查和评估制度的决策部署，全面推进国家创新调查制度、科技评价监督制度和科技报告制度建设进程，围绕推动重大创新政策良性运行和有效落实，进一步发挥简政放权、放管结合的服务保障作用，不断完善体制机制，规范方法流程，加强制度保障，建立健全科学决策、有效执行的支撑体系。为保证评估工作的公开、公平、公正和客观，甘肃省对重大创新政策落实进展总体状况实行第三方评估，并建立年度报告制度，以推动各项政策精准落地、见到实效。

开展重大创新政策评估，必须坚持以下原则：

一是科学规范，客观公正。严格遵守相关法规制度，尊重客观规律，评估对象应如实提供涉及评估的相关资料，评估机构严格依照评估标准和程序，独立完成评估工作，自觉接受社会的监督。

二是服务决策、注重实效。坚持问题导向，建立健全评估结果应用机制和评估结果检验机制，针对政策评估中揭示出的问题，由相关责任部门加以整改落实并承担责任，推进决策的民主化、科学化。

三是统筹安排，动态监测。对重大政策落实情况跟踪评估，坚持滚动计划、循序渐进、动态管理，建立年度监测评估机制，实时找出薄弱环节，实现有步骤、有重点、有深度、有成效地评估覆盖。

四是长效推进，反映进展。年度报告要深入分析政策实施效果，注重数据真实性和积累性，把建立长效年度报告制度作为重点任务，坚持专人负责、反映进展、统筹推进，强化政策落实的跟踪问效。

2.评估范围与内容

（1）评估范围

①国家重要改革举措和重大创新政策在甘肃的实施情况。

②有关国务院对甘肃定位的重大创新政策的实施情况。针对“一带一路”、生态屏障、民族团结、精准扶贫等方面出台的影响地方发展的关键创新政策实施情况。

③具有甘肃特色的经济社会发展总体规划、区域规划、重点专项规划、重大改革方案等，针对兰白试验区发展出台的重大创新举措、重大创新规划的实施情况。

④近年来出台的涉及面广、社会关注度高、群众反映强烈、实施难度大的重大创新政策的实施情况。

（2）评估内容

①政策制定预评估。评估分析创新政策本身的必要性、针对性、可行性、完善性、协同性、风险点等方面，分析评价创新政策是否与经济、社会和制度环境相适应，对政策目标设置是否合理，内容是否可行，与其他相关政策是否冲突等进行预评估。

②政策执行过程评估。围绕政策落实过程中政策宣传、组织保障、工作机制、资源投入、监督检查等是否足以保障政策执行，目标群体对政策是否做出及时反应和反馈，政策的社会公众认知度及其社会影响等方面进行分析。

③政策实施效果评估。全面采集政策实施后的数据信息，对创新政策出台后是否得到全面准确贯彻落实、政策组织实施情况、实施的总体效果进行评估，分析重大创新政策实施后取得的经济、社会、生态效益，评估是否达到政策提出的预期目标。

④政策可持续性评估。创新政策实施后，尤其是相关投入和活动完成后，分析政策落实带来的收益、结果、机制是否具备可延续性，评估政策继续实施的潜在风险和可能影响，对存在的主要问题及原因进行分析。

3.组织实施

（1）确定评估对象

根据职责分工，由各行业主管部门提出评估任务，报省政府同意后，组织实施评估工作。对涉及面广、社会关注度高的重大创新政策实施情况由省委、省政府直接委托牵头单位实施。

（2）遴选评估机构

为了体现评估的公正性、独立性、专业性、客观性，各行业主管部门负责遴选，委托从事相关业务的专业评估机构进行评估。委托方公开遴选以公共政策和发展战略为主要研究对象、以服务党和政府科学决策为宗旨、具备专业评价监测平台、具有法定资质的专业评估机构，优先选择已完成过政策评价工作、具有相关工作基础条件的机构，签订委托协议。

专业评估机构必须遵守国家法律法规和政策规定，具有固定的办公场所，组织章程内容完备。具有独立承担民事责任的能力，社会信誉度良好。有合法的资产和经费来源，机构运转正常。拥有一支维持机构运营并经过专业培训的行业专家和研究队伍，熟悉数据采集分析且具有较强的决策咨询和政策评估能力。

（3）开展评估工作

评估机构根据评估任务，制定科学合理的评估方案、评估标准、评价指标，运用科学的方法、规范的流程、相对统一的指标及标准，采取问卷调查、实地调研、察访核验、舆情跟踪、座谈交流和专家咨询等方式进行信息采集，以翔实数据和充分论据为基础，定性和定量分析相结合，对重大创新政策实施情况进行系统分析。

（4）评估结果的报送应用

评估机构向委托方提供评估报告，汇报评估情况，作为省政府和有关部门调整、修改完善、终止重大创新政策的决策参考依据。评估结果作为政府绩效管理和行政问责的重要参照依据，强化评估约束力，真正实现政策评估过程的责、权、利相统一。

4.工作要求

（1）专业评估机构及工作人员对评估工作中涉及的国家秘密、商业秘密和个人隐私等予以保密，凡涉密文件和资料严格按相关规定使用和保存，不得对外透露评估工作信息，不得接受采访或以个人名义对外发表与评估内容相关的言论或文章。

（2）各地、各部门，要积极配合，大力支持评估工作，主动、全面、准确地向评估机构提供相关资料，如实说明重大政策实施的有关情况、实施过程中存在的问题，并提出相关建议。

（3）要利用互联网和新媒体平台加强信息公开，提升评估工作透明度。

5.保障措施

（1）加强组织领导

成立由省政府主要领导任组长，省级有关部门为成员单位的创新政策评估领导小组，统筹全省重大创新政策评估工作，包括加强评估制度建设、组织保障、发布《年度甘肃省重大创新政策评估计划》、督导评估活动以及推动评估结果运用等。

（2）完善制度建设

使政策评估工作在法律和制度框架下运行。健全评估工作档案制度、专家信用记录制度等内部管理制度，完善对重大创新政策执行评估情况的检查、督促、考核和纠错制度，把评估与重大决策终身责任追究制结合起来，确保评估活动于法有据、有章可循。

（3）健全评估机制

建立第三方评估机制，由省政府各部门根据职责，遴选一批能够满足业务需要和第三方评估需求的独立评估机构，鼓励引导各类政策咨询研究机构积极参与评估工作。政策评估委托业务所需资金，由委托方从既有预算中统筹安排，以后补助或政府购买服务等方式，确保专业评估机构经费有保障，评估工作顺利开展。

（4）规范工作程序

各行业主管部门根据省政府统一部署制定评估工作规范程序，对创新政策适时开展评估。对实施时间跨度较长的政策，可以分阶段开展评估；对应急性政策，根据需要及时开展评估。规范评估流程，充分保证评估工作方案合理可行、评估信息真实有效、评估行为规范有序、评估过程可追溯、评估结果客观准确。

（5）建立年度报告制度

紧盯国际国内经济社会发展动态和趋势，加强对重大创新政策推进落实的跟踪检查，对政策实施效果进行动态监测评估。健全重大创新政策监测评估报告体系，建立年度报告制度，各行业主管部门围绕当年政策评估工作，每年底提交重大创新政策实施情况年度评估报告至省政府，由省政府发布或由省政府授权发布。

（撰稿人：评估中心）

甘肃省“十四五”时期农业科技领域关键核心技术预测研究

摘 要：农业科技是确保国家粮食安全的基础支撑，是突破资源环境约束的必然选择，是加快现代农业建设的决定力量。为把握科技和产业变革大势、研判重大关键技术方向、找准甘肃农业在全国坐标系中的位置，省科技发展战略研究院组织省内外农业领域高校、科研院所、企业等行业系统的128名专家，立足甘肃农业科技基础、“十三五”农业科技主题和“十四五”甘肃农业科技发展五大愿景，通过文献分析、产业竞争情报分析、专家咨询等方法，优选出“十四五”时期全省农业科技领域需要重点攻关的15项关键核心技术，以期集中省内优质科研力量和各类服务保障资源，打好“攻坚战、阵地战、突击战”，在“十四五”期间推动农业科技跨越发展，为农业增产、农民增收、农村繁荣注入强劲动力。

关键词：现代农业 关键核心技术 技术预测 问卷调查

引 言

技术预测是把握技术领域发展趋势、展望技术未来、塑造未来社会的重要方法和手段，在技术的前沿探索和前瞻布局中发挥越来越重要的作用，并为科技战略和决策提供重要支撑[1-2]。当前，技术预测已经成为世界科技政策研究的一种潮流，被各国用来确定科学技术发展的优先领域。英国、美国、日本等发达国家较早开启了以技术预测为基础的科技规划模式，国家相关部委自20世纪90年代以来开展了多次技术预见和预测活动，有效支撑了我国政府部门和区域发展的科学决策。目前国家及各省市正在如火如荼地开展“十四五”科技创新规划及新一轮中长期科技发展规划研究工作，在规划编制过程中，技术预测这一战略研究工具被广泛应用。课题组面向2025年甘肃发展需求，选择农业领域开启技术预测的首次尝试，对于甘肃在“十四五”时期准确把握农业领域技术突破方向、打好关键核心技术攻坚战、优化科技资源布局具有重要意义。

一、甘肃农业科技基础

（一）科技进步成为农业发展的内生动力

“十三五”时期，甘肃省组织实施农业种质资源创新、高效农产品关键技术、智能农机装备等重大科技攻关项目，一大批农业领域关键技术和重大新品种得以研发并推广应用。“十三五”末，全省农业科技进步贡献率达到55.2%。

（二）农业科技创新主体不断壮大

高校、科研院所、企业等各类创新主体在农业科技创新活动中的地位和作用不断凸显，创新型农业企业成为产业化发展的主力军，有效发挥其在技术创新决策、研发投入、科研组织和成果转化等方面的主体作用。“十三五”末，全省农业类高新技术企业150家、农业类高校和科研院所66家。

（三）农业类平台基地成为创新创业重要载体

“十三五”时期，围绕农业生物技术、农业新材料、智能农机装备、绿色食品加工等布局了一批农业科技创新平台基地，着力推动农业领域共性关键技术和产品的研发。全省建有国家级农业科技园区10家、省级农业科技园区35家、国家级星创天地82家，农业类工程技术研究中心54家。

（四）农业科技创新人才队伍逐渐壮大

科技特派员、三区人才等计划的实施，培养了一大批具有较高科学素养的农业科技创新人才，在促农增收、加强新型农民培训、技术推广等方面产生的社会效益比较突出。甘肃省草产业人才培养数量和质量居全国第1位。

二、“十四五”农业领域重点科技主题

课题组构建了“十四五”时期甘肃农业科技发展的五大场景：生态优先、绿色环保、品质至上、现代化、融合发展。基于甘肃农业科技基础、未来发展场景以及“十三五”农业科技主题，预测甘肃“十四五”农业领域重点科技主题有：

一是寒旱农业。聚焦“牛羊菜果薯药”六大特色产业重点领域关键技术需求，充分挖掘高寒干旱气候条件下农业发展的资源潜力，继续保持甘肃在旱作农业、高效节水农业、制种育种、新型动物疫苗研制等领域技术研发领先优势。

二是绿色农业。更加重视资源的综合高效利用以及生态环境保护，着力解决制约甘肃省循环农业发展的瓶颈问题，构建绿色生态农业技术体系。

三是品质农业。持续强化品质导向，兼顾农业发展质量与效益，加强农产品品质形成机理研究，推进高品质高附加值农产品生产加工以及农产品质量安全体系建设，为创建优质农产品品牌奠定技术基础。

四是现代农业。加强农业发展与信息、生物、新材料、新能源、环保等产业技术的融合应用和关键核心技术研究，推动跨领域技术的融合发展，提高农机装备自主创新能力，提升农业现代化和智能化水平。

三、优先发展关键技术

课题组基于文献分析、产业竞争情报分析、专家咨询等方法，凝练技术清单、设计技术调查问卷，邀请省内外128名农业领域专家参与德尔菲调查，根据专家建议对技术清单进行修改完善，最终得到“十四五”时期我省农业科技领域的15项关键核心技术。

（一）特有优质种质资源保护、创新及利用

开展大宗农作物、特色经济作物的新品种引育及辐射育种技术，重点攻克玉米种源的“卡脖子”技术问题。因地制宜开展特有种质资源保护，建设种质资源库，制定技术规范。开展优良基因筛选、优异抗锈基因的保护等。开展种子资源精准鉴定及对品种、品质、特色、风味等性能标识研究，对种质资源保存的生理生化与遗传基础、种质品质形成与演化机制进行标识研究。研发转基因技术、全基因组选择和多性状复合育种等技术，利用新一代基因组测序技术定位开发特色优质农产品关键性状的优异等位基因或基因组区段，开发保育优异种质资源。开展种质资源安全测评，尤其是基因安全检测与评价。

（二）精准水肥一体化灌溉技术

推进旱作农业精准灌溉施肥智能控制技术研发，开展设施蔬菜水肥气热精准调控、实时监测和管理技术集成应用研究。开展水溶肥生产关键技术及配方研究，针对不同作物进行高效水溶肥引进筛选和研制，研发基于作物需水需肥与产量品质调控原理的水肥精准一体化灌溉技术、果树覆盖保墒与水肥精准调控综合集成技术。

（三）草食畜加工一体化技术

推进奶牛、肉牛、肉羊、牧草等优势特色草食畜产品高质、高值开发，推动草食畜全产业链品质化发展。开展地方特有畜种良种选育技术攻关，培育繁殖性能高、生长发育快的专门化牛羊新品种。开展畜产品食品高质高值化生产加工技术，肉品分类分级加工、绿色加工关键技术、畜产品食品保鲜、冷链流通及储存期延长技术研发。推进草食畜加工标准化、绿色化、标识化，研发产草量和放牧牲畜体尺信息自动采集技术、互联网+种养一体化生产信息化管理技术，发展智能化草牧业。开展优质牧草品种选育、草粮轮作栽培与草产品加工利用技术研发等。

（四）畜禽健康养殖与产品品质化关键技术

重点开发畜禽健康养殖、绿色养殖、低抗养殖技术，发展畜禽福利养殖技术，无疫病、无抗畜禽种群及产业化养殖关键技术。培育畜禽新品种，研究畜禽饲料营养调控技术、饲料精准配方技术，研制无抗环保饲料产品。研发畜禽产品的屠宰、标准化加工技

术，肉品质检验技术、畜禽养殖的智能化管理技术。开展畜禽养殖废弃物快速无害化处理技术、畜禽粪污二次污染防控技术，畜禽粪便生化利用技术、除臭技术。

（五）高品质农产品绿色生产加工技术

开展优质林果蔬菜、中药材、农作物增产增效等绿色生产关键技术，高效栽培、轮作模式、种植制度与技术模式优化研究。针对“牛羊菜果薯药”等特色农畜资源，挖掘功能成分和功能因子，开发功能食品、特医食品和特膳食品。开展食品原料高值化与营养化加工关键技术，食品功能因子的高效利用技术，乳品、畜产品、营养调理肉制品的绿色加工、清洁生产关键技术研究。

（六）农产品生产标准、品质标识与质量安全监管技术

研发农产品品质标识、质量安全监管与溯源关键技术，绿色农产品质量检测控制技术、品质监控技术，农药残留等食品安全快速精准检测技术与装备，食品原料危害因子的形成、变化与控制技术。建立快速、无损的农产品品质评价与追溯体系，制定农产品营养功能成分识别与监测技术标准。开展特色农产品优质无公害生产模式与技术规范研究。

（七）智能化农机装备研发

利用大数据、5G、人工智能等先进技术，研制花果菜采收机器人、嫁接机器人等蔬菜移栽采收、果品采收的智能机械设备，中药材挖掘机械、中药材产业初加工机械装备、小型山地机械、坡地种植收获机械等地域适应性农机装备，作物品种小区精确种植与收获装备、智能化制种玉米去雄一体化装备、山地型牧草收割压扁机械、智能化种子精细加工处理技术与集成装备等。开展精量播种、低损收获、分级分选、智能挤奶捡蛋等农业智能装备关键技术攻关。研发绿色智能干燥技术及装备、粮食与蔬菜等育种制种成套装备、植保无人机、遥控拖拉机等。

（八）智慧农业终端装备及技术研发

重点研发农业传感器与智能终端装备等智慧农业关键技术，研究种养生产的智能感知、智能分析与管控技术，农业传感器与智能终端设备及技术，农业大数据采集存储及可视化技术，农田环境智能监测技术、智能分析决策控制技术，动物身份识别、机器学习等智能自动化管理技术，外来入侵生物监测预警技术，病虫害远程监测预警系统。研发基于农业物联网技术的温室大棚、智能温室、动植物疫病监测装置以及智能化养殖系统等。

（九）农药减施增效及绿色防治技术

研发有害生物绿色防控、物理防控、生物防治以及综合防控新技术，进行有害生物的天敌昆虫繁育研究。开展基于植物精油、中草药、微生物、提取物的种植、养殖绿色防控、无抗养殖等关键技术研发，构建绿色防控技术。研发新型生物农药、复合低毒高效环保农药、新型农药助剂、新型药械、植物免疫诱抗剂、种子生物制剂处理产品。开展农药靶向精准控释技术、施药精量调控技术及标准化、高精准施药器械、无人飞机植保技术、航空施药技术、药肥一体化等技术攻关。

（十）特色作物现代种业种苗繁育关键技术

以玉米制种、瓜菜花卉制种、马铃薯脱毒种薯繁育为重点发展现代种业基因技术和生物技术，玉米杂交规模化制种技术、特色果蔬、中药材和设施作物新品种的选育、分子设计育种技术及种苗工厂化生产和机械化栽培技术。培育抗病毒、抗旱基因新品种，发展脱毒种苗繁育技术、脱毒监测技术。现代化组织培养快繁技术，育苗进程控制技术、微环境下种苗控制技术、精准育苗技术。

（十一）农产品保鲜、贮藏与冷链绿色物流技术

开展农产品腐烂变质机理、物理保鲜、生物保鲜、产地预处理保鲜技术研究，农产品有害微生物绿色防控关键产品和技术、农产品冷链流通物流关键技术、农产品脱水、保鲜、贮藏与物流环境调控技术研发，农产品智能化分级分拣技术、绿色冷藏保鲜技术，新型预冷装置与新型绿色包装材料的研制技术。研发中药材贮藏物联网管理系统。建立特色农产品采后处理、产地贮藏、低碳减污加工贮运、物流配送等一体化技术体系。

（十二）土壤（耕地）质量提升与保育技术

重点开展连作、盐渍化及酸化瘠薄土壤、重金属污染土壤等的治理及修复技术研究，设施土壤保育及有机质提升技术研究。开展土壤环境质量评价、土壤肥力指标研究、土壤质量管理技术、土壤生物多样性研究，中低产田障碍因子消减与地力提升、重金属和有机污染防治、水土保持、土壤改良等研究。加强耕地质量调查监测与评价技术、设备研究，建立耕地质量监测体系。研发新型高效土壤改良技术、污染土壤安全利用技术与产品，建设高标准、高质量农田、梯田。

（十三）农作物秸秆（尾菜）资源化利用技术

重点研发农作物秸秆高效回收及饲料化、肥料化、能源化、原料化、基料化利用技术及生产工艺，包括秸秆发酵饲料生产制备技术、秸秆制取纤维素乙醇技术，农作物秸

秆（尾菜）集约化、无害化处理利用技术，秸秆（尾菜）直接发酵技术、还田及安全利用技术，秸秆新型燃料化技术、全株秸秆菌酶连用发酵技术、秸秆食用菌生产技术。

（十四）低成本可降解农膜研制技术

研制新型可回收、可降解生物农膜材料替代PE材料。研制生物农膜生产的工艺技术和机械设备，开发可降解度高、成本低的功能性环保农膜，可回收农膜、作物专用降解膜以及配套回收机械，降解速率调控技术、功能与寿命可控农膜生产技术。

（十五）动物疫病、人畜共患病监测预警及预防控制技术

重大动物疫病防控技术研发，重点是疫病快速诊断和疫苗，新型中兽药、动物专用药、动物疫病生物防治制剂诊断制品及工程疫苗等生物制剂研发。人畜共患病的防治，人畜共患病流行病学和传播途径及检测预警研究、人畜共患病快速诊断技术、人畜共患病原菌耐药性研究，病原分离鉴定技术，防控疫苗和药物研制，净化根除技术，前瞻性预警技术，跨宿主感染传播机制研究，快速监测技术与预警机制。

参考文献：

[1]穆荣平，任中保，袁思达，等.中国未来20年技术预见德尔菲调查方法研究[J].科研管理，2006，27(1)：17.

[2]陈进东，张永伟，梁桂林，等.中国工程科技2035关键技术选择与评估[J].中国软科学，2019(8)：144-153.

（撰稿人：张小宁　姜玲）

甘肃省“十四五”时期科技创新规划构想与建议

一、甘肃省“十三五”科技创新成效

“十三五”以来，甘肃省深入实施创新驱动发展战略，优化科技资源配置方式，增加高水平科技创新供给，科技支撑引领经济社会高质量发展的能力显著增强，科技对经济增长的贡献率达到52.8%，科技创新水平居全国第二梯队。科技体制改革向纵深推进，开展科技计划管理、科技奖励、科研项目、人才评价等重点领域改革，科技创新治理体系更加完善，科技领域“放管服”改革不断深化，以增加知识价值为导向的政策效应逐步释放。科技投入持续增加，形成了政府投入为引导、企业投入为主体、全社会参与的多元化投入格局。2019年甘肃省全社会研究与试验发展经费达到110.2亿元，投入强度（R&D/GDP）为1.26%。科研成果产出丰硕，涌现出了重离子治癌、氢能冶金、装配式钢结构建筑、耐热奥氏体不锈钢等一批重大科技成果。2019年，万人发明专利拥有量2.82件，PCT国际专利申请15件。技术市场合同成交额196.42亿元。

科技创新龙头作用进一步凸显，兰州白银国家自主创新示范区、兰白科技创新改革试验区引领带动区域经济发展。科技创新支撑引领十大绿色生态产业高质量发展，省级科技计划对十大生态产业的科研资金达到73.1%。科技型企业加速发展，2019年省级科技创新型企业达到397家，入库科技型中小企业678家。科技创新人才活力迸发，甘肃省专业技术人员59.09万人，R&D人员3.87万人，两院院士20人，领军人才868人。科技创新平台聚集发力，截至2019年，拥有国家级重点实验室10家、国家级工程技术研究中心5家、国家级农业科技园区9个、国家级“星创天地”82家、省级农业科技园区35个、高新技术企业1052家。技术市场服务体系进一步优化，建立科技成果转化情况年度报告制度，探索形成各具特色的科技成果转化机制和模式。积极融入“一带一路”建设，深化国际科技交流合作，推进东西部科技协作，形成对外开放创新格局。

“十三五”时期，甘肃省科技创新呈现出新的特点，一是处于工业化中期向后期过渡的阶段特征明显。从工业增加值占第一、二产业的比重看，甘肃省处于工业化后期阶段；从人均GDP看，甘肃省处于工业化中期阶段；从第一产业就业人员比重和城镇化率看，甘肃省处于工业化初期阶段。综合判断，当前甘肃省正处于工业化中期向后期过渡阶段，投资拉动与创新驱动两种力量并存，已进入创新驱动发展的窗口期。二是对照创新型甘肃建设目标，科技进步贡献率达到50%，科技对外依存度持续降低，初步完成创新型甘肃目标。三是甘肃省处于科技创新供给侧结构性改革阶段。科技领域供给侧结构性改革从产出供给、过程供给、源头供给精准发力，逐步补齐了在研发投入、转化能力、创新主体、创新人才、创新平台等方面的“低、弱、乏、缺、少”短板。

当前，甘肃省科技创新依然处在发展关键期、改革攻坚期、矛盾凸显期，科技领域面临的困难更加复杂，突出表现在科技创新投入总量仍然不足、科技创新的人力资源较为匮乏、科技创新环境有待优化提升、创新平台技术扩散能力不强、产学研合作机制不顺畅、科技成果产业化程度低等突出短板和不足，严重制约了科技创新能力的跃升。2019年，甘肃省综合科技进步水平在全国排名由18位降至23位，科技创新发展面临着新挑战。

二、甘肃省“十四五”科技创新面临形势

“十四五”时期，是全球新一轮科技革命从蓄势待发到产业化竞争的关键期，也是中国进入经济新旧动能转换的关键期，甘肃处于可以大有作为的重要战略机遇期，但也面临诸多矛盾叠加、风险隐患增多的严峻挑战。

（一）国际形势

第四次产业革命正在孕育，科技创新进入高度密集活跃期，各领域技术都在加速突破，新方法新手段不断涌现。信息技术与生物技术不断融合，人工智能、量子信息、区块链、脑科学、基因编辑等新兴技术加速迭代。在全球经济衰退背景下，科技的渗透性、引领性、扩散性、颠覆性等特征，正在对全球产业链和治理体系产生深刻影响，对经济欠发达和生态环境脆弱的甘肃影响更为直接，带来的冲击和挑战更为严峻。

（二）国内形势

中国已经成为世界科技大国，正处于从创新型国家行列向创新型国家前列迈进的关键时期，面临“四期叠加”的发展机遇，即全面实现创新引领发展的关键期、全球第四次工业革命的重要战略机遇期、从中高收入向高收入阶段迈进的重要时期、科技创新发展突破大国战略遏制的关键期。当前，中国经济已由高速增长阶段转向高质量发展阶段，以科技创新驱动高质量发展，是贯彻新发展理念、破解当前经济发展中突出矛盾和问题的关键，也是加快转变发展方式、优化经济结构、转换增长动力的重要抓手。这既为甘肃科技创新提供了重要契机，也形成了倒逼压力。

（三）甘肃省情

甘肃省创新环境逐步优化，创新能力显著增强，科技创新对经济发展的支撑作用进一步显现。当前，甘肃科技创新对经济的支撑已由点线突破向系统突破转变，科技创新工作正在改变观念，力求使科技创新高度契合全省十大生态产业发展、脱贫攻坚等重大决策部署。特别是“一带一路”建设、黄河流域生态保护和高质量发展、新时代西部大

开发等国家重大发展战略在甘肃交汇叠加，为甘肃科技创新提供了新的重大机遇。

甘肃作为西部欠发达地区，肩负着既要“赶”又要“转”的双重任务、双重压力，对科技创新需求更大，更为紧迫。越是欠发达地区，越需要实施创新驱动发展战略。“十四五”时期，甘肃要准确把握战略机遇期内涵的深刻变化，准确把握国际国内发展基本趋势，准确把握发展阶段性特征和新的任务要求，始终保持清醒头脑，坚定信心，锐意进取，奋发作为，打造甘肃科技新优势，开创甘肃科技创新发展新格局。

三、甘肃省“十四五”科技创新规划构想

甘肃省“十四五”科技创新规划是省级重点专项规划之一，规划要立足国内外科技创新发展态势，围绕国家重大发展战略和全省经济社会发展、产业发展以及科技创新的重大战略、重大需求，在前期研究和现有框架的基础上，进一步强化科技创新发展顶层设计，一是体现新时代特征和要求，在规划中充分体现党中央、国务院关于科技创新的部署要求，紧扣国家重大发展战略和全省中心工作，把重大决策落实到规划安排部署上。二是强化前瞻布局，增强科技创新能力建设，突出深化科技体制机制改革，建设高效能的区域创新体系。三是注重改革创新，规划要突出科技体制机制的创新，突出科技对产业支撑引领，把改革创新贯穿规划始终。四是处理好与国家和甘肃省相关规划，特别是重大科技项目和科研平台载体布局的衔接，注重与甘肃省“十三五”科技创新规划的接续、与其他各专项规划的协同。五是科学确立发展目标，把规划做深、做实、做细，具有可操作性和实用性，使之成为科技创新重大任务和重大项目实施的指导性文件。

（一）发展思路

坚持“三个面向”，面向世界科技前沿，面向国家和全省重大战略需求，面向经济社会发展主战场，突出深入实施创新驱动发展战略、支撑供给侧结构性改革的主线，充分发挥科技创新对十大生态产业发展的支撑引领作用，构建梯次创新示范机制，加快科技创新从科技与经济结合到全面支撑引领发展的转变。突出四个“强化”，强化重点区域崛起带动甘肃省创新驱动发展、强化现代产业体系构建推动高质量发展、强化产品导向完善区域创新体系、强化科技体制机制创新推动供给侧结构性改革。

（二）发展目标

到 2025 年，甘肃省科技实力和创新能力明显提升，企业主体创新能力进一步增强，在重要产业领域和关键技术环节取得重大突破，科技体制改革取得实质性突破，科技资源配置更加优化，创新要素流动更加顺畅，科技对经济社会发展的支撑引领作用更加凸显，创新型甘肃建设进入新阶段。甘肃省综合科技创新水平跃升至全国前 20 位，科技进步贡献率达到 56%以上，R&D 投入占 GDP 的比例达到 1.5%。

（三）区域布局

聚焦兰州、白银两大区域，以提升兰州白银国家自主创新示范区集中度和显示度为核心，布局一批重大科技基础设施和创新平台，建设区域创新高地，辐射带动张掖、金昌、民乐、玉门、定西、平凉、嘉峪关等省级高新区，形成“串珠式”的高新技术产业带。建设“G30（甘肃段）科技走廊”，串联酒嘉、金武、天水、陇东等有规模、有特色、有优势的产业集群，加快发现和培育新的产业爆发点和增长点，打造“G30（甘肃段）科技走廊”产业集群。整合区域创新资源和要素，推动创新要素合理流动，着力构建协同有序、优势互补、科学高效的区域创新体系，打造纵横交错、经纬交织的科技创新网络，实现从量的积累向质的飞跃、点的突破向系统能力提升。

1.高水平建设兰州白银国家自主创新示范区，打造高质量发展引擎

抢抓兰州白银国家自主创新示范区、兰白科技创新改革试验区建设机遇，充分发挥区域创新的龙头带动作用，突出先行先试与改革创新，实现以兰白自创区为“龙头”，以兰白试验区突破发展引领兰州、白银两市产业转型升级发展，以兰州、白银两市的产业升级发展带动全省创新驱动发展，并辐射带动西部欠发达地区经济发展。

2.构建区域科技创新示范名片，推进区域协同创新

探索人才、技术、成果、资本等创新要素统筹配置的新模式，提高区域创新体系整体效能。坚持差异化定位和协同化发展，打造张掖创新创业、甘南黄河上游生态文明、临夏民族特色食品、定西马铃薯中药材、敦煌文化、陇南特色农产品等区域特色优势品牌。

3.引导科技、人才等各类要素资源集约集聚，打造现代产业集群

充分发挥科技创新对十大生态产业的支撑和引领作用，促进产业向国家级和省级开发区以及工业集中区集聚，培育特色产业，形成创新发展新优势。立足国家级开发区和省级开发区平台，以高新区为核心，串联酒嘉、金武、天水、陇东等 4 个现代产业创新集群，以科技创新推动产业转型升级、引领产业集群联动发展。

4.落实黄河流域生态保护和高质量发展国家重大战略，建设黄河流域生态保护与高质量发展创新带

黄河流域甘肃段的发展应当按照全省范围考量，充分发挥科技创新优势，依据黄河流域甘肃段生态环境及科技创新基础情况，建设黄河流域生态保护与高质量发展创新带，让黄河成为造福人民的幸福河。

5.建设“G30 科技走廊”，打造高质量创新开放格局

结合兰新线、陇海线，建设“G30（甘肃段）科技走廊”，以兰白为核心，串联 G30（甘肃段）沿线的园区和城市，将河西科技创新走廊延伸至 G30（甘肃段）。加快推进兰西城市群发展，打造兰州“一小时”科技创新圈，进一步推动跨区域科技创新平台建设，推动兰西城市群高质量、特色化发展。加强与沿黄经济区、陕甘宁革命老区、“一

带一路”等区域的科技合作。

（四）重点任务

立足甘肃省科技资源优势，聚焦区域发展战略，围绕甘肃省科技创新总体目标，深入推进科技体制改革，不断激发创新活力，持续加强创新体系和创新能力建设，提升科技创新引领高质量发展的能力。

1.科技支撑引领十大生态产业发展

重点围绕节能环保、清洁生产、清洁能源、循环农业、中医中药、文化旅游、通道物流、数据信息、军民融合、先进制造等十大生态产业，选择一批面对重大战略需求、着眼于经济社会长远发展的重大科技项目，结合重大工程和重大项目，着力攻克一批关键共性技术和成套装备，开发高附加值、高技术含量新产品，不断提升产业基础高级化、产业链现代化水平。

2.构建以产品为导向的区域科技创新体系

以产品为导向的科技创新对企业、产业乃至区域发展都至关重要，通过培育高技术、高附加值的新兴产业核心产品，倒逼产业链升级与技术创新，形成新的产业生态和产业集群，实现从做精产品，到做大企业，最终做强产业。构建以产品为导向的科技创新体系，通过集成科技创新资源，提高产品创造和升级能力，加快科研成果工程化应用，实现竞争力提升、产业链升级，驱动高质量发展。

3.实施重大科技创新工程

紧扣甘肃省新旧动能转换重点领域及产业发展需求，围绕产业链部署创新链，组织实施若干省级重大科技创新工程，主要包括创新能力提升、数字经济、生态安全、乡村振兴、科技文化等方面的科技创新工程，打造引领技术创新的“发动机”、引领产业创新的“新高地”、引领制度创新的“原动力”。

4.推进科技创新重点领域改革

重点从推进科技体制机制改革、全面加强基础科学研究、持续加大科技创新投入、建设高水平创新平台、加强科技人才队伍建设、促进科技成果转移转化、提升科技惠民服务水平、深化对外开放合作机制、深入实施知识产权战略等方面，集中政府资金和资源，优化创新资源配置效率，着力提高供给体系质量和效率，引领和支撑甘肃经济发展质量变革、效率变革和动力变革。

（撰稿人：杜英　　《科技决策参考》2020 年第 31 期）

甘肃省“十四五”时期农业科技发展构想与建议

一、甘肃省农业科技发展现状及存在问题

“十三五”期间，甘肃聚焦“牛羊菜果薯药”六大特色产业培育，围绕农业生物技术、农业信息、农业新材料、智能农机装备、现代食品制造、农业环境保护等重点领域，着力解决制约甘肃省农业领域的技术问题。截至目前，共建成国家农业科技园区 9 家，国家级“星创空间”82 家。组织实施了一批农业类重大科研联合攻关项目，在农作物新品种选育、畜禽品种选育、现代化农机制造、农产品安全生产及加工技术等方面初步形成了具有甘肃特色的发展模式。

新形势下甘肃省农业科技发展面临以下问题：农业科技创新投入不足，财政支持力度较弱。农业科技资源配置效率不高，科技创新尚未形成合力。农业科技运行机制不健全，全产业链格局不完善。农业科技创新主体地位不强，自主创新能力不足。农村人才整体素质不高，科技人才资源较为匮乏。

二、甘肃省“十四五”农业科技发展思路

“十四五”时期，针对甘肃省农业科技发展的需求，充分挖掘甘肃农业特色优势，统筹部署农业科技创新资源和任务，以农业绿色高质量发展崛起为导向，以科技创新支撑农业供给侧结构性改革为主线，以保障粮食安全、重要农产品有效供给和增加农民收入为目标，构建覆盖农业全产业链的科技创新链。逐步完善以农业科技领域平台、项目、人才为支撑的农业科技创新体系，持续提升农业科技服务能力，建立农业科技创新开放合作机制，强化与“一带一路”沿线国家农业科技国际合作，带动省内农业企业整体素质和核心竞争力提高。重点在打造标志农产品、培育优质种质资源、提升农产品精深加工、构建现代化农业体系、发展农业科技人才队伍等方面推进农业科技高质量发展。

三、甘肃省“十四五”农业科技发展重点任务

(一) 做好“甘”味农产品品牌

围绕六大特色产业，着力在特色农产品标准化生产、知名品牌创建、质量安全监管等层面，开展绿色标准化种植技术、绿色有机生产投入品、农林特产追踪溯源与安全监测技术等研发，加快优质绿色农产品供给，因地制宜发展有机农产品，稳步发展地理标

志农产品，建设绿色有机品牌标准化示范基地，打造绿色有机“甘味”农产品品牌，创建寒旱农业—生态循环—绿色产品—“甘味”品牌的发展模式。

（二）提高种质资源自主创新能力

围绕甘肃省优质粮食、蔬菜、林果、中药材等，实施现代种质资源创新工程。加快现代生物技术和传统育种技术相结合，开展大宗农作物与特色经济作物优良新品种引进选育，加强辐射育种技术、优异种质资源创新与新基因挖掘技术、智能化种质资源精细加工处理技术研发。开展畜禽及淡水渔业良种引进选育与种群保育。建立甘肃省种业种质资源信息共享服务系统，建设一批集研发、示范、生产于一体的新品种示范基地。

（三）提升特色农产品精深加工能力

依托甘肃省现代农业产业园，着重开展特色农产品综合精深加工工程。针对兰州百合、高原夏菜、陇南油橄榄、河西葡萄等农林特产，开展农产品高效分离提取、低温连续杀菌、生物防腐、真空冻干、有效成分制备、功能产品创制等多元化、定向化的精细加工技术研发，建立农产品采后处理、产后减损、产地贮藏保鲜、冷链物流配送、绿色供应链产业化及副产物综合利用技术体系，建设一批农林特产高值化、标准化生产加工示范基地。

（四）推进现代循环农业发展

立足优势区域布局和专业化生产格局，重点开展设施种植业废液高效消纳及安全生产、畜禽养殖业污染减量化与综合防控、农业废弃物高效制肥及产业化多级循环技术集成与示范，持续加强农业生态种养循环技术、农业面源污染综合治理技术、农田废弃物综合利用技术、智能化农业设施与装备技术体系、丝路寒旱农业特色高效作物优质绿色生产关键技术等科研攻关，构建养殖—种植产业有效链接的生态循环农业模式。

（五）打造智慧农业体系

以大数据采集与物联网技术为核心，围绕甘肃省特色农产品安全生产与深加工、质量监督与流通管理、农业标准化信息化建设、农业机械设备升级，重点开展农产品高产栽培技术标准、作物生长辅助产品技术、农业投入品残留检测检验技术、农产品生产全过程信息化控制与智能化农业机械装备技术研发。构建家畜标准化屠宰分割加工技术体系，创建家畜家禽屠宰分割标准化生产示范基地。打造集农产品生产全过程信息化体系、农村电商与农产品流通体系、农村信息服务网络及内容分发系统建设、农机装备创新体系于一体的智慧农业体系。

（六）加强农业科技人才队伍建设

依托重大科研项目、重点学科和科技创新平台，培养和引进农业科技领军人才和创新群体，在项目、经费、成果、个人业绩评价等方面制定激励措施。探索建立农业科技创新容错机制，激发农业科技创新创业人才的主动性、积极性。鼓励引导农业科研人员以“团队+项目”形式，深入基层生产一线、田间地头开展技术服务与研究，提升服务基层的工作水平和实效。以助力精准脱贫、乡村振兴和农民增收致富为目标，探索“首席科技特派员+若干名骨干科技特派员”的多层次农业科技特派员队伍建设，发挥科技服务“三农”的支撑、引领、巩固作用。

四、优化农业科技创新创业环境

（一）健全农业科技协同创新体制机制

聚焦农业生产关键核心技术、农业科技发展战略前沿及区域农业可持续发展方向，设置农业产业协同融合引导示范项目基金，有效整合跨学科、跨部门、跨区域的农业科技资源，鼓励引导农业院校、科研院所和涉农企业等农业创新主体开展分工合作和联合攻关。着力打造农业科研协同创新体和产业战略联盟，实现突破性重大农业科技成果的研发和转化，构建产业需求导向、项目任务带动、平台资源共享、机制创新推动的农业高效协同创新体制。探索“基层推广机构”为主体，农业合作社、农业院校和农业企业等社会主体广泛参与的“一主多元”的农科教全链条紧密衔接的农业技术推广服务体系。

（二）强化农业科技创新平台建设

着眼现代丝路寒旱农业和六大特色产业关键共性核心问题，持续改善农业科技创新条件，整合优化现有农业科技创新平台资源，加强农业领域重点实验室、工程研究中心、技术创新中心、科技创新服务平台、野外观测台站、试验示范基地、动植物种植资源和农业农村科技数据信息共享平台等系列创新平台建设，培育一批农业高新技术企业，加强“星创天地”、地方农业科技创新联盟等创新创业载体建设，促进农业创新平台资源共享与联合攻关，吸引和凝聚优秀科技人才开展协同技术攻关，加快农业先进科技成果转化应用，全面提升农业全要素生产率、科技创新供给质量和产业竞争力。

（三）完善农业科技创新开放合作机制

依托全球农业科技网络，建设以农业大数据挖掘分析为技术支撑的高端智库，逐步构建服务农业对外合作的科技支撑和信息服务体系。集聚国际国内农业科技创新资源要素，鼓励创新合作模式，推动农业产业技术创新与“一带一路”沿线的融合互动，为甘肃优势特色农副产品及农业技术“走出去”搭建多层次、多主体的合作交流平台。发挥区域农业优势产业特色，探索建立联动高效的合作机制，鼓励农业科技人员、科技项目、科技企业在科研基础设施、产业发展、科技扶贫、人才交流方面，与省外高校、科研院所、龙头企业开展形式多样的农业合作交流。

（撰稿人：周文霞　　《科技决策参考》2020 年第 32 期）

“十四五”时期要加强以产品为导向的区域科技创新体系建设

产品是创新之源，也是创新之根。以产品为导向的科技创新是社会化创新、工业转型升级以及用户消费升级综合作用的结果，对推进供给侧结构性改革，提高科技供给质量发挥着重要作用。“十四五”时期，构建以产品为导向的区域科技创新体系，就是要以消费升级倒逼科技创新，从而引发新产品创造的浪潮。

一、理念创新：产品创新是区域创新体系的突破口

产品是科技发展的载体，也是转移转化的结果。产品或商品在市场流通过程中，产品观念贯穿始终，不扔掉过时的产品观念，就不可能创造出前所未有的事物。

（一）产品创新是供给侧结构性改革的重点

科技领域的供给侧结构性改革，即从供给、生产端入手，提升产品的技术含量，生产出适销对路的产品，提高科技贡献率。通过技术供给刺激成果转化，成果转化反过来倒逼技术需求，实现“技术研发侧—成果转化侧—技术需求侧”之间良性循环，催生出一批能够转化为现实生产力的科技成果和新产品。

（二）产品创新是驱动经济增长的动力

“三驾马车”理论是拉动经济增长的传统理论，主要从需求端出发，强调要素投入。消费、投资和出口的落脚点都在产品，产品通过升级与创新，提高自身附加值，高附加值的产品反过来刺激消费，增加投资价值，提升出口份额，倒逼有效需求，获得经济效益，助推经济增长。

（三）产品创新是产业转型升级的基础

产业转型升级首先需要产品升级，找到“好卖的产品”，接下来才是价值链升级。一方面，企业将自主研发的新技术嵌入到产品中，形成保护“壁垒”，提升产品竞争力。另一方面，产业升级一般依循从工艺流程升级到产品升级、功能升级和价值链升级的过程，从而通过产品创新实现产业链和价值升级。

（四）产品创新是现代化治理体系的重要组成

现代化治理体系作为一种无形产品，强调国家治理的民主化、法治化，更加具有系统性、开放性、发展性和服务性。为此，政府要发挥在创新驱动中的引导作用，营造良好的制度和政策环境，努力把制度优势转化为治理效能。

二、实践创新：甘肃以产品为导向的创新实践涌现

近年来，甘肃省以酒钢、金川集团为代表的大型骨干企业,率先探索以产品为导向的创新模式，在新技术应用、新模式拓展、新产品研发等方面取得了显著成效。

（一）创新技术研发+产品导向

坚持产品导向，从技术先行，到创新破题，再到经营理念，把科技创新作为企业可持续发展的“金钥匙”。酒钢重组集团研究院，与国内外机构合作共建了13个外部科研检验平台和实验室，研发出了冷轧高强钢、马氏体不锈钢等具有“话语权”的新产品。

（二）利基市场+个性化产品+协同研发

企业依托自身资源优势，找到利基市场，专注研发个性产品，与国内院所协同攻克核心技术与工程化难题，实现工业化、规模化生产，取得市场竞争的主动权。金川集团瞄准羰基镍粉产品市场，联合中科院、航天研究所等单位，攻克羰基镍生产的工艺、设备、控制等一系列核心技术。

（三）生产线循环转移+基础研究

科研院所技术成果在企业生产线运用时，发现新的基础研究点，并有针对性和导向性地提高产品附加值，延长产业链。中科院兰州化物所将中试和实验室纳入窑街煤电集团生产线直接输出企业产品，为半焦高值利用找到了有效途径，缩短了成果转化周期。

（四）园区+产业技术研究院

高校与地方政府、园区联合共建民间非企业性质的产学研合作模式，通过技术服务、联合开发、资本融合等方式开展成果转化。白银高新区兰州大学白银产业技术研究院以兰州大学技术成果转化和科技服务为主，依托园区完成了医药中间体项目的小试实验、商业推广和生产转化对接。

（五）企业研究院+公共技术平台

以企业内部技术人员为基础，整合资源，搭建公共技术平台，促进成果转化。兰石

集团探索出了“资源聚集＋项目运行＋成果转化＋综合服务”有机结合的运行模式，让员工创客化、企业平台化，促进科研成果与市场需求顺利接轨。

三、建设思路：构建以产品为导向区域科技创新体系

“十四五”时期，甘肃要着力构建适应新时期的科技创新体系，形成从市场确定研发、从产品确定创新、从产业链确定创新链的科技供给倒逼机制，以实现新旧动能转换。

（一）构建以企业为主体的技术创新体系

“十四五”时期，做强行业领军创新型企业、产业创新平台型企业，夯实科技型企业底座，形成创新型、成长性企业梯队。同时，加强科技创新与商业模式创新协同配合，着力发掘培育爆发式新经济企业和源头式先发优势企业，保持企业在区域技术创新和转型发展中的主体地位与关键作用，带动十大绿色生态产业和新兴产业发展，培育经济发展新动能。

（二）构建以高校和科研院所为重点的知识创新体系

“十四五”时期，支持有能力的研究型大学、科研院所以学科建设为中心，强化基础，强化原创，强化世界一流人才队伍的引聚，促进研发转化联动、创新创业联动，在服务区域创新、打造区域经济发展新引擎上更有作为。以学科建设为引导，构建“基础研究—应用研究—开发研究”科技研发体系。围绕产业需求，联合优势资源，建立“人才团队—创新群体—重点实验室—产学研基地—中试基地—工程中心”创新体系。

（三）构建以自主创新示范区为引领的区域协同创新体系

“十四五”时期，着眼推进兰白自创区创新创业生态融通、企业产业平台连通、市场应用场景贯通、要素流动渠道畅通、建设发展理念互通，不断放大自主创新先行先试平台效应。以兰白自创区为引擎，向省级开发区和工业集中区进行技术和产业辐射扩散，鼓励省级高新区“以升促建”，争创一批新的国家级高新区，引导经济开发区、工业园区向省级高新区转型，形成“串珠式”的高新技术产业带。

（四）构建以创新团队为核心的人才创新体系

“十四五”时期，以创新团队建设为核心，推动重点人才计划向创新团队计划转变。面向甘肃省产业需求，坚持引育并重，组建多学科创新团队，构建多层次创新人才协同培养体系，发挥多专业联合优势开展技术攻关。建立“人才池”制度，盘活现有人才存量，留住用好现有人才。

（五）构建以优化环境为基础的科技治理体系

“十四五”时期，坚持科技创新和制度创新“双轮驱动”，在实践载体、制度安排、政策保障、环境营造上下功夫，在创新基础和创新环境等方面持续用力，营造政、产、学、研、金、介、用共生共荣的开放创新生态。结合深层次体制机制问题，不断深化改革，打造区域创新协同的多元共治、跨界融合的科技创新共同体，提高创新治理能力，提升整体创新效率。

四、集中突破：多维度深度融合共促协同创新

近年来，甘肃科技创新在低投入高产出的特性下，依然存在创新要素流动性不足、配置效率不高，要素间协同不足等问题。“十四五”时期，甘肃科技创新需要从产学研协同、军民融合、制度融合、混改融合、科技金融、平台融合等多维度协同推进。一是通过建立协同创新联盟等形式，促进产学研深度融合。二是建立健全军地协调机制和需求对接机制，推进军民融合。三是建立完善科技政策协同机制，推动制度融合。四是积极有序推进混合所有制改革，放大国有资本功能，放活民间资本，增强企业活力。五是创新金融产品，改进服务模式，实现科技创新链条与金融资本链条的有机结合，加速科技与金融的融合。六是围绕科技创新需求，布局重大科研载体，促进科技创新与平台建设的融合。

（撰稿人：杜英　　《科技决策参考》2020 年第 38 期）

强化战略科技力量　打造甘肃先发优势

“十四五”时期，面对全球科技革命和产业革命加快变革，围绕新兴技术的争夺愈加激烈，科技支撑的战略意义不言而喻。对甘肃而言，强化战略科技力量是实现高质量发展、提升科技综合实力的有效路径，要加强基础研究、优化学科布局、推进国家创新平台建设，在新能源、新材料、先进装备及智能制造、生物医药、信息技术、节能环保、现代服务业等战略性新兴产业以及现代农业领域，部署战略科技力量。

一、加强基础前沿和颠覆性技术研究

围绕未来发展战略需求和科学前沿，瞄准甘肃重点领域、重点产业发展中的关键科学问题和未来产业发展变革性技术，强化部署基础研究和颠覆性技术研究。

（一）开展目标导向的基础前沿研究

坚持服务国家目标与鼓励自由探索相结合，继续实施超前发展战略，重点在大数据、人工智能、材料科学、制造科学、地球科学、能源科学、工程科学、农业科学、健康科学、生命科学等领域布局基础前沿研究，提升原始创新能力。

（二）发展引领产业变革的颠覆性技术研究

针对事关国计民生、产业核心竞争力的重大战略任务，加强对颠覆性技术替代传统产业拐点的预判，及时布局新兴产业前沿技术研发，在信息、制造、生物、新材料、能源等领域，特别是交叉融合方向，加快部署一批影响重大、能够改变或部分改变科技、经济、社会、生态格局的颠覆性技术研究。重点在量子信息、脑科学、基因编辑、移动互联网、催化科学等领域，加快构筑支撑高端引领的先发优势，加速引领产业变革。

二、支持高水平大学和重点学科建设

以支撑创新驱动发展战略、服务经济社会发展为导向，坚持“学科引领、重点部署”，加快建设一批高水平大学和重点学科，优化科研配置。

（一）加强重点大学建设

支持兰州大学建成世界一流大学，支持西北师范大学、兰州理工大学、兰州交通大学、甘肃农业大学、西北民族大学建成国内同类院校高水平大学。

（二）建设优势特色重点学科群

加强具有地域特色的优势学科建设，优先发展以生物科技为主的生命科学领域、以大数据、互联网为主的信息领域、以新材料为主及先进制造为主的材料工程领域、以生态环境保护为主的资源综合高效利用等重点领域学科。

三、完善科研基地和创新平台布局

按照区域发展战略部署和创新链、产业链需求，进一步深化院地合作，统筹规划和系统布局现有科研基地，推进省级创新平台载体提质升级。

（一）争取建设兰州综合性国家科学中心

以中科院在甘院所、兰州大学、中央在甘企事业单位为主要依托，联合省内其他高校、科研院所和大型国有企业，布局建设综合性国家科学中心。聚焦核科学、能源科学、生态环境、空间科学等关系国家安全体系的重点科技领域，部署建设大科学研究装置和综合研究设施。积极争取国家有关部委、中国科学院支持在甘布局建设中国科学院大学兰州学院、国家重点实验室、国家技术创新中心等创新载体平台，在服务国家重大战略与参与全球科技竞争中发挥重要作用。

（二）提升科学研究平台建设水平

围绕重点领域和重点产业发展，完善重点实验室建设布局，争取在数学、生命科学、信息科学及生物合成学等综合交叉学科领域建设一批省级重点实验室，在现代农业、智能机器人、新能源等领域建设一批省级企业重点实验室，在先进材料、资源利用、装备制造、中药材等优势领域培育创建若干国家重点实验室或省部共建重点实验室。规范和加强重点实验室管理，构建实验室稳定支持机制，强化开放协作。

（三）推进技术创新与成果转化平台建设

针对甘肃省重点产业链的缺失环节、薄弱环节、延伸环节，新建一批工程研究中心和技术创新中心。鼓励有条件的高校、科研院所建立创新验证中心，完善科学研究工程化设施。对现有技术创新中心与成果转化平台实施分类管理，推动应用示范、成果转化及产业化。加快发展以研究开发、技术服务、企业孵化为主要业务的新型研发机构，形成跨区域跨行业的研发和创新服务网络。

（四）完善基础支撑与条件保障平台建设。

聚焦全省经济社会发展重大需求，布局建设一批公益性、共享性、开放性基础支撑和科技资源共享服务设施。建设野外科学观测研究站，开展长期稳定连续观测、野外科学试验研究和科技示范。依托“互联网＋科技创新服务”新模式，发展孵化器、加速器、众创空间、产业联盟等，促进科技资源的高效配置和共享利用，建立健全公共服务平台运行管理和评价考核机制。

（撰稿人：付英　　《科技决策参考》2020 年第 43 期）

“十四五”时期科技改善民生的着力点

“十四五”时期中国将进入新的发展阶段，人民群众对美好生活的期盼日益增长，对科技惠及民生的需求更为迫切，特别是在资源环境、脱贫攻坚、医疗卫生等领域，尤需科技创新提升人们的“获得感”。甘肃应以保障改善民生、构建绿色生态产业为切入点，在乡村振兴、公共安全、生命健康、资源环境、新型城镇化、智慧社会等领域开展科技创新与综合示范，加大民生领域投入力度，持续推进科技惠民示范工程建设。

一、科技支撑乡村振兴

以构建区域特色农业农村科技创新体系、发展农业高新技术企业和高新技术产业、推进农业科技创新基地建设、培育高素质农民队伍为重点方向，强化农业农村现代化科技创新供给。重点在蔬菜和畜禽等动植物种质资源创新、规模高效养殖、粮食丰产、节水灌溉、农产品加工、农机装备、优质林果、中药材种植等领域实施一批科技重大专项和重点研发项目。在市州建立各具特色的省级农业科技园区，培育乡村振兴科技人才队伍，依托“星创天地”、科技特派员、高校及科研院所，加大对高校毕业生、返乡农民工、家庭农场主、科技示范户、职业农民等主体的科技培训。

二、科技支撑公共安全

面向公共安全保障的重大战略需求，围绕自然灾害、生态安全、生产安全、食品安全、卫生安全、信息安全、生物安全等领域的关键技术问题，开展基础理论研究、技术攻关、装备研制和应用示范。全力提升重大自然灾害的综合监测预警、防范、救治、灾情评估、灾后重建等技术，突破沙化、水土流失、区域水环境污染、土壤重金属污染、大气环境污染等生态安全治理领域的关键核心技术。发展生产安全保障与重大事故防控、安全基础、风险评估、监管技术、过程控制技术等方面研究。推动建设传染病关键核心技术协同创新平台，加大在生物识别、精准基因工程、神经形态等生物安全科技方面的研究。

三、科技支撑生命健康

面向人民生命健康重大科技需求，重点在重大疾病及遗传性疾病防治、公共卫生防控、智慧医疗健康、食品安全监控、智慧生活等领域，着力突破基因、神经、免疫等微环境和外部环境对疾病发生作用机理等基础研究与前沿技术。突破恶性肿瘤、心脑血管、代谢病、脑部退行性病变的预防与诊疗等关键技术和产品。研发中医药防治重大疾病机理、疗效评价等技术，开发早期诊断、防治和治疗的新技术和新方法。构建智能化的医疗大数据平台，发展智能感知、远程监控、移动医疗、健康物联网等技术。

四、科技支撑资源环境

全面落实绿色生态发展理念，提升科技创新对黄河流域生态保护和高质量发展的支撑力度，推动国家生态安全屏障综合试验区平台建设。以开发水源涵养、湿地保护、草原治理、荒漠化防治、生物多样性保护、水土保持、流域综合治理等重大技术研究与示范为重点，开展黄河生态走廊环境保护修复技术创新工程。推进大气、水、土壤污染治理技术创新，加快典型行业全过程污染控制关键技术攻关，研究防沙治沙新技术、新材料等，形成先进适用技术库。加快传统行业的绿色技术改造，开展高能效低排放、资源循环高值利用等关键技术研究与推广。建立以国家公园为主体的自然保护地体系，创新生物多样性保护新体制、新机制和新模式。

五、科技支撑新型城镇化

聚焦高端制造、新一代信息技术、创意创业等特色优势产业，建设以科技为先导的新型城镇化示范区。支持高技术制造业和战略性新兴产业项目孵化和创新创业企业在科技小镇落地生根，促进科技小镇“产城人”融合。支持城镇新型基础设施建设，提升公共设施和服务能力。发展农村城镇化进程中的生态保护修复与改善技术、农田保护和土地集约利用技术等。促进城镇灾害机理及控制、智能交通、绿色建筑、重大自然灾害监测与预报技术研发与示范应用。

六、科技支撑智慧社会建设

充分利用物联网、互联网、云计算、大数据、5G、人工智能等新一代信息技术，以网络化、平台化、远程化等信息化方式构建立体化、全方位、广覆盖的社会信息服务体系，加快实现医疗、教育、交通、养老等社会各个领域的网络化、平台化。加大对电子病历系统、临床应用系统、慢性疾病管理系统、区域医疗信息交换系统等的研发。推广智慧教育在教学、科研、管理、技术服务、生活服务等方面的应用。支持研发交通体系和信息服务支撑技术，发展智能化交通设施。推进智能办公、智能监管、智能服务和智能决策在社会管理中的应用。

（撰稿人：谢艳艳　　《科技决策参考》2020年第44期）

发挥财政科技投入引导作用

2019年11月，甘肃省政府办公厅印发《甘肃省科技领域省与市县财政事权和支出责任划分改革方案》，对科技领域财政事权和支出责任划分改革指明了方向，科学合理确定了各级政府科技投入的边界和方式，要求各地各有关部门持续加大财政科技投入力度，确保财政科技投入只增不减，调动社会各方面力量参与科技创新的积极性和主动性。

一、财政科技投入作用重大

财政科技投入是弥补市场失灵、引导企业自主创新和科技成果转化的重要政策手段，是全社会研究与试验发展（R&D）经费中最稳定、最重要的资金来源。财政投入重点支持市场不能有效配置资源的基础研究、前沿技术研究、社会公益研究、重大共性关键技术研究等公共科技活动。

财政科技投入在建立以企业投入为主体的多元化、多渠道、多层次的科技投入体系，引导企业、金融资本、社会资本加大科技创新投入，建立健全科技投入机制，形成科技资源配置的新格局，发挥着关键性的杠杆作用和支撑作用。

二、甘肃财政科技投入现状

近三年，甘肃省财政科技投入不增反降、市州财政科技投入乏力，财政资金对全社会研发经费投入的引导和拉动作用持续减弱。

（一）近三年财政科技支出持续减少

“十三五”以来，甘肃省地方财政科技支出持续减少，2016年26.23亿元，2017年25.83亿元，2018年25.74亿元。与其他省份相比，甘肃省财政科技支出规模偏小。2018年，广东省1034.71亿元，是甘肃省的40倍；陕西省87.22亿元，是甘肃省的3.4倍；宁夏回族自治区34.02亿元，是甘肃省的1.3倍。地方财政科技支出占地方财政支出比重也逐年下降，从2016年的0.83%降至2018年的0.68%，低于2.76%的全国水平和1.23%的西部水平，与“十三五”末达到1.5%的目标相差甚远。

（二）市州财政科技投入乏力

除了兰州一枝独秀外，甘肃省绝大多数的市州财政科技投入薄弱。2018年，14个市州财政科技支出共计15.26亿元，比2017年下降6%。其中兰州6.1亿元，占市州财政科技投入的半壁江山。与2017年相比，2018年全省14个市州中有7个市州财政科技支出下降，其中平凉市降幅最高，达29.3%，白银和庆阳降幅超过15%。从市州财政科技支出占财政支出的比重看，2018年，兰州1.3%、酒泉0.72%，其余12个市州的比重均在0.5%以下。

三、对甘肃财政科技投入的建议

（一）严格落实财政支出责任

加大省、市、县各级财政科技投入预算，建立财政科技支出的稳定增长机制。落实省级财政科技支出责任，确保省级财政科技投入持续增长。参照宁夏回族自治区狠抓创新体系建设经验，以较大的财政科技投入带动全社会研发投入，力争两年内实现甘肃省及省本级财政用于创新投入的科技经费翻番。督促市县按照《甘肃省科技领域省与市县财政事权和支出责任划分改革方案》要求，落实省以下政府支出责任，进一步完善省级考核激励措施，对年度财政科技投入增量和增幅排名前三的市州进行奖励，引导市县政府增加财政科技投入。

（二）创新财政资金投入方式

深化科技管理改革，建立主要由市场决定技术创新项目和经费分配、成果评价的机制，充分运用无偿资助、后补助、后奖励、政府采购、股权投资、投资引导基金等多元化财政科技投入方式，促进财政科技投入与银行信贷、创业投资、企业研发资金及民间投资深度合作，增强财政科技投入的放大效应。

（三）精准投放财政科技资金

健全稳定支持经费与竞争性经费相协调的投入机制，调整优化投入结构，构建财政科技资金精准投入模式，提升资金使用效率。对基础研究、重大共性技术等公共科技活动，需强化财政支持力度；对一般性的应用技术研发，应更多地发挥市场的作用，政府通过制定普遍性优惠政策，引导和调动企业创新积极性。引导社会资本投向科技创新领域，形成对各类科技创新基地和平台的稳定持续支持机制。

（四）积极争取国家财政支持

主动服务和融入国家重大科技创新战略，加大同国家相关部门沟通、协调的工作力度。深入分析研究国家政策资金扶持方向，找准与甘肃省创新发展的结合点，加强重大科技创新项目的策划，积极争取国家财政科技经费支持。

（撰稿人：谢艳艳　　《科技决策参考》2020年第2期）

发挥企业在研发投入中的主体作用

研究与开发（R&D）作为技术创新活动的核心内容，不仅是产业发展、生产率增长以及人们生活水平提高的基本推动力，也是提高企业的核心能力和市场竞争力的催化剂。企业的生存和发展离不开创新能力，需要通过加强对 R&D 活动的支持，获取技术优势，再将新技术运用于产品和未来的经营管理中去，提高投入产出效率，进而为企业创造更好的经营业绩和发展潜力。

一、企业 R&D 投入情况

（一）全国情况

2018 年中国 R&D经费投入总量为 19677.9 亿元，比上年增加 2071.8 亿元，增长 11.8%，延续了“十三五”以来较快的增长势头。从资金来源构成来看，企业资金达 15079.3 亿元，占全社会 R&D 经费比重从上年的 76.4%上升至 76.6%，企业仍然是 R&D 经费的主要拉动力量。

在规模以上工业企业中，2018 年全国开展 R&D 活动的规上企业数由上年的 10.22 万个增加至 10.48 万个。规上企业 R&D 经费占主营业务收入比例由上年的 1.1%增加至 1.3%。规上企业 R&D 经费主要投向通信设备、计算机及其他电子设备制造业以及电气机械及器材制造业等行业。

从区域分布来看，目前东部地区无论是在企业数量、企业规模、企业活力还是产业结构上，与其他地区相比优势都十分明显，R&D 经费中的企业资金投入接近八成。2017 年，广东、江苏 R&D 经费中的企业资金分别达 87.37%和 87.24%。但西部地区不乏后起之秀，云南、贵州 R&D 经费中的企业资金近两年保持持续增长状态，2017 年企业资金投入占比均达到 68%以上，云南省 R&D 经费中的企业资金更是突破百亿关口，达 108.22 亿元，已超过当年甘肃省 R&D 经费总量（88.41 亿元）。

（二）甘肃情况

2018 年，甘肃省 R&D 总经费支出 97.1 亿元，比上年增加 8.7 亿元，增长 9.8%。从资金来源构成来看，企业资金为 51.76 亿元，占全社会 R&D 经费比重从上年的 57.36%下降至 53.33%。在规模以上工业企业中，规上企业数量由上年的 1895 家下降至 1774 家，有 R&D 活动的规上企业数量由上年的 397 家下降至 330 家。企业研发投入下降也是全省 R&D 经费投入强度指标持续下滑的主要原因。

二、问题分析

从数据可以看出，全国企业 R&D 经费投入正在稳步上升，规上企业研发投入表现活跃，研发经费集中在高技术、高附加值、低耗能的新兴行业。反观甘肃，R&D 经费中企业资金占比明显下降，且连续 2 年呈下降趋势，企业在研发投入中的主体作用不明显。

（一）规上企业数量下降

甘肃省规上企业数量和有 R&D 活动的规上企业数量持续下降，整体削弱了全省企业规模和研发水平，在“量”和“质”上都拉大了与全国的差距。2018 年，甘肃省规上企业数量在西部地区仅高于宁夏、青海和西藏。

（二）高新技术产业发展不足

高新技术产业作为R&D 投入的主导产业，支撑动力不足，导致甘肃与全国水平差距进一步拉大。2017 年，甘肃省规上工业企业中高技术产业主营业务收入占工业主营业务收入的比重为 2.79%，排在全国第 29 位。

（三）企业对政策理解不到位

2018 年，国家统计局对企业研发统计年报进行改革，由项目归集法调整为财务支出法。甘肃省部分企业存在对研究开发支出会计科目使用不规范、对研发支出是否纳入会计账目与财务报表不重视等问题。此外，甘肃省多数企业对研发费用税前加计扣除政策知晓度不高，2018 年甘肃省仅有 12.7%的企业享受该政策，税收优惠政策尚未成为激励甘肃省企业加大研发投入的有力工具。

三、如何强化企业研发投入主体地位

甘肃省要落实企业研发投入主体地位，还需从企业培育、产业发展、环境营造等方面入手。

（一）强化政策引导和落实

全面推进研发费用加计扣除税收优惠政策的宣传和落实力度，让企业尽快享受到政策红利，调动研发投入的积极性。引导企业规范研发项目管理和费用归集，督促企业规范新会计制度核算办法，正确使用“研究开发”会计科目。

（二）打造高新技术产业高地

通过高水平建设兰白国家自创区、兰白试验区和高新技术产业园区，推进甘肃省现代产业创新集群联动发展，促进高新技术企业集聚，更大力度激发企业的积极性和主动性。

（三）做好企业培育工作

加强对甘肃省规模以上工业企业数量和质量的培育力度，建立规上企业培育库。充分发挥龙头企业带动能力，引导和促进中小企业成长提升。通过政府采购、财政补助、税收优惠、基金债券、研发项目经费后补助、后奖励等多种方式，引导企业加大研发和技改投入。

（撰稿人：张雅洁　　《科技决策参考》2020 年第 3 期）

甘肃疫情防控科学技术研究重点方向

“甘肃方剂”免费用于武汉防治新冠肺炎、新冠病毒抗原快速检测试剂盒和抗体快速检测试剂盒研制成功、CT 影像特征诊断新冠肺炎……在新冠肺炎疫情阻击战中，甘肃科研成果不断突破，这些都得益于甘肃省多年来在疫情防控领域的科研积淀。

一、甘肃研究基础和特色

甘肃省科学技术发展战略研究院在科技查新检索数据库（2006—2019 年数据）和甘肃省科技成果登记库（2003—2019 年数据）的基础上，选取 186 项病毒防控及肺炎领域的相关科技成果，编制了《病毒防控及肺炎领域甘肃省相关科技成果汇编》（以下简称《汇编》）。

（一）科研成果集中在肺部疾病临床研究

从《汇编》成果研究内容来看，甘肃省病毒防控及肺炎领域科技成果集中在慢性肺疾病、肺炎和呼吸道疾病的临床研究，SARS、抗病毒药物和流感的相关成果较少。在 186 项成果中，慢性肺疾病类 35 项、肺炎类 30 项、呼吸道类 26 项、消毒类 19 项、聚丙烯类 17 项、肺纤维化类 13 项、试剂盒和检测类 12 项、肺结核类 12 项、肺癌类 7 项、尘肺病类 6 项，SARS 类 4 项、抗病毒药物类 4 项、流感类 1 项。

（二）科研成果产出单位集中在医疗机构

从《汇编》科研成果完成单位来看，甘肃省病毒防控及肺炎领域的科技成果主要集中在医院，其他单位完成成果相对较少。在 186 项成果中，医院 121 项、企业 25 项、疾控中心 20 项、高等院校 16 项、其他单位 3 项、个人 1 项。不同单位的研究重点不同，医院侧重于慢性肺疾病和肺炎的临床研究，企业侧重于聚丙烯和诊断试剂盒的研发，疾控中心侧重于流行病学的调查研究，高等院校侧重于肺纤维化和慢性肺疾病的实验研究。

（三）中医药研究特色优势明显

甘肃省充分发挥药材资源大省的独特优势，在中医药研究方面表现突出，成果丰硕。在《汇编》选取的 186 项成果中，有 54 项是中医药的研究，接近选取成果的三成，主要集中在中医中药在慢性肺疾病、呼吸道疾病和肺炎的临床研究方面。中医药作为甘肃省的特色优势产业，有药、医、方的优势，突出体现在药好、医良、方妙。

（四）拥有先进的检验检测技术

甘肃省在病毒、病原体等方面拥有的快速检测技术，为疫情防控提供了有力的科学支撑。试剂盒方面，肺炎衣原体、SARS 病毒等快速诊断试剂盒的研制，为新冠病毒抗原和抗体快速检测试剂盒的研制提供了技术支撑；检测方面，肺炎和流感相关病原体的检测技术，CT 影像特征诊断技术，均是甘肃省应对新冠肺炎疫情的重要技术储备。

二、甘肃疫情防控科研重点方向

瞄准新型冠状病毒肺炎疫情科学防控的重大技术需求，充分发挥甘肃省疫情防控科学研究优势，力争在中医药、快速诊断、重大疫情防控等方面取得一批突破性研究成果。

（一）中西医协同治疗研究

在新冠肺炎治疗过程中坚持中西医联合施治，中医药在新冠肺炎预防和救治中成效明显。下一步应发挥中医药“未病先防”的独特优势，在中医药深度介入新冠肺炎治疗的经验和基础上，分组分类实施中西医联合预防和治疗，开展中药预防、治疗和康复制剂的研制，减少发病率和发病症状，改善预后；从机体、细胞和分子等方面进行探索，开展甘肃道地药材在抗病毒方面的研究，分析中药有效成分，阐明有效成分的抗病毒作用机理或相互之间的协同作用，提高抗病毒的疗效。

（二）快速诊断检测技术研究

检测技术是开展病毒预防、治疗以及干预措施的基本手段。在核酸检测的同时，加大 CT 影像诊断、血清学检测等辅助诊断技术的应用，结合人工智能技术，开展医学影像自动分析技术研究，对医学影像数据进行智能化识别和分析，减少主观因素带来的误判，提高临床诊疗的精确性和效率。兰州雅华生物技术有限公司研制的新冠肺炎抗原快速检测试剂盒和抗体快速检测试剂盒，正在有关临床机构验证中，下一步将继续加大试剂盒稳定性、可靠性的研究，尽快进入临床应用和上市。

（三）疫情监控技术研究

中电万维信息技术有限责任公司研发的新型冠状病毒肺炎疫情监控系统已在全国多省投入使用。下一步应加大疫情监控系统与大数据、人工智能、物联网、5G 等技术的结合，如通过温感摄像头，结合非接触式热成像体温检测和人脸识别，自动采集发热患者的身份信息与体温数据，匹配形成数据报表，及时启动预警，实时传输给疾控管理部门；通过定位跟踪技术和大数据信息，精准找出潜在的感染人群以及与病例接触的人员信息，精准排查疫区往来人员信息，及时提供给防控部门，为精准高效防控提供有力支撑。

（撰稿人：李建伟　　《科技决策参考》2020 年第 8 期）

构建科技防疫应急体系五个立足点

2020 年 2 月 14 日，习近平总书记指出要把生物安全纳入国家安全体系，系统规划国家生物安全风险防控和治理体系建设，全面提高国家生物安全治理能力。3 月 2 日，习近平总书记在北京考察新冠肺炎防控科研攻关工作时强调，协同推进新冠肺炎防控科研攻关，为打赢疫情防控阻击战提供科技支撑。新冠肺炎疫情以来，甘肃省充分发挥科技创新在疫情防控中的支撑作用，并取得了一系列阶段性成果。下阶段，建议着力于“五个立足点”，构建甘肃省科技防疫应急体系，实现科学防控、依法防控、精准防控。

一、立足于快速响应

前瞻部署新发突发传染病、生物安全威胁研究和防控重大科技攻关专项，推动甘肃省医疗机构、高校院所、创新型企业在病毒预警机制、致病和传播机制、防治策略研究等方面构建协同创新的快速反应体系。加快布局建设一批高水平研发和检验检测平台，推动大数据、5G、区块链和人工智能等新技术、新产品在生物安全风险防控领域的示范应用。设立应急科研攻关专项，打破科研项目常规组织模式，快速响应、筹备、启动项目。疫情发生后，省科技厅紧急拨付 300 万元，启动了应对新型冠状病毒感染的肺炎疫情科研攻关特别专项，支持相关科研机构和企业开展科研工作，在新冠肺炎诊断技术、信息监测系统、中医药治疗、预后生物学标记物研究、应急响应机制等方面取得阶段性研究成果。

二、立足于主动出击

加大公共卫生、生物医药、智慧医疗器械、病毒传播等学科经费投入力度，对重大医疗关键技术与创新产品研发等给予支持，全面提升应对突发性公共卫生事件的能力。依托高校、科研院所、创新型企业等科技优势，主动承担社会责任，积极开展生物安全领域技术研发或联合科研攻关，建立生物信息质量控制与标准化规范，加快生物安全先进适用技术成果转化。充分释放新型研发机构创新创造活力，聚焦疫情防控与生物安全，积极组织科研团队开展疫情防控用药品应急检验和药物研发。兰大一院新冠肺炎的 CT 影像特征诊断成果已助力新冠肺炎临床诊断标准的确立，国家卫健委发布的《新型冠状病毒感染的肺炎诊疗方案》在确诊关注影像学表现的同时，将其纳入到出院标准。兰州雅华生物技术有限公司与兰大一院联合研制出新型冠状病毒抗原金标快速检测试剂盒和一种“双抗原夹心法”抗体金标快速检测试剂盒。

三、立足于全面防控

充分发挥信息化在辅助疫情研判、创新诊疗模式、提升服务效率等方面的支撑作用。借助现有大数据监测平台，整合实验数据、临床诊疗案例、传染病学统计等生物安全相关监测数据信息，加强生物安全情报发现分析，提高生物事件风险预测能力。兰大一院成功研发出快速智能辅助鉴别筛查系统，用于快速鉴别新冠肺炎和其他肺炎及流感患者。中电万维信息技术有限责任公司研发的新型冠状病毒肺炎疫情监控系统、万桥信息技术有限公司研发的防疫检查卡口数据管理系统和企业复工防疫信息管理系统、省安全生产科学研究院公司开发的在线型红外体温快速筛查系统，以及甘肃联通承建的甘肃省企业疫情防控动态监测平台均正式上线运行，在疫情信息动态监测防控方面发挥了重要作用。

四、立足于科学普及

针对疫情防控及生物安全需要，发挥专家咨询机制，组织引导各类媒体平台、科普资源平台、社会化专业科普机构等，及时开展疫情防控科普宣传，使科普知识迅速体现最新科研成果，满足公众获取疫情防治与生物安全科普知识的需求，以避免形成社会恐慌情绪。省科技厅支持的科研攻关特别专项课题"甘肃省新型冠状病毒感染的肺炎疫情心理危机干预模式探讨"，其阶段性成果《甘肃省新型冠状病毒感染的肺炎疫情心理防护指导手册》正式出版发行。

五、立足于长效稳定

完善疫情防控体制机制，健全公共卫生应急管理，提高应对突发重大公共卫生事件的能力水平。兰大一院承担的省科技厅疫情科研攻关特别项目"甘肃省县级以上医疗机构烈性呼吸道传染病的防控应急现状及未来响应机制研究"已进入实施阶段。从日常管理体系、预警体系及标准化应急响应体系几方面出发，在病房改造、区域划分、人员培训、模拟演练、制定应急方案及工作流程等提出对策建议，形成全省多部门、多层次，全方位的联动机制。

新型冠状病毒肺炎疫情防控与应对是当前国家治理面临的重大课题，应对此类突发事件，要把预防和应急准备放在优先位置，提高科技在应对突发事件中的支撑能力，加快形成公共安全和应急管理的科技应急体系。

（撰稿人：张雅洁　谢艳艳　　《科技决策参考》2020 年第 12 期）

创新模式加快科技成果转移转化

一、加大科技投融资力度

以解决科技成果转化中的资金瓶颈为导向，强化财政科技投入对科技成果转化的引导作用，完善科技企业投融资环境，发挥创业风险投资对科技成果转化支持的促进作用。兰州市建立面向重大需求和重点领域的科技项目凝练支撑机制，连续三年组织实施“十大科技项目”和“十大科技创新项目”，分别给予100万元和70万元的资金支持。组建了总规模20亿元“兰州科技创新创业风险投资基金”和“兰州科技产业发展投资基金”、1亿元“兰州重点产业知识产权运营基金”。张掖市健全完善配套融资政策，与深圳怡亚通公司合资建立供应链公司，推动建设供应链产业生态圈。联合商业银行、省科投推出创业创新扶持基金、科技贷款风险补偿金等，探索建立了知识产权质押融资试点。

二、强化企业成果转化主体

企业是科技成果价值的实现者，也是科技成果转化的决策主体、投入主体和实施主体。兰州市鼓励支持企业在高校、科研院所建立企业研究开发机构，支持高校、科研院所在企业（园区）建立科技成果转化基地，强化创新与集成，加快科技成果转移转化进程。张掖市制定《关于实施“十强双百”企业振兴计划的意见》，以科技型企业为重点，培育龙头骨干企业10户、优势骨干企业100户和“四下转四上”重点企业100户，聚焦企业成长，制定扶持政策，服务企业创新与成果转化。

三、主动服务地方经济建设

立足地方经济社会和产业发展需求，推进成果转化与社会效益相结合。兰州交通大学依托学科优势，积极承担与甘肃省经济建设相关的科研项目，近五年学校推广转化科研项目10余项，产值达3.8亿元，在太阳能光热综合利用、铁路信号全电子微机联锁、城市扬尘治理、新型农用药肥、无线电监测及定位、文化艺术传承与创新等方面转化应用了一批成熟成果。张掖市结合区域产业布局，建设张掖智能制造产业园、现代丝路寒旱农业产业园、临泽凹凸棒石产业园、高台盐池工业园“四大”成果转化基地，实现成果转化总产值6亿多元。定西市紧盯特色产业发展，围绕旱作农业、设施农业、新能源等技术领域，大力实施科技成果转移转化“双十”计划，马铃薯液肥、中药材气调养护等50多项重点科技成果得到转化。

四、释放成果转化人才活力

人才是推动科技成果转化的核心力量，兰州市加大本土人才开发和急需紧缺人才引进力度，连续5年设立“兰州市人才创新创业专项”，累计投入资金1.9亿元。举办“活力金城”人才创新创业大赛，“以奖代补”的方式发放研发补助资金1600万元。张掖市把培育壮大高端智力人才、专家服务团队、“草根”创新人才三支队伍作为推动科技创新和成果转移转化的重要保障，出台16项优惠政策，组织实施“四个千人”计划和“百千万”科技人才工程，聘请150名国内知名专家学者担任创业导师，设立基层专家科研工作站，选派百名专业技术人才进站开展科研成果转化推广。

五、重建成果转移转化模式

张掖市以“三个结合”聚力成果转化，坚持经济和科技结合、培育产业链和配套创新链结合、鼓励研发与促进转化结合作为工作重点，探索成果转化与创新创业相结合的新模式，形成“四种转化”模式，即：低门槛转化，众创空间+科技要素+自主转化；低风险转化，科技孵化器+权益保障机制+合作转化；低成本转化，风险池+知识产权质押担保+激励转化；便利式转化，一站式服务+基地平台+服务转化。2016年以来，累计达成科技合作转化及许可转让协议180多项，完成技术交易合同成交额84亿元，企业专利成果转化运用率达80%以上。

六、形成科技协同与转化应用合力

构建科技成果转化联合体，促进成果与市场的有效对接。甘肃省农业科研院构建“大联合大协作”格局，形成院所牵头，联合省内农业科研单位、农业院校、农业龙头企业等44家单位，成立了甘肃省农业科技创新联盟，为推动甘肃省现代农业发展发挥了积极作用。兰州交通大学强化校地、校企合作，与政府部门、企业等签订了全面合作协议，助推学校与行业内高端科技资源的合作，解决了高校科技成果转化、产业化难的问题，同时也为学生就业提供了良好的渠道。

（撰稿人：张雅洁　　《科技决策参考》2019年第50期）

固本筑链支撑高质量发展

当前产业发展对经济转型升级的内在动力显著增强，提升产业基础能力和产业链水平不仅是现代化经济体系的重要支撑，也是甘肃省面临的重要任务。要注重利用技术创新和规模效应形成新的竞争优势，强化顶层设计，为技术产业化创造良好环境，促进科技创新和产业应用深度融合。

一、创新重大科技项目立项机制

强化科技领域顶层设计和制度建设，创新科技计划项目立项长效机制。对甘肃省十大生态产业的相关技术开展技术预测、产业创新图谱等分析研究，预测未来制约甘肃省产业发展的关键核心技术，确定产业创新发展的重点方向和技术路线，在此基础上，完善目标导向的攻关机制，探索运用定向委托、定向择优等方式，持续提升高校、院所、企业等不同类型创新主体的创新能力。在研发组织方式上实现工程思维、流程治理，在研发资源使用上实现梯次推进、分类配置，在研发制度安排上实现输入产业、输出产品，在研发领域选择上实现共性关键技术集成，使科技计划项目切实能够进一步提高甘肃省科技创新能力，促进产业基础能力和产业链现代化水平的提升。

二、围绕产品健全完善产业链

“珍珠只有串在项链上才能更加璀璨。”产品就是一个企业的珍珠，龙头企业又是一个产业的珍珠。依托现有高新技术企业和科技创新型企业，引进一批科技含量高的生态产业项目，培育高新技术产业链。瞄准重点产品，推动产业链上下游强强联合、优势互补，把产业真正“链”起来，形成从产品确定研发、从企业确定创新、从产业确定集群、从产业链确定创新链的科技供给倒逼机制。聚焦十大生态产业，大力实施产业“强链、补链、延链”，循环“强环、闭环、生环”工程，推进石油化工、有色冶金、装备制造、生物制品、航天航空等优势产业向两端延伸、向价值链高端跃升、向精深加工拓展，推进大数据、人工智能、新材料、新能源等新兴产业向上下游延展、向终端产品迈进、向新增长领域集聚。

三、找准短板攻克关键核心技术

加强十大生态产业研究，明确近、中、远期目标，找准产业链中存在的技术短板，引导创新主体攻克关键核心技术，增加基础、共性技术的有效供给。加强基础研究科学管理与创新改革，形成重点突出、持续稳定的支持机制。统筹布局建设甘肃省基础研究基地和创新型研发基地，在核技术、生态、航空航天、新材料、文物保护等甘肃省优势产业领域，建立矩阵式的研发能力布局和跨产业联合平台，增强集聚效应。在大数据、人工智能、区块链、新能源、寒旱农业、文化传承等领域部署科技重大专项，组织企业、高校、院所联合开展关键技术、关键工艺、关键材料、基础软件等攻关，形成体系化的技术创新能力，推动创新要素向产业链高端和优势企业聚集流动。

四、推进产业链协同高效发展

构建产创衔接、协同发展的创新体系，是推进产业链现代化的基本路径。完善“企业出题、政府立题、协同解题”的协同创新机制，加强区域内企业、高等院校、科研院所的交流合作与资源开放共享，面向市场需求开展基础研究和应用技术研发，加强协同创新中心建设。进一步深化和中国科学院的省院合作机制，发挥科研院所集科研、学部、教育于一体的优势，集聚和培育顶尖科研机构和科研团队，形成旗舰团队，支撑引领区域科技创新跨越式发展。健全技术研发、产品创新、科技成果转化的组织机制，鼓励企业建设新型研发机构，建立集办公、科研、中试、产业于一体的综合型科研总部，以及投资、研发、销售、物流、金融等职能型企业总部集聚基地，为企业提供高效、多能、全方位的中枢式经营氛围和高速发展通道。

五、建立多元化科技投融资体系

科技创新始于技术、成于资本。单纯靠企业自身的积累和银行贷款，很难实现科技创新。因此，要实施财政科技投入供给侧结构性改革，建立健全符合科研规律和企业发展的科技创新项目财政资金投入机制，加大对基础性、战略性、公益性研究的稳定支持和竞争性支持力度，设立省级科技创新联动创新基金，促进技术、人才、资本等生产要素的重新组合。创新科技投入方式，加强财政资金和金融手段的协调配合，运用创业投资、风险补偿、贷款贴息等多种方式，充分发挥财政资金的杠杆作用，“四两拨千斤”撬动金融资本、民间资本，加快形成多元化的科技创新投融资服务体系。围绕产业链构建金融服务链，鼓励金融机构创新内部流程，通过行业、区域等信贷政策，对产业链各端主体实施金融集中连片服务。

（撰稿人：李建伟　　《科技决策参考》2019 年第 51 期）

高耗能产业群碳排放与经济增长脱钩关系实证研究
——基于甘肃 2001—2017 年的经验数据

摘　要：运用 Tapio 脱钩模型，选择 2001—2017 年为样本期间，从产业集群的创新性视角对甘肃高耗能产业碳排放与经济增长两者之间的脱钩关系进行了实证研究，结果表明：在 2001—2017 年，甘肃高耗能产业群碳排放与经济增长之间总体呈弱脱钩关系，两者的脱钩演进趋势表现为由扩张性负脱钩向弱脱钩转变；在大部分样本期间，六大高耗能产业群碳排放与经济增长表现为弱脱钩关系，其中以石油产业群的脱钩状态表现较好；分阶段来看，在甘肃建设国家级循环经济示范区阶段，大多数高耗能产业群的脱钩关系得到改善，除钢铁产业群由于产能过剩带来的增速放缓导致脱钩关系恶化。最后，针对性提出有益于碳减排的对策建议。

关键词：碳排放　经济增长　脱钩　高耗能产业群

一、引　言

全球气候变暖给人类生存和发展带来了极大威胁，碳排放问题成为世界各国共同面临的重大挑战。作为全球最大的能源消费国与二氧化碳排放国，为了积极履行碳减排国际责任，同时实现经济与环境的双赢，中国政府把积极应对气候变化作为关系经济社会发展全局的重大议题，并提出到 2030 年将二氧化碳排放强度较 2005 年下降 60%～65%。促进高耗能产业的节能减排，是实现气候治理的关键所在，是实现绿色、低碳和可持续发展的必由之路，长期以来受到政府、企业界以及学界的高度重视。高耗能产业是甘肃国民经济发展的基础性产业和支柱性产业，推动高耗能产业向绿色生态产业转型，是当前甘肃经济发展的核心命题。2018 年，甘肃省先后制定并发布了《关于构建生态产业体系推动绿色发展崛起的决定》《甘肃省推进绿色生态产业发展规划》以及《关于构建生态产业体系推动十大类生态产业发展总体方案》等系列政策措施，同时启动设立 2000 亿元绿色生态产业发展基金，旨在支持传统产业转型升级、生态保护和培育新业态。在甘肃大力推动绿色生态产业发展的背景下，有关高耗能产业碳排放与经济增长脱钩关系命题的研究，对于加快甘肃产业结构调整、生态文明建设和实现绿色发展崛起具有重要意义。

二、文献综述

全球化背景下经济增长带来各国二氧化碳排放量普遍增加，二氧化碳排放与经济增长关系研究成为研究者和政策制定者关注的焦点。美国著名经济学家 Kuznets 早在 1955

年提出了库兹涅茨曲线，指出收入分配状况随着经济增长先升后降，形成倒U型曲线[1]；在此基础上，Panayotou[2]首次将环境质量与人均收入间的关系称为环境库兹涅茨曲线(EKC)。2002年，经济合作与发展组织（OECD）发布的《由经济增长带来环境压力的脱钩指标》报告中首次提出碳排放“脱钩”概念，认为随着专业化分工、技术进步及溢出，经济增长对生态环境的冲击力逐渐减少，经济增长与环境污染之间不再存在相互联系，从而实现“脱钩”[3]。脱钩随即成为了国际社会普遍用以测度经济发展与生态环境之间相互影响关系以及衡量经济社会发展可持续性的重要工具。在此基础上，国外学者David Gray对苏格兰地区、Dinda & Coondoo对北美地区、Climent & Pardo对巴西碳排放与经济增长之间脱钩关系相继进行了差异化研究。从发达国家的发展经验来看，碳排放与经济发展的逐渐脱钩是普遍性规律。英国、德国的低碳经济实践较为成功，已经实现了碳排放脱钩。

国内现有研究成果主要集中于某一区域/行业的碳排放与经济增长关系问题的研究。区域研究方面，李忠民[4]等对中国的东中西部三大区域的碳排放与经济增长之间的脱钩关系进行了研究，并对脱钩指标进行因果链分解，结果显示三大区域在大部分时间内呈现弱脱钩关系；冯宗宪[5]基于中国省际能源碳排放和经济增长空间脱钩趋势研究发现，大多数省份能源碳排放与经济发展之间呈现弱脱钩关系；杨嵘[6]对西部地区的碳排放与经济增长特征进行分析，进而构建碳排放模型深入研究其驱动因素；郭炳南[7]的实证研究发现长三角地区二氧化碳与经济增长的脱钩关系发展呈现不平衡状态，弱脱钩、扩张连接、强脱钩的状态交替出现。行业研究方面，以工业部门的“脱钩”问题受到最多关注，王欢芳和胡振华[8]基于Tapio脱钩理论模型，对中国28个制造业的二氧化碳脱钩弹性和节能弹性进行了实证分析，结果表明样本期间制造业的低碳水平均有所提升，其经济增长与碳排放之间处于弱脱钩状态，能源效率的提高是关键原因；龚惠萍[9]通过研究武汉市工业部门碳排放的脱钩效应表明，碳排放与经济增长存在一定的脱钩效应，基本处于弱脱钩状态；任思达[10]对中国矿业经济发展与碳排放之间的关系进行了测度，结果表明矿业经济增长与碳排放之间脱钩呈现出持续向好之势；此外，任洁（2012）对电力/热的生产和供应业、王辉（2017）对煤炭行业、刘晓燕（2018）对资源型产业、杨毅（2019）对铝工业等展开了脱钩分析。总体而言，由于区域禀赋、变量选取、样本长度等的差异，各地区碳排放与经济增长间的脱钩关系有所不同，但大部分研究成果表明，随着低碳经济的发展，经济发展对能源碳排放的相互影响有所弱化。

纵观国内外学者从宏观、中观层面对碳排放与经济增长之间的脱钩关系进行了大量探索，涉及整个国家、某个地区以及特定部门或者行业，行业研究中以矿产、煤炭、水泥等高耗能产业的研究居多，研究理论方法以Tapio脱钩理论为主，部分研究结合了LMDI法、生命周期法、钻石模型等方法，而从产业集群视角来研究这一命题的文献尚不多见。随着产业内部专业化分工的不断深化，上下游产业链的关联逐渐紧密，集群发展已经成为高耗能产业发展的重要模式和特征[11]。就高耗能产业发展来看，高耗能产业群是伴随循环经济建设而由诸多纵向延伸、横向关联的生态产业链网构成的特色产业集群[12]。笔者试图从产业集群这一创新性视角来探讨甘肃碳排放与经济增长之间的脱钩关系，以期为经济增速放缓背景下甘肃产业转型升级的思路、途径与政策的形成提供决策借鉴，同时为其他地区高耗能产业政策的制定提供参考。

以克努格曼（Paul Krugman）等为代表的新经济地理学提出产业集群是基于分工深化而组成的空间组织形式，通过规模报酬递增效应、知识溢出效应以及扩散效应等机制，在提升产业竞争力、优化资源配置和激励企业技术创新等方面发挥着重要作用，同时在促进碳减排方面也具有关键作用[13]。已有研究成果表明，在考虑规模经济前提下，产业集聚内部企业减排的规模效应，降低了平均碳减排成本（周文，1999），可称为“成本效应”；在技术创新方面，产业集聚带来的知识溢出效应有助于提高低碳技术的研发效率，从而使碳减排成为可能（Grossman and Krueger，1991），这可以说是产业集聚带来的碳减排“创新效应”；王兵和聂欣[14]的研究提出产业集群内部关联企业间的知识溢出效应及扩散效应，可加速低碳技术、减排技术的扩散与应用，从而减少碳排放。宋爽[15]从成本效应、创新效应和集聚效应三方面对比分析东中西部地区不同环境规制工具对污染产业布局的影响，得出西部地区产业集聚能够有效抑制污染产业流入的结论。可见，从产业集群的创新性视角来研究高耗能产业碳排放问题具有科学性与合理性。于是，文章选取甘肃六大高耗能产业群2001—2017年相关统计数据，运用Tapio脱钩模型对碳排放与经济增长间的脱钩关系进行实证研究。

三、样本选择与数据测算

（一）样本选择

文章研究的高耗能产业群包括钢铁产业群、非金属产业群、有色金属产业群、石油产业群、化工产业群、煤炭产业群（详见表1）。按照高耗能产业目录划分的细分行业以及对应的统计数据，对样本数据进行筛选。样本考察期间为2001—2017年，对应指标的原始数据来源于《甘肃发展年鉴》（2002—2018年）。

表1 高耗能产业群的选取

产业群	细分行业
钢铁产业群 L1	黑色金属矿采选业、黑色金属冶炼及压延加工业
非金属产业群 L2	非金属矿采选业、非金属矿物制品业
有色金属产业群 L3	有色金属采选业、有色金属冶炼及压延加工业
石油产业群 L4	石油和天然气开采业，石油加工、炼焦及核燃料加工业
化工产业群 L5	化学原料及化学制品制造业、橡胶和塑料制品业、化学纤维制造业、医药制造业
煤炭产业群 L6	煤炭开采和洗选业、电力热力的生产和供应业、煤气生产和供应业

（二）二氧化碳排放量测算

文章选取由于能源消耗产生的二氧化碳排放量来表征碳排放。通过分品类、分行业来测算二氧化碳排放量，全面考虑了能源消耗的各种品类，包括煤炭、焦炭、原油、汽油、煤油、柴油、燃料油、天然气和电力等九种能源，根据不同品类能源的消费量、燃烧的发热量、单位热值的含碳量、能源氧化率和碳排放系数来估算碳排放量。碳排放系数和能源折标系数选取自 IPCC 和国家发改委能源研究所。具体计算公式如下：

$$\Sigma_{i=1}^{n} CO_{2i}=\Sigma_{i=1}^{n} E_i \times NCV_i \times CEF_i \times COF_i \times 3.6667 \qquad (1) 式$$

$$\xi\, co_2=NCV_i \times CEF_i \times COF_i \times 3.6667 \qquad (2) 式$$

能源消费种类有 n 种，n={1，2，…，9}，i 种能源的标准消费量为 E_i，γ 为能源折标系数，i 种能源平均发热量为 NCV_i，i 种能源单位热值的含碳量为 CEF_i，i 种能源氧化率为 COF_i，$\xi\, co_2$ 为二氧化碳排放系数，二氧化碳排放系数为碳排放系数的 3.6667 倍。

表 2 各种能源的折算方式

类　型	NCV_i	γ	CEF_i	COF_i
煤　炭	20908 kJ/kg	0.7143 kgce/kg	26.37 tC/TJ	0.94
焦　炭	28435 kJ/kg	0.9714 kgce/kg	29.5 tC/TJ	0.93
原　油	41816 kJ/kg	1.4286 kgce/kg	20.1 tC/TJ	0.98
汽　油	43070 kJ/kg	1.4714 kgce/kg	18.9 tC/TJ	0.98
煤　油	43070 kJ/kg	1.4714 kgce/kg	19.5 tC/TJ	0.98
柴　油	42652 kJ/kg	1.4571 kgce/kg	20.2 tC/TJ	0.98
燃料油	41816 kJ/kg	1.4286 kgce/kg	21.1 tC/TJ	0.98
液化石油气	50179 kJ/kg	1.7143 kgce/kg	17.2 tC/TJ	0.98
天然气	38931 kJ/ m^3	1.3300 kgce/m^3	15.3 tC/TJ	0.99
电　力	–	0.4040 kgce/kg	–	–

备注：电力消耗产生的二氧化碳排放系数根据国家发改委应对气候变化司发布的《2014 年中国区域电网基准线排放因子》中西北地区电力排放因子计算得到。

四、碳排放与经济增长脱钩分析

（一）Tapio 脱钩模型

碳排放脱钩是指经济增长逐步摆脱对能源消耗的依赖。当二氧化碳排放增速小于经济增速时，被认为实现脱钩。目前，学术界研究脱钩的模型主要有两种，即 OECD 脱钩模型和 Tapio 脱钩模型。Tapio 脱钩模型利用弹性概念分析变量之间的关系，侧重个体年份上的分析，不同年份的脱钩弹性指数可以进行比较。

因此，采用 Tapio 脱钩模型分析不同时期不同高耗能产业群碳排放与经济增长的脱钩关系。计算公式如下：

$$\omega_i = \frac{[(c_i - c_{i-1})]/c_{i-1}}{[(y_i - y_{i-1})]/y_{i-1}} = \Delta c_i\% / \Delta y_i\% \qquad (3) 式$$

（3）式中：ω_i 为 i 时期的脱钩弹性指数，y_i 为 i 时期的产值，c_i 为 i 时期的二氧化碳排放量，$\Delta c_i\%$为 i 时期二氧化碳排放量的变化率，$\Delta y_i\%$为 i 时期产值的变化率。

根据 Tapio[16]对脱钩弹性指数值大小的划分，将脱钩弹性指数划分为 6 种类型，分别为强脱钩、弱脱钩、强负脱钩、弱负脱钩、扩张性负脱钩、衰退性脱钩（详见表 3）。其中，强脱钩为低碳发展的最佳状态，强负脱钩为最不利状态，弱脱钩属于相对较为乐观的一种状态，其余均为不可持续状态。

表 3　二氧化碳排放量与经济增长的脱钩弹性指数及脱钩状态判定

Δc_i	Δy_i	脱钩弹性指数	脱钩弹性状态
<0	>0	ω i≤0	强脱钩
>0	>0	0<ω i<1	弱脱钩
≥0	<0	ω i≤0	强负脱钩
<0	<0	0<ω i<1	弱负脱钩
>0	>0	ω i≥1	扩张性负脱钩
<0	<0	ω i≥1	衰退性脱钩

为分析甘肃高耗能产业群碳排放与经济发展之间的脱钩关系，运用 Tapio 脱钩模型，借助 2001—2017 年甘肃高耗能产业群产值数据和二氧化碳排放量数据，计算脱钩弹性指数值，并根据 Tapio 对脱钩状态的界定，得到甘肃六大高耗能产业群碳排放与经济增长的脱钩状态（结果如表 4 所示）。

表 4　2001—2017 年高耗能产业群的脱钩弹性指数值及脱钩状态

年份	L1	L2	L3	L4	L5	L6	total
2001—2002	24.4711	1.4919	7.6434	1.4682	0.1808	2.5177	2.0770
	扩张性负脱钩	扩张性负脱钩	扩张性负脱钩	扩张性负脱钩	弱脱钩	扩张性负脱钩	扩张性负脱钩
2002—2003	0.2613	0.3475	1.1778	0.4991	−21.6806	2.8791	1.1567
	弱脱钩	弱负脱钩	扩张性负脱钩	弱脱钩	强脱钩	扩张性负脱钩	扩张性负脱钩
2003—2004	1.4166	2.8681	−0.2019	0.8047	0.6784	0.5174	0.7152
	扩张性负脱钩	扩张性负脱钩	强脱钩	弱脱钩	弱脱钩	弱脱钩	弱脱钩
2004—2005	0.5824	−0.0731	0.4028	0.1636	−0.6463	−0.0778	0.2677
	弱脱钩	强负脱钩	弱脱钩	弱脱钩	强负脱钩	强脱钩	弱脱钩
2005—2006	1.1417	−1.0378	0.1487	0.3382	1.0004	0.6765	0.3404
	扩张性负脱钩	强脱钩	弱脱钩	弱脱钩	扩张性负脱钩	弱脱钩	弱脱钩

续表

年份	L1	L2	L3	L4	L5	L6	total
2006—2007	0.0846	0.5191	0.3591	0.3957	1.0691	1.0370	0.5125
	弱脱钩	弱脱钩	弱脱钩	弱脱钩	扩张性负脱钩	扩张性负脱钩	弱脱钩
2007—2008	−0.3330	−0.0471	−2.7344	−0.2558	0.5177	0.3710	0.2651
	强脱钩	强脱钩	强负脱钩	强脱钩	弱脱钩	弱脱钩	弱脱钩
2008—2009	−0.0369	0.0955	−1.1197	−1.1653	0.8581	−2.2310	1.8394
	强负脱钩	弱脱钩	强负脱钩	强负脱钩	弱脱钩	强脱钩	衰退性脱钩
2009—2010	−0.1907	0.5722	0.4358	−0.1195	0.1602	1.1707	0.4912
	强脱钩	弱脱钩	弱脱钩	强脱钩	弱脱钩	扩张性负脱钩	弱脱钩
2010—2011	0.4140	0.3913	0.7528	0.4281	0.7359	1.0196	0.6560
	弱脱钩	弱脱钩	弱脱钩	弱脱钩	弱脱钩	扩张性负脱钩	弱脱钩
2011—2012	−7.5815	0.5460	0.0957	6.3799	0.4871	0.0512	0.3250
	强负脱钩	弱脱钩	弱脱钩	衰退性脱钩	弱脱钩	弱脱钩	弱脱钩
2012—2013	0.1740	0.4664	0.3450	−1.6536	−0.1244	0.3718	0.4389
	弱脱钩	弱脱钩	弱脱钩	强负脱钩	强脱钩	弱脱钩	弱脱钩
2013—2014	1.1416	0.3108	−0.6461	1.9290	−0.5278	0.9012	−0.3648
	扩张性负脱钩	弱脱钩	强脱钩	衰退性脱钩	强脱钩	弱负脱钩	强脱钩
2014—2015	−0.2450	−0.0353	−2.6303	0.0397	0.1774	1.1447	0.1273
	强负脱钩	强负脱钩	强脱钩	弱负脱钩	弱负脱钩	衰退性脱钩	弱负脱钩
2015—2016	0.8233	−27.9459	13.0497	0.5465	−1.0219	0.4219	0.7639
	弱负脱钩	强脱钩	扩张性负脱钩	弱负脱钩	强脱钩	弱脱钩	弱负脱钩
2016—2017	2.1636	0.0249	10.1837	−1.6408	0.3820	0.4445	−0.7345
	衰退性脱钩	弱负脱钩	扩张性负脱钩	强负脱钩	弱负脱钩	弱脱钩	强脱钩
2001—2017	0.6874	0.6095	0.7663	0.4041	0.5293	0.5774	0.5540
	弱脱钩	弱脱钩	弱脱钩	弱脱钩	弱脱钩	弱脱钩	弱脱钩
2001—2008 第Ⅰ阶段	0.6376	1.0740	0.6005	0.3375	0.7607	0.6153	0.5416
	弱脱钩	扩张性负脱钩	弱脱钩	弱脱钩	弱脱钩	弱脱钩	弱脱钩
2009—2017 第Ⅱ阶段	0.5076	0.5315	0.8711	0.5296	−0.1031	0.6934	0.5858
	弱负脱钩	弱脱钩	弱脱钩	弱脱钩	强脱钩	弱脱钩	弱脱钩

备注：由于篇幅所限，文章省略$\triangle c_i$，$\triangle y_i$的计算结果，脱钩状态依据脱钩指数值与$\triangle c_i$，$\triangle y_i$的综合得到。

（二）模型结果分析

1.整体脱钩状态分析

从表 4 可知，2001—2017 年甘肃高耗能产业群碳排放与经济增长的总脱钩弹性指数为 0.554，根据 Tapio 的脱钩弹性指数判断两者之间为弱脱钩关系。从变化趋势来看，碳排放与经济增长的脱钩关系演进趋势表现由扩张性负脱钩逐渐向弱脱钩转变，两者间的脱钩态势明显好转，甚至出现了强脱钩的迹象。具体来看，在 2001—2003 年，高耗能产业群整体处于扩张性负脱钩的状态，总脱钩弹性指数分别为 2.077 和 1.1567，此时，二氧化碳排放量增速要明显高于经济增速；2004—2013 年间，高耗能产业群二氧化碳排放与经济增长之间的关系以弱脱钩状态为主，这一时期虽然二氧化碳排放量与产业产值都呈持续增长态势，且二氧化碳排放量增速小于经济增速。2014 年、2017 年脱钩弹性指数分别为 -0.3648，-0.7345，此时 Δc_i 小于 0，Δy_i 大于 0，碳排放与经济增长间出现了强脱钩的迹象。然而，在 2015 年和 2016 年，碳排放与经济增长间表现为弱负脱钩的状态。由此可见，高耗能产业群的这种脱钩状态还不是十分稳定，在样本期间，绝大部分时间脱钩弹性指数表现为弱脱钩关系，少数年份也表现出衰退性脱钩、弱负脱钩以及强脱钩的状态，各种状态的交替出现，说明碳排放与经济增长之间关系不稳定，不排除高耗能产业群的脱钩关系未来出现恶化的可能。政府部门需进一步加强对高耗能产业节能减排的监督、引导和支持，强化企业节能减排的意识，加快低碳工艺技术的改良与创新，不断提升产品附加值，减少二氧化碳的排放量。

2.具体产业群脱钩状态分析

从单个产业群来看，2001—2017 年总体上以石油产业群二氧化碳与经济增长的脱钩关系相对较好，脱钩弹性指数为 0.4041，Δc_i、Δy_i 均大于 0，处于一种较为乐观的弱脱钩状态。然而，依据高耗能产业群各年份的脱钩弹性指数值很难清晰地判断其脱钩趋势，虽然在大部分时间里他们表现为弱脱钩关系，但是它们基本处于一种弱脱钩、扩张性负脱钩、强脱钩、强负脱钩交替出现的状态。为进一步分析高耗能产业群碳排放与经济增长的关系，这里将样本期间划分为两个阶段，第Ⅰ阶段为 2001—2008 年，即西部大开发战略实施以来到甘肃省建设国家循环经济示范区的前期阶段，第Ⅱ阶段为 2009—2017 年，甘肃建设国家循环经济示范区阶段。

分阶段来看，大多数高耗能产业群在这两个阶段基本处于弱脱钩状态，且相比第Ⅰ阶段，第Ⅱ阶段的脱钩状态有所改善。在第Ⅱ阶段，即甘肃建设国家循环经济示范区阶段，非金属产业群、有色金属产业群和石油产业群均呈现出弱脱钩状态，脱钩状态趋于平稳。化工产业群脱钩状态有明显好转，脱钩指数从第Ⅰ阶段的 0.7607 演变为第Ⅱ阶段 -0.1031，从弱脱钩状态向强脱钩状态演变。

然而，在第Ⅱ阶段,钢铁产业群脱排放与经济增长间的脱钩关系不容乐观，表现为弱负脱钩状态，此时，钢铁产业群脱钩弹性指数 0.5076，Δc_i，Δy_i 的值均小于 0。具体来看，在第Ⅱ阶段，钢铁产业群产值明显下降，2014 年，甘肃钢铁产业群产值合计约 1189.7 亿元，2015 年下降至 792.66 亿元，2016 年为 405.32 亿元，2017 年为 397.38 亿元，产值逐年明显下滑，与此，二氧化碳排放量的增速和钢铁行业产值的增速均为负值。近年来，由于全球性的产能过剩导致的钢铁行业产值大幅度下滑，钢铁行业脱钩状态的退化可能主要是由于产能过剩造成的。钢铁产业是典型的传统资源型产业，近年来，传统资源型行业普遍面临着较为严峻的产能过剩问题，产品积压、滞销，导致行业产值增长较慢，一方面，由于产能过度扩张、工艺技术水平没有相应提高、产品升级严重落后于消费结构和消费需求的升级，导致产品市场出现严重的供过于求、供需不匹配的现象，落后产能的相对过剩与先进产能相对不足共同作用倒逼企业减产；另一方面，政府部门对钢铁等严重过剩行业采取"去产能"系列调控措施，限制了钢铁等行业落后产能的增长。

五、结论与建议

（一）主要结论

文章从产业集群的创新性视角对甘肃高耗能产业碳排放与经济增长两者之间的脱钩关系进行了实证研究，以 2001—2017 年为样本期间，运用 Tapio 脱钩模型揭示了碳排放与经济增长之间的脱钩关系，得到如下结论：

（1）总体来看，甘肃高耗能产业群碳排放与经济增长之间整体呈现弱脱钩关系，经济增长速度大于碳排放速度，脱钩演进趋势表现为由扩张性负脱钩向弱脱钩转变。需要注意的是，这种弱脱钩状态还不是十分稳定，需加强对高耗能产业节能减排的监督、引导和支持。

（2）从单个产业群来看，在大部分样本期间，六大高耗能产业群碳排放与经济增长表现为弱脱钩关系，其中以石油产业群的脱钩状态较为突出。

（3）分阶段来看，大多数高耗能产业群的脱钩关系均有不同程度改善，在第Ⅱ阶段，即甘肃建设国家级循环经济示范区阶段，非金属产业群，非金属、有色金属、石油和化工产业群均呈现出弱脱钩关系，且脱钩弹性指数有明显变小；然而，钢铁产业群由于产能过剩带来的增速放缓导致脱钩关系恶化。

（二）政策建议

（1）推进低碳化导向的"供给侧结构性改革"。政府部门应以低碳化发展作为高耗能产业内部"供给侧结构性改革"的重要导向，将能源消费与经济增长挂钩，对高耗能产业实行能源消费总量控制强约束；通过政策和资金鼓励、技术支持等方式，发展节能减排技术和项目；创新循环经济发展模式，促进资源和能源的高效综合利用，提高能源利用效率。

（2）加快传统重化产业的转型，重视低碳技术创新。从前文分析中不难得出，由于钢铁产业等传统重化工业部门的产能过剩是脱钩关系恶化的主要原因，其本质是技术创新不足导致的产能过剩、低端产品滞销以及资源错配。高耗能企业应注重自主创新，在提高工艺水平和效率、研制创新产品、延长产业链条等方面加大科研投入，加快产业产品转型升级步伐，提高产品科技含量和附加值。

（3）减少煤炭资源等应用，大力推进清洁能源应用。甘肃太阳能、风能资源丰富，但由于技术落后、电价、产业政策等因素制约了它们的发展。未来要大力推进清洁可再生能源的应用，减少煤炭、石油等不可再生资源的使用。不断增强清洁能源的竞争力，降低清洁能源的成本，提高清洁能源的消纳能力，使其与传统能源在价格上具有可比性，从而大范围推广应用，促使能源消费从煤炭、石油等不可再生能源逐渐转向可再生能源。

【基金项目】中央引导地方科技发展专项“兰白试验区监测评价服务平台建设”（YDZX20186200002854）

【作者简介】姜玲（1985—），甘肃省科学技术情报研究所、甘肃省科技评价监测重点实验室助理研究员，经济学硕士，研究方向：区域创新与评价；滕雅琼（1982—）甘肃省科学技术情报研究所、甘肃省科技评价监测重点实验室助理研究员，经济学硕士，研究方向：产业创新发展，通讯作者；张小宁（1981—），甘肃省科学技术情报研究所、甘肃省科技评价监测重点实验室副研究员，工程硕士，研究方向：区域发展战略研究。

参考文献：

[1]Kuzets S.Economic growth and income inequality[J].American Economic Review,1955,45(1):1-28.

[2]Panayotou.Empirical tests and policy analysis of environmental degradation at different stages of eco nomic development[J].Working Paper,WP238.

[3]OECD.Indicators to measure decoupling of environmental pressuresfrom economic growth[R].Paris:OECD,2002.

[4]李忠民，宋凯，孙耀平.碳排放与经济增长脱钩指标的实证测度[J].统计与决策，2011(14):86-88.

[5]冯宗宪，陈志伟.区域能源碳排放与经济增长的脱钩趋势分析[J].华东经济管理，2015(01):34-39.

[6]杨嵘，常烜钰.西部地区碳排放与经济增长关系的脱钩及驱动因素[J].经济地理，2012，32(12):34-39.

[7]郭炳南，林基，刘堂发.长三角地区二氧化碳排放与经济增长脱钩关系的实证研究[J].生态经济，2017(04):25-29.

[8]王欢芳，胡振华.中国制造行业发展与碳排放脱钩测度研究[J].科学学研究，2012(11):1671-1675.

[9]龚惠萍，管璇，刘晨明.武汉市工业经济增长与碳排放脱钩关系的实证分析[J].统计与决策，2013(21):105-108.

[10]任思达，夏会会，李玫洁.中国省域矿业碳排放的时空演化研究——基于2005—2015年面板数据[J].中国国土资源经济，2019(05):106-120.

[11]姜玲，张爱宁.高耗能产业群碳减排效率的动态评价研究——基于甘肃国家级循环经济示范区的经验论据[J].兰州财经大学学报，2018(01):85-91.

[12]郑季良，王希希，王少芳.科技创新促进节能减排了吗?——基于高耗能产业群的实证研究[J].生态经济，2019(02):68-73.

[13]谢荣辉，原毅军.产业集聚动态演化的污染减排效应研究——基于中国地级市面板数据的实证检验

[J].经济评论,2016(2):18-28.

[14]王兵,聂欣.产业集聚与环境治理:助力还是阻力——来自开发设立准自然实验室的证据[J].中国工业经济,2016(12):75-89.

[15]宋爽.不同环境规制工具影响污染产业投资的区域差异研究——基于省级工业面板数据对我国四大区域的实证分析[J].西部论坛,2017(02):90-99.

[16]Tapio P.Towards a theory of decoupling:Degrees of decoupling in the EU and the case of road traffic in Finland between 1970 and 2001[J].Transport Policy,2005,12(2):137-151.

（撰稿人：姜玲　滕雅琼　张小宁　　《兰州财经大学学报》2019 年 4 期）

中国外墙保温材料产业现状分析研究

摘　要：本文针对 1999—2016 年中国外墙保温材料领域专利进行统计分析，得出该领域专利申请的年度趋势、地区分布及主要专利权人的竞争实力进行分析，研究分析行业特征及其存在的问题。为甘肃省外墙保温材料领域的发展提供依据与借鉴。

关键词：外墙保温材料　发展趋势　专利信息　现状分析

一、引　言

随着社会的不断进步，科技的快速发展，外墙保温技术也实现了技术变革和广泛应用，这对于建筑外墙保温工程的研究是有着重要意义的。加强保温绝热材料的应用与开发，不仅可以提高建筑物的隔热性能与防寒性能，而且能延长建筑物的使用寿命。

为此，本文从专利的视角出发，通过对外墙保温材料发展趋势、重点技术领域、地域分布、竞争机构等方面的相关信息进行分析，对外墙保温材料专利总体的状况进行研究，为甘肃省的企业和研究院所进一步开发利用外墙保温材料提供参考与借鉴。

二、数据来源

根据研究目的需要，本次分析采用中国知识产权网（CNIPR）专利数据库作为数据源。根据外墙保温材料各环节所涉及的核心技术及重要组成部分，以技术为主题选择检索词。

此次检索时间跨度为 1997 年 1 月—2017 年 12 月 31 日（专利公开日期），通过对检索到的相关专利进行人工筛选，去掉不符合分析主题的专利，并用确定的关键词列表进行二次检索共得到相关中国专利 1761 条，形成本次专利分析所使用的生物农药专利数据库。最后通过 incoPat 等工具，对专利进行全面的分析。

三、研究结果分析

（一）中国外墙保温材料态势分析

1.总体发展趋势

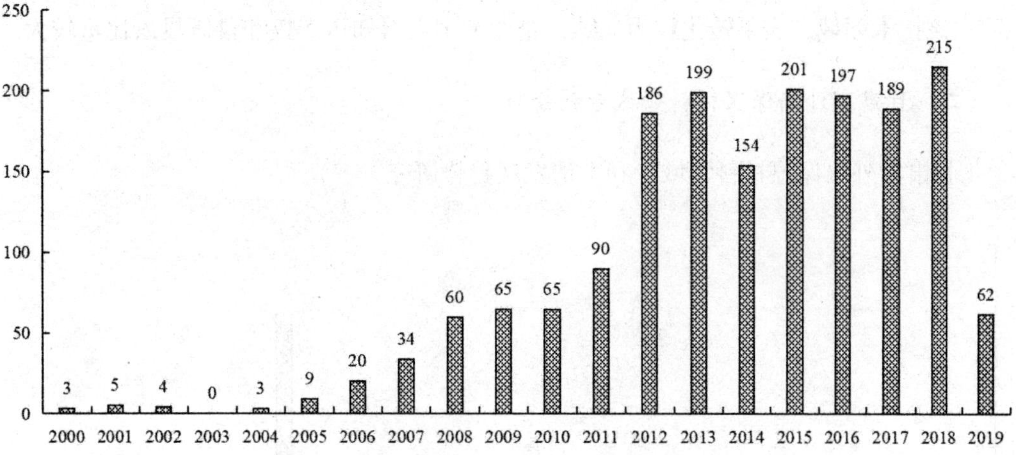

图 1　中国外墙保温材料领域专利公开趋势

年度公开数量（如图 1 所示）考察外墙保温材料的发展现状和规模。专利年度公开数量能大致反映近几年的技术发展状况。可以看出，外墙保温材料真正的发展阶段在 2008 年以后，专利的数量出现了快速的增长。说明由于产业原因，房地产价格在近几年持续走高，价格增长特别快，尤其是高档房产品在价格与结构上与低档产品有较大的差别，刺激了需求，改变了购房模式，因此对房屋质量的需求也在不断地增加。现阶段，在全国宏观调控情况下，房地产业仍将处于上升期，因此推动外墙保温材料也不断增长。

2.企业和研究机构分布

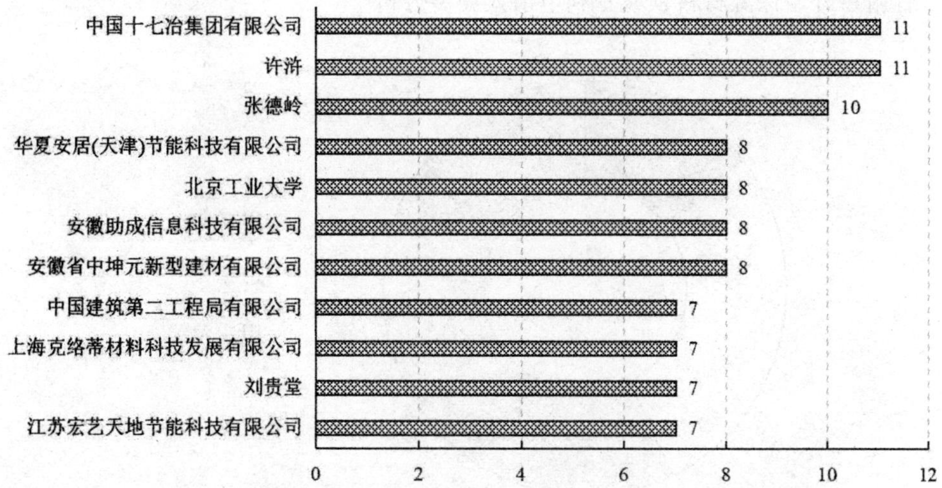

图 2　中国外墙保温材料领域专利申请人排名

根据国内专利主要申请人排名，排名前十的申请人中，11 家公司或个人均为国内申请人。并且这 11 位申请人所占专利数量相差不大。说明在中国外墙保温材料领域无一家独大的现象。

从申请人排名也可以看出，排在前 11 的申请人中，高校和研究院所所占比例很少，说明在该技术领域，成果转化较为成熟，企业和个人对知识产权和科研投入比重较大。

（二）甘肃省外墙保温材料领域专利分布

1.甘肃省外墙保温材料领域专利申请发展趋势研究

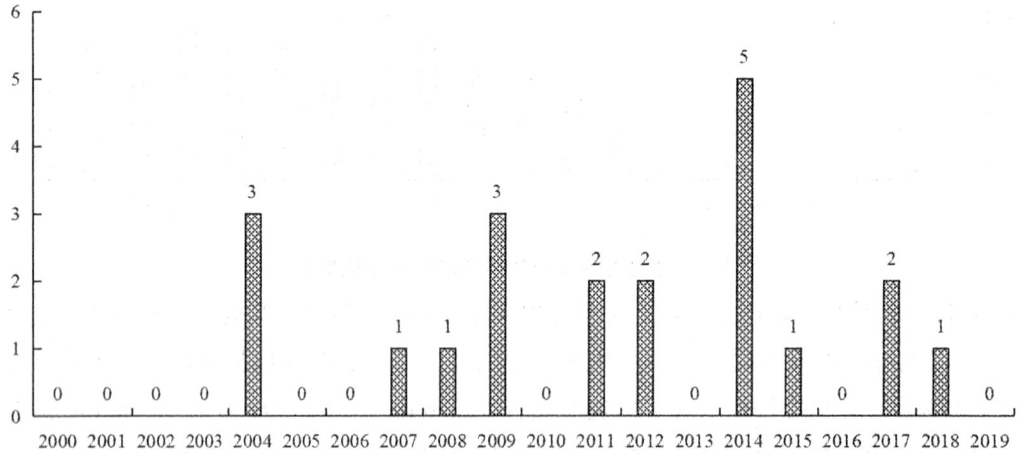

图 3　甘肃省外墙保温材料领域专利公开趋势

甘肃省外墙保温材料领域专利数量的年度分布情况如图 4 所示。从历年申请与公开情况来看，甘肃省外墙保温材料起步相对较晚。从 2004 年至今，专利申请数量开始出现间断性增长。

2.甘肃省外墙保温材料领域专利申请人类型分析

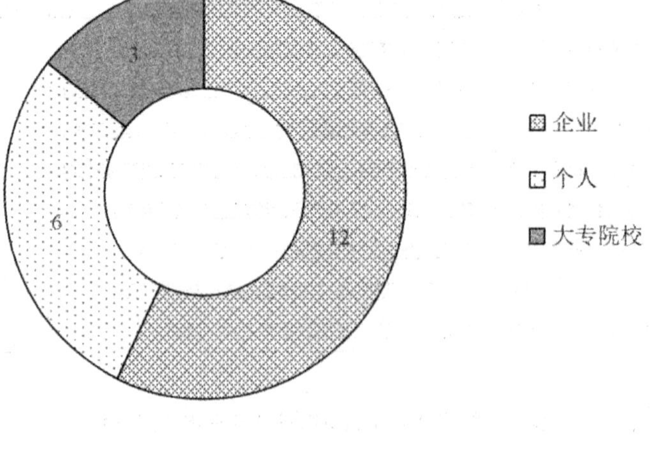

图 4　甘肃省外墙保温材料领域专利申请人类型

从甘肃省申请人类型分布可以看出（如图 5 所示），甘肃省外墙保温材料领域专利申请人的类型主要分为：个人、大专院校、企业。其中个人申请专利 6 件，占甘肃省外墙保温材料领域专利申请数量的28.57%；大专院校申请专利3件，占甘肃省外墙保温材料领域专利申请数量的14.29%；企业申请专利12件，占甘肃省外墙保温材料领域专利申请数量的57.14%。

四、结论

本次外墙保温材料领域专利分析主要从1997年—2017年所有专利数据为主。通过对该领域内专利的公开数量、申请人分布地域、研究机构等方面进行研究。所得结论如下：

（1）我国外墙保温材料发展阶段在2008年以后，专利的数量出现了快速的增长。现阶段，在全国宏观调控情况下，房地产业仍将处于上升期，因此也将推动外墙保温材料研究的不断增长。

（2）甘肃省外墙保温材料起步相对较晚。从2004年至今，专利申请数量开始出现间断性增长。

（3）我省外墙保温材料领域的专利，主要分布在企业和个人。由此可以看出，高校及研究院所在外墙保温材料的研发和利用上关注度较低，这对于产业发展来说是不利的。只有企业与研究机构之间的广泛合作，才能在该领域崭露头角，获得更多的发展机遇。

参考文献：

[1]保继栋,党景丽,张龙.基于科技创新情报平台的生物农药领域专利分析[J].草业科学,2017,34(10):2164-2170.

[2]李海莹.百度公司搜索引擎技术的专利分析[J].中国发明与专利,2019(04):99-106.

[3]曹阳.新能源汽车连接器专利分析[J].机电信息,2019(12):105+107.

（撰稿人：保继栋　张缨　《中国建材科技》2019年3期）

助推农作物基因编辑中心在甘肃落地

一、什么是基因编辑

（一）技术原理

基因编辑又称基因组编辑或基因组工程，是一种新兴的比较精确的能对生物体基因组特定目标基因进行修饰的基因工程技术或过程。因其能够高效地进行定点基因组编辑，因此在基因治疗和遗传改良等方面展示出了巨大的潜力。

（二）与转基因的区别

基因编辑是对生物本身的基因组进行编辑，包括基因敲除、基因插入、基因替换等，就像是对语句的词汇删减、更改次序等。而转基因则是将本身不属于该生物的一段基因转入，相当于对语句的增加。基因编辑不引入外来基因，通过对组成基因的碱基进行微调，加强或减弱原来具有基因的某种功能，对编辑结果具有一定可预见性，相对安全。

（三）农业领域的应用

基因编辑技术被喻为农业领域的“5G”技术，它改变了动植物遗传育种的方式，已成为快速、定向改良动植物产量与品质的重要工具。美国冷泉港实验室和马萨诸塞大学通过对番茄的基因调控，使番茄在枝头挂的时间更长，在寒冷的地方也能更快地成熟。袁隆平团队利用基因编辑修改水稻细胞中调控重金属镉吸收的基因，筛选出了抗镉超级稻。

二、基因编辑进展

（一）技术层面：CRISPR/Cas技术成为主流

基因编辑技术已经从最初依赖细胞自然发生的同源重组，发展到几乎可在任意位点进行的靶向切割，其操作的简易和高效极大地推动着物种遗传改造的发展。近年来CRISPR/Cas介导的植物基因组定点编辑、单碱基替换和同源重组体系的建立和利用，在农作物基因功能研究和精准育种中发挥了重要作用，展现了广阔的发展潜力和应用前景，是当前基因编辑领域主流技术。

国内研究表明，截至2018年，在全球涉农（植物）领域基因编辑技术专利数量排名前十的申请人中，美国申请机构有 7 家，中国有 3 家（中国科学院遗传与发育生物学研究所、中国农业科学院作物科学研究所以及中国农业大学）。作为 CRISPR 编辑技术的开拓者之一，布朗德研究所始终处于世界基因编辑技术领跑地位。经检索 Incopat 中国专利数据库，2015—2019 年中国共申请基因编辑技术相关专利 1006 件，其中涉及农业领域的有 222 件，申请量排名前三的省份为北京、浙江、江苏，申请人排名前三的为浙江大学、先正达集团、中国农业科学院作物科学研究所。甘肃目前还没有基因编辑相关专利。

此外，基因编辑技术，尤其是 CRISPR/Cas9 相关的核心专利，基本都掌握在其他国家手中。随着基因编辑作物走向市场，所产生的巨大利润都会因此而受到重大损失。基因编辑的效率、精准度及脱靶效应等问题也需进一步研究解决，这也是该技术发展的机遇和突破口。

（二）政策层面：各国监管力度大不同

国外关于农作物基因编辑的监管政策法规主要分为三类。一是基于最终结果的管控，如美国、以色列、阿根廷、智利、巴西和哥伦比亚等，认为基因编辑产品如果没有插入外源基因，可以与常规作物品种一样进行监管，不按照转基因生物进行监管。二是基于过程的管控，欧洲法院裁定包括基因编辑在内的基因诱变技术应被视为转基因技术，原则上应接受欧盟转基因相关法律的监管。三是没有明确出台基因编辑产品监管法规，如澳大利亚、印度等。中国对基因编辑等生物医学新技术的临床应用明确要求提交卫生主管部门审查，但对于基因编辑作物的监管标准还没有明确的规定。

（三）应用层面：产业化范围较小

美国因较为宽松的监管制度，已将基因编辑的研发优势转化成产业优势，目前是世界上基因编辑作物品种产业化最领先的国家。2012 年美国政府就批准了首个基因组定向修饰的磷高效玉米，可以作为常规品种进行田间评价。由 Cibus 公司开发的抗磺酰脲除草剂油菜是全球第一个商品化的基因编辑作物，于 2015 年在美国 4000 公顷的土地上进行了商业化种植，目前已经推向市场。英国已经批准以试验方式种植经过基因编辑的亚麻荠用于生产制备受欢迎的 Omega-3 多不饱和脂肪酸，在全欧洲率先播种基因编辑作物。

中国是基因编辑技术专利申请大国，已经开发的基因编辑模式植物品种包括烟草、水稻、玉米、高粱、大豆、西瓜、黄瓜、西红柿、香蕉、杨树等，但尚未有产业化的基因编辑作物品种。在转基因作物方面，目前棉花、玉米和大豆等个别作物已进行了转基因商业化种植。但随着基因编辑技术的不断开发完善，该项技术在动植物基因功能的研发和育种方面将显示出良好的发展前景和应用潜力。

三、落地甘肃的基础与选择

抢占基因编辑这一技术高地将为国家保障粮食安全和生态安全提供重要支撑，也为甘肃省发展地方特色的现代农业提供弯道超车的机遇。引导农作物基因编辑中心落地甘肃对推进全省科研院所、高校、企业科研力量优化配置，推动科研成果转移转化等方面具有重要意义。

（一）国内平台情况

目前国内已有的农作物基因编辑研究平台包括中国科学院遗传与发育研究所植物细胞与染色体工程国家重点实验室、山东舜丰基因编辑产业技术研究院、河南粮食作物基因编辑工程技术中心、江苏天丰种业作物基因编辑实验室、安徽省作物基因编辑研究中心等，组织形式有高校科研平台模式和“科研团队＋公司”模式。

（二）甘肃基础情况

科研机构方面，兰州大学的生物学、生态学、草学、林学等学科实力雄厚，拥有细胞活动与逆境适应教育部重点实验室以及“长江学者”创新团队和教育部国家外国专家局“植物细胞信号转导”创新引智基地，可开展筛选关键基因、基因编辑、遗传转化等研发与创新。甘肃省农业科学院围绕甘肃省特色优势农作物，以农作物种质资源创新与保存利用、农作物新品种选育等为主要研究领域，可开展田间选育、种质精准鉴定、培育新品种、配套栽培技术等研发与创新。作物资源方面，甘肃省在玉米、大豆、马铃薯、中药材等方面种质资源丰富，拥有藜麦、荞麦、黄花菜、青稞等具有地方特色的农作物，运用基因编辑技术可突破提高农作物产量、品质改良及抗病抗逆性选育瓶颈。

（三）依然面临的问题

在农作物基因编辑监管层面，尽管基因编辑技术市场需求旺盛，但受到中国政策法规的限制，目前基因编辑农作物仅仅“活跃”在实验室，产业化进程还未明朗。国内已有科学家呼吁，对农作物基因编辑监管应当有别于转基因作物的管理标准，尽快抓住中国技术优势，适当放开对基因编辑育种新品种的登记制度，加快这些新品种的审（认）定程序并许可规模化推广应用，推进基因编辑作物商业化种植。

（四）组织模式选择

在农作物基因编辑中心组织模式上，国内已具有运营成熟的农作物基因编辑科研团队和公司。一是直接引入，在甘肃进行技术成果转移转化，可缩短应用周期，但在技术方面不掌握自主权，不利于培育甘肃省自主创新能力。二是以甘肃省本土科研机构为主组建农作物基因编辑中心，有利于形成自主研发体系，增强甘肃省在农作物基因编辑领域的研究能力，但需要整合相关工作力量，建设周期较长，投入运行时间较慢。因此，建议采用“外部公司 / 团队 + 本土研究院所”模式，成立联合研究院，设置阶段性时间节点和利益分配，前期进行现有技术成果转移转化和本土科研院所技术合作，后期进行自主研发。

（撰稿人：张雅洁　　《科技决策参考》2020 年第 40 期）

做强藜麦产业　打造甘肃特色

一、甘肃藜麦产业现状

（一）种植情况

目前全国藜麦种植总面积约 30 万亩，主要在山西、陕西、甘肃、青海等地。2020 年甘肃藜麦种植面积为 14.49 万亩，占到全国的一半，亩产值 2000 元左右。甘肃 14 个市（州）的 40 多个县（区）均有藜麦种植，已初步形成三大优势产区：即陇中、陇东干旱半干旱区，河西沿祁连山绿洲灌溉区，天祝、临夏和甘南等高寒阴湿区。

（二）品种选育及推广

甘肃省藜麦选育工作以甘肃省农业科学院畜草与绿色农业研究所为主，自 2011 年引进藜麦以来，已育成陇藜系列藜麦品种 7 个，种质资源达 300 份。其中陇藜 1 号是甘肃省作物品种审定委员会认定的国内首个藜麦品种，其与陇藜 4 号是省内外大面积推广种植的品种。

（三）企业及产品开发

甘肃省从事藜麦开发的企业有甘肃纯洁高原农业科技有限公司等 10 余家，规模较大的专业合作社近 20 个，90%以上藜麦是经初加工后以原粮形式销售。深加工产品包括藜麦饼干、藜麦白酒、藜麦啤酒等速食品和医药保健品等，但目前加工规模较小、数量较少。

（四）创新平台情况

2014 年，中国农科院成立了藜麦联合实验室，制定了国内首个藜麦米国家标准。2018 年，甘肃远达投资集团有限公司与中国农科院共建中藜藜麦联合研究中心，西部藜麦产业技术创新联盟也同时落地。2019 年天祝县与中国农科院合作，创建了“中国藜麦科技示范园区”。

（五）相关专利分析

2015—2019年全国共有 19 个省区共申请藜麦相关专利 1197 件，主要集中在藜麦种植、收割、营养分析及精深加工技术等领域。申请量排名前 3 的省份为山西、青海、山东。甘肃以 94 件申请量排名第 4，排名前三的申请人是定西旺森公司、甘肃农业大学和甘肃省农科院。

二、主要问题

（一）自然灾害频繁，产量不稳定

甘肃省部分产区自然灾害严重，冷害和冻害等极端气候频发，使得藜麦苗期死亡，导致大面积减产甚至绝收。藜麦种植期还易出现掉苗和烧苗现象。在高寒阴湿区，霜霉病和叶斑病发病率高，跳甲类虫害严重，这些都是造成藜麦产量低或不稳定的直接因素。

（二）种植加工技术体系不完善，农业现代化程度低

甘肃省藜麦种植技术尚不完全规范和成熟。高产、高效栽培技术少，田间管理不到位，缺乏成熟配套的机播、机收等农业机械及专业的加工机械，生产成本和损失率相对较高，秸秆综合利用重视不够，产业效益低。

（三）龙头企业带动不足，品牌建设相对滞后

甘肃省从事藜麦产业开发的企业均处于起步阶段，多数以原粮加工和销售为主，精深加工能力十分有限，产业链条短，产品附加值低。缺乏龙头企业带动，加工技术相对落后，导致藜麦原粮不能完全利用，存在积压现象。

（四）市场需求起伏大，长期稳定的销售渠道未建立

甘肃省有关藜麦的科普和宣传匮乏，民众认知度低，相对稳定的市场消费群体尚未真正形成，市场消费量起伏较大。加之藜麦种植分散，组织化程度低，减弱了抵抗市场风险的能力，也影响种植者的生产积极性。

三、甘肃发展藜麦相关产业对策建议

（一）加大科研创新投入，规范藜麦产业化种植

加大对藜麦育种、栽培、保苗、农药研发等标准化种植技术的研发投入，提升藜麦系列产品开发和精深加工能力，大力支持研发平台建设。鼓励在常规育种技术基础上，加大对单倍体育种技术、EMS诱变技术、高通量测序和基因编辑技术等分子育种技术的应用，完善良种繁育体系，建设良种繁育基地。

（二）加强龙头企业培养，做响做优“甘味”品牌

加强对藜麦龙头企业在土地、税收、用电等方面的政策扶持，在土地流转、加工设备购置、厂房建设、种子地膜和肥料补贴等方面给予资金支持。推动建立稳定的生产基地和批发基地，延长产业链，将龙头企业做大做强。加快组织企业、合作社、家庭农场开展绿色食品和有机农产品的认证，逐步打造培育陇原藜麦“甘味”品牌。

（三）完善种子经营许可，列入农业保险补贴范畴

建议相关部门尽快增设藜麦种子经营许可证办理条例，完善种子经营许可程序，从源头上把关种子质量和纯度，充分保证优质藜麦籽粒的供应。建议增设藜麦相关农业保险，重点将边远贫困区藜麦种植列入地方农业补贴范畴，降低农民种植成本，增加农民收入。

（四）提高民众认知度，组织产销对接

加大藜麦宣传力度，积极组织举办各种类型的博览会、交易会、产销推介会等。鼓励企业通过自营自销、微信代理等方式拓宽销售渠道，逐步打开产品销售市场，为藜麦走出甘肃，走向全国营造良好的营销环境。

（撰稿人：牛瑞雪　　《科技决策参考》2020 年第 41 期）

人工智能，当前科技创新的主战场

一、政策措施推动人工智能产业发展

（一）产业政策体系不断完善，形成良好的央地联动效应

2015年以来，国家相继出台《“互联网+”人工智能三年行动实施方案》《智能硬件行业创新发展行动（2015—2018）》等政策文件支持人工智能的发展。2017年7月，国务院印发《新一代人工智能发展规划》，确立新一代人工智能发展三步走战略目标。2017年12月，工信部印发《促进新一代人工智能产业发展三年行动计划（2018—2020年）》，提出实施培育智能产品、突破核心基础、深化发展智能制造、构建支撑体系四项任务。2018年4月，教育部印发《高等学校人工智能创新行动计划》，提出进一步优化高校人工智能领域科技创新体系，把高校建成全球人工智能科技创新的重要策源地。2018年11月，工信部印发《新一代人工智能产业创新重点任务揭榜工作方案》，提出重点突破一批技术先进、性能优秀、应用效果好的人工智能标志性产品、平台和服务，为产业界创新发展树立标杆和方向，培育中国人工智能产业创新发展的主力军。随着中央层面产业政策的不断出炉，各地对人工智能产业的发展也日益重视，北京、上海、浙江、广东等20多个省市相继出台了促进人工智能产业发展的政策和措施，形成了央地联动的人工智能产业政策体系。

（二）科技计划导向力度加大

为响应国家科技发展战略，国家自然科学基金委在2018年增设了“人工智能”和“交叉学科中的信息科学”两个领域，强调围绕人工智能领域的核心科学问题与关键技术进行原创性、基础性、前瞻性和交叉性研究，支持人工智能领域的科研人员与其他自然科学、人文社会科学等领域的研究人员密切合作，共同探索学科交叉领域中的新概念、新理论、新方法和新技术。为落实《新一代人工智能发展规划》的总体部署，2018年10月，科技部发布《科技创新2030—“新一代人工智能”重大项目2018年度项目申报指南》，重点围绕新一代人工智能基础理论、面向重大需求的核心关键技术、智能芯片与系统三个方向展开部署。

二、主要省市人工智能发展态势

北京。拥有中关村门头沟人工智能科技园、北京经济技术开发区亦创智能机器人创

新园等人工智能重点园区。通过聚集龙头企业、顶尖人才、资本等要素，在核心算法、理论以及无人驾驶等方面快速发力，各项产业要素均领跑全国。2019 年 2 月，中国首个国家新一代人工智能创新发展试验区—北京国家新一代人工智能创新发展试验区正式成立，标志着北京在人工智能产业发展上又迈出了新的步伐。

上海。拥有“张江—临港”人工智能创新承载区、“徐汇滨江—漕河泾—闵行紫竹”人工智能创新带、华泾北杨人工智能特色小镇、国家火炬上海松江洞泾人工智能特色产业基地。通过发挥科研人才优势，重点推进脑科学、机器学习等关键技术的研发，并利用智能制造、交通物流等广泛应用场景，实现技术和应用示范双重突破。

浙江。杭州市依托阿里巴巴、海康威视等企业的产业优势，以“城市大脑”应用为突破口，通过人工智能产业园和人工智能小镇构建产业生态。宁波市重点建设宁波高新区智能硬件园区、余姚智能新业港、宁海智能汽车小镇、北仑智能芯片基地、郭州智能家电基地等产业平台，加快形成以人工智能高端制造为核心的产业体系。

广东。首批广东省新一代人工智能开放创新平台涉及智慧医疗、智能无人系统、智能制造以及智能家居等多个领域，人工智能创新发展重大工程重点打造深圳湾“人工智能产业链专业园区”，广州市建设南沙人工智能产业园区、南沙国际人工智能产业高级研究院、荔湾区人工智能研发和孵化服务生态圈，已基本形成以产业应用为引导、以技术攻关为核心、以基础软硬件为支撑的较为完整的人工智能产业链条。

三、甘肃人工智能产业发展路径

（一）加强新一代人工智能基础理论研究和学科建设

依托兰州大学、兰州理工大学、兰州交通大学等高校的理学和工学优势，重点围绕芯片、传感器、大数据、云计算、生物识别等方面加强前沿基础理论研究，突破人工智能芯片及传感器关键技术研发，开发人工智能操作系统和基础软件等。以教育部首批批准建设人工智能专业院校之一的兰州工业学院为代表，在省属高校试点设置人工智能专业，构建人工智能研发基础支撑。

（二）搭建人工智能产业创新平台

积极推进有条件的高校、科研机构布局建设一批人工智能创新载体，大力支持兰州工业学院“AI+ 智慧学习”人工智能学院建设。加强产学研合作，推动兰州理工大学—卡尔斯通科技有限公司“AI 联合实验室”为代表的校企创新平台建设。鼓励引进阿里巴巴、京东等国内人工智能企业及中国科学院大学、上海交大、南京大学、清华大学等人工智能研究院或学院在甘肃设立研发中心和基础研究院。

（三）推进人工智能与产业深度融合应用

引导企业、高校、科研院所以市场需求为引领，培育人工智能创新产品和服务。推进智能制造关键技术装备、核心支撑软件、工业互联网等系统集成应用。加强人工智能领域军民融合，以长风、虹光、万里、兰飞等企业为依托，强化军工电子、航天航空等领域人工智能技术创新，推动华天电子人工智能芯片封装技术研发及产业化，促进智能技术军民双向转化。鼓励开发各类便民应用及民生公共服务平台，优化公共资源配置，提升民生服务能力。

（四）建立针对人工智能的项目和资金支持体系

增加和提高对人工智能和相关跨学科探索性研究项目的设置和支持力度，前瞻布局新一代人工智能科技计划项目。将人工智能核心技术攻关和融合应用作为省级重点研发计划的重点领域。设立人工智能产业发展与应用专项资金或专项基金，重点支持人工智能基础理论及关键核心技术研发与产业化。利用天使投资、风险投资、创业投资基金及资本市场融资等多种渠道，引导社会资本支持人工智能发展。

（撰稿人：王星星　　《科技决策参考》2019 年第 10 期）

区块链重在赋能实体经济

2019 年 3 月 30 日，国家互联网信息办公室发布了第一批境内区块链信息服务备案编号，全国 18 个省（区、市）的 197 个区块链信息服务在列，包含腾讯、阿里巴巴、百度、京东、中国平安、浙商银行、海尔集团等互联网巨头及金融公司旗下的区块链信息服务项目，甘肃省暂无企业入围。

区块链是一种互联网数据库技术，是分布式数据存储、点对点传输、共识机制、加密算法等计算机技术的新型应用模式，其特点是去中心化、公开透明，让每个人均可参与数据库记录。区块链具有多方共识，交易溯源，不可篡改等特点，在确保信息可信、安全、可追溯等方面具有不可比拟的优势。区块链最核心的特性是建立了全新的信任方式，改变了传统的信用机制，使信任可以被量化。区块链技术被认为是继蒸汽机、电力、互联网之后，下一代颠覆性的核心技术，也是目前发展最快的技术领域之一。

一、区块链改革

2018 年 8 月 5 日，区块链改革全国行动委员会正式成立，从重点试验区、重点实验室以及发展基金会着手，助力区块链赋能实体经济。随后，区块链改革全国行动委员会发布《区块链改革全国行动委员会 2018 年—2020 年行动计划》，提出区块链改革的目标是：赋能实体经济转型升级；链接价值，动能转换；产融共识，建设生态；自我革新，共筑区块链发展基石，共建区块链命运共同体。

赋能实体经济转型升级：推动实体经济转型升级，加快区块链应用实体经济，弱化区块链在虚拟金融的投入，使区块链脱虚向实、赋能实体。

动能转换，链接价值：结合区块链技术落实传统动能向新动能转换，解决企业发展过程中信息不对称、融资贵融资难等问题。

产融共识，建设生态：在区块链的支撑和推动下，产业融合发展，实现信息互联网、价值互联网和秩序互联网生态共荣。

互联互通，命运共体：通过代码把加密程序绑定写入代码底层，构建无需第三方信任的去中心化系统，通过区块链技术进行记录，来极大简化实现区块链命运共体。

二、中国区块链发展

2018 年底，赛迪（青岛）区块链研究院发布了《中国城市区块链发展水平评估报告（2018 年）》，报告构建了包括政策环境、科研实力、产业基础、资本支持等 4 项一级指标的评估指标体系，对中国 45 座重点城市（包括 4 个直辖市、15 个副省级城市、16 个省会城市、9 个重要经济城市、1 个国家级新区）的区块链发展水平进行了评估。

总体指数方面，北京凭借雄厚的科研实力和强大的产业基础以 107.92 分稳居榜首，杭州紧随其后，上海和深圳分列第 3 名、第 4 名。值得注意的是，贵阳凭借近 3 年在区块链政策领域的多项重大举措，推动区块链产业发展取得一些成果，代表中西部地区获得总分的第 5 名。兰州以 49.34 的综合得分排在第 41 位。

单项指数方面，政策环境指数排名前 5 位的城市分别是贵阳、长沙、上海、佛山、广州，这些城市均出台了关于区块链的专项指导意见、专项扶持政策和相关举措；科研实力指数排名前 5 位的城市是北京、上海、杭州、贵阳、成都，北京凭借丰富的教育资源和强大科研基础雄踞科研实力指数榜首，上海凭借科研实力和高校资源优势紧随其后，杭州、贵阳、成都等均在积极加速区块链核心技术突破和场景应用落地；产业基础指数排名前 5 位的城市是深圳、北京、杭州、上海、广州，这些城市汇聚了国内互联网巨头和大量优秀的科技初创企业；资本支持指数排名前 5 位的城市是杭州、上海、深圳、北京、广州。

评估结果显示，被评估城市区块链发展具有明显的“阶梯化”特征，排名在前 25 位的城市可以划分为三个梯队：第一梯队由北京、杭州、上海、深圳、贵阳、广州 6 座城市构成，处于领先地位；第二梯队由长沙、青岛、重庆、佛山、南京、苏州、成都 7 座城市组成，整体特点为政策环境得分非常突出；第三梯队由武汉、西安、宁波、无锡、珠海、厦门、海口等 12 座城市组成，梯队内部城市之间差距不大，单项优势不明显。

三、甘肃如何“发力”

2018 年 2 月，甘肃省政府办公厅印发《关于积极推进供应链创新与应用的实施意见》，提出推进研究利用区块链、人工智能等新兴技术，建立基于供应链的信用评价机制。2018 年 5 月，省人民政府办公厅印发《甘肃省“十三五”高等学校设置规划》，提出依托兰州理工大学技术工程学院，整合兰州交通大学、兰州理工大学、西北师范大学、兰州文理学院等院校，设置甘肃信息科技学院，发展数据信息产业，推进“区块链+”创新。为进一步推进区块链技术的应用落地，使区块链赋能甘肃省实体经济，甘肃还应在以下几方面发力：

（一）强化区块链顶层设计

从产业高度定位区块链技术，围绕特定领域的区块链产业进行探索，在基础技术、应用技术、数字货币、信息咨询、“区块链 +”等方面构建产业架构。

（二）设立区块链产业园

瞄准区块链前沿技术攻关，实施一批重大科技专项及项目，培育发展一批区块链龙头企业，促进区块链产业发展，使甘肃成为区块链创新高地。

（三）打造区块链新型应用模式

加快推进区块链技术在金融、装备制造、医疗、教育、贸易等领域的应用，探索信用评价等新的应用场景，使甘肃成为区块链应用高地。

（四）集聚区块链人才

区块链的人才短缺不仅仅体现在技术岗位，运营和管理等方面也存在大量缺口，要把区块链人才作为人才新政的重点，使甘肃成为区块链人才高地。

（五）完善区块链发展生态

从应用场景创新、企业引进、产业支持、平台建设、人才引进等方面对区块链产业进行扶持，加强制度供给和市场监管，努力打造最佳营商环境，使甘肃成为区块链政策高地。

（撰稿人：李建伟　　《科技决策参考》2019 年第 15 期）

发现根技术　培育根产业

一、概念引入

进入经济全球化以后，有经济学家把世界经济划分为头部经济、躯干经济和肢体经济。头部经济主要指掌握自主知识产权和关键核心技术，处于价值链高端；躯干经济主要是指制造环节，处于价值链的中低端；肢体经济主要指资源、环境消耗占主体地位，处于价值链的低端。当前国际竞争突出表现为全球价值链竞争，争夺其中的主导地位和高附加值环节。创新发展，关键是推动产业迈上全球价值链中高端，突破口在于围绕产业链部署创新链，把科技创新真正落到产业发展上。全球产业链服从“头部—躯干—肢体”的分工，在产业链上部署创新链，关键是在产业链头部环节上布局根技术。

所谓根技术，科技日报社副社长房汉廷认为，是指支撑一个技术群或多个技术群的共同技术。技术的创新会带来产业的变革，当传统产业被新技术赋能，兴起了新的“根技术”，就会被成功改造。“根产业”则是指依据根技术建立的产业，处于产业链分工的“头部”，它能主导产业高速增长，诱发新的经济活动或派生出新的产业部门，并影响当地的经济社会发展。一个经济体能力的强弱，不在于体量大小，关键在于是否掌握更多的根技术和根产业。

二、“根产业”在哪里

按照根技术与根产业的定义，当下以及未来相当长时间内的根产业，包括物联网、5G 网络、人工智能、聚变能源、3D 打印、基因编辑、飞秒激光、量子计算、生物工程等九个方面。

5G 作为蜂窝移动通信网络中高速的代表，可有效满足无人驾驶、移动医疗、工业互联网等高要求的物联网需求，对物联网发展至关重要。同时，5G 网络及其产生的海量数据是人工智能的基础支撑，而 5G 也迫切需要人工智能。在 5G 时代，无论是“人的连接”，还是“万物互联”，都将自下而上地产生海量数据。人工智能通过收集海量数据，从数据中自动识别、学习模式和规则，并代替人工来预测趋势、执行策略。人工智能牵引着大数据、云计算、互联网、物联网等走向深度融合，推动自动驾驶、语音识别、人脸识别、无人机等快速发展。而随着 5G 技术、大数据、云计算、人工智能的发展，可穿戴设备、智能家电、自动驾驶汽车、智能机器人等数以百亿计的新设备将接入网络，“万物互联”的物联网时代加速来临。

3D 打印通过材料累加的制造方法，从无到有，使得过去受到传统制造方式约束而无法实现的复杂结构件制造变为可能。目前全球已经发展至金属 3D 打印、高分子 3D 打印、陶瓷 3D 打印以及生物 3D 打印技术，在航空航天、模具铸造、生物医疗、汽车领域的市场应用已经取得积极进展。3D 打印技术衍生的设计、软件、材料、数字制造等新的产业链，正在逐步优化传统制造，构建全新的制造生态。激光制造是“中国制造 2025”发展战略的支撑技术，飞秒激光作为超短脉冲激光的典型代表，具有超短脉宽、超高峰值功率的特点，是决定未来精密微细制造的关键，非常适合于高硬度、高强度、高脆性的材料精密加工。这对航空发动机、半导体芯片制造、工业精密加工、军事致盲白激光、科学研究等重要领域均有重大应用价值。

量子计算作为一种遵循量子力学规律调控量子信息单元进行计算的新型计算模式，具有高速运算能力，一旦与人工智能、生物技术、边缘计算等交叉融合，将推动社会向量子时代过渡，形成新的科学范式，加速科技创新进程。如在新材料领域，可利用量子计算设计新分子结构，进行量子模拟，根据需求创造新材料，还可以更进一步推动纳米技术和生物技术、新材料和轻量级建筑技术实现突破。

三、甘肃如何“寻根育根”

（一）完善创新机制，培育创新生态

调整创新战略思路，逐渐从以渐进性创新为基础的二次创新向以根本性创新为基础的自主创新转变，促进其链式反应形成新产业链条。调整创新发展模式，由以区域集中规划向以产业链集中规划的创新模式转化，以产业技术链升级为导向，重视上下游产业间技术耦合关系，突破“头部”技术，实现产业整体技术升级。调整创新政策制定思路，从以支持区域发展为导向转变为以支持产业发展为导向，聚焦产业链的前端，积极构建沿产业链的创新政策支持系统，包括财政政策、金融政策、产业政策和科技政策等。

（二）发现根技术，培育根产业

发挥甘肃省在数控机床、传感器、控制元件等基础制造和数学、力学、物理学等基础研究领域特色，开展引领人工智能算法、模型发展的数学基础理论研究，推进智能制造关键技术装备、核心支撑软件的研发应用。依托兰州、天水、白银、酒泉等军民融合创新示范区，强化军工电子、航天航空等领域人工智能技术创新；同时发挥无人机产业体系化配套建设发展优势，借助 5G 技术发展无人机，为祁连山无人机增雨（雪）项目提供技术支持。依托我省在核技术研究领域取得的重大原创成果和甘肃酒泉核技术产业园，积极培育高温气冷堆和低温核供热堆新型核能技术与装备等新兴产业。抓住兰州市进入国家首批 5G 试点城市的机遇，依托兰州新区作为甘肃新能源汽车研发、制造和应用基地，推动兰州新区车企完成智能网联化转型，培育智能化汽车产业。

（三）搜寻技术轨道，实施“换道超车”

积极开展甘肃省创新驱动发展前瞻性战略研究，采用战略工具，选准研发攻关方向，实现动态优化布局。应用引领性技术预见明确未来发展方向、愿景型科技规划展开项目布局、战略性技术路线图搜寻攻关路径、产业竞争地图打造自主产业生态系统、第三方前中后科学计量评估构建及时动态的反馈机制。通过开展引发产业变革的高精尖缺技术的研判工作，加大对产业发展有强关联和紧融合的技术跟踪研究力度，推动有潜力的根技术发展，实现我省在高新特产业领域的“换道超车”。

（撰稿人：王星星　　《科技决策参考》2019 年第 22 期）

安全：区块链的核心

一、何为区块链

区块链在本质上，既不是一个网络中报道的账本，也不是一个只用来保存信息的数据库，而是一种对现有数据信息进行加密保护的模式，是一种重塑生产关系的范式。对“区块链”的理解，需要将“区块”和“链”分开来看。区块，就是一个一个的数据信息，每一个数据信息中均包含着一组特定信息，即前一个数据信息的“指纹”、本数据信息的“指纹”和具体信息内容。区块的不可篡改性主要是由“指纹”来决定，每一个区块都有一个属于自己的唯一“指纹”，并且每一个“指纹”都只对应一个区块。一旦区块内容发生变化，该区块所属的“指纹”就会发生改变。每一个区块的“指纹”都被后一个区块所包含，区块之间的这种相互包含关系就构成了区块链。

二、区块链的核心

安全是区块链的核心问题。区块链的安全体现在算法安全、协议安全和系统安全等方面。

算法安全：加密是区块链的基础技术，通过对信息加密得出唯一“指纹”，同时保证“指纹”的不可破解，是区块链信息不可篡改的一个保证和关键问题。

协议安全：区块链采用基于协商一致的协议，使得整个系统中的所有节点能够安全地交换数据，没有任何人为的干预，使对人的信任演变为对机器的信任。

系统安全：区块链采用多个数据中心，把数据存储到全球上千万个节点上，除非能够同时控制住系统中超过 51%的节点，否则单个节点上对数据库的修改是无效的，因此区块链系统的数据稳定性和安全可靠性极高。

三、区块链对行政管理的影响

区块链将深刻改变社会的激励模式和治理机制，引起管理要素的重新匹配和组合。区块链主要解决博弈问题和契约问题，为政府管理扁平化提供支持，从而优化政府职能，进而从根本上带来管理模式的新一轮变革。在美国佐治亚州，区块链网络被用于减少财产注册费，保证土地所有权安全地交易；在迪拜，政府通过与 IBM、ConsenSys 合作，利用区块链加速政务效率、创造新产业；在爱沙尼亚，“数字国家”计划通过区块链进行数字公民治理，建立全球首个没有物理边界、完全基于数字空间及共识的数字国家。

区块链可以使统一的公民信息认证系统得到实现，有效的减少社会资源的浪费，而且最大限度地可以保证信息的真实性；可以让政务工作更加的透明，使得政策的实施不会受到外力的干扰，而政策的可追溯性则会让决策的参与者更加的慎重；可以确保每一笔账目都不可篡改，且源头可以追溯，彻底杜绝偷税漏税行为；可以使车辆交易、房产交易等实现足不出户，交易双方不必去政府交易大厅排队，只需通过信息认证的区块链系统即可完成自动交易。

四、区块链落地需要突破的方向

区块链具有“诚实”与“透明”的本质特征，能够解决信息不对称问题，具有很好的发展前景和潜力，但还存在很多障碍使得商业应用仍然有限。

（一）效率

普遍认为，在区块链创造的信用基础上，能够保证所有信息的实时共享，区块链成员之间通过点对点的直接交易，省掉中心化组织的环节，可以提高协同效率，降低沟通成本。然而，现有的区块链网络已经拥堵不堪，与每秒处理数万笔交易的传统交易处理系统相比，区块链每秒只能处理很少的交易，直接应用区块链技术反而会拖慢现有系统的效率。

（二）融合

区块链现在分为公开链、半公开链和私有链等不同形式的链，其中公开链为大众服务，半公开链局限于一定的共享范围，私有链仅服务于某一个机构。区块链的大规模应用，关键是不同区块链系统数据和用户的打通，以及不同区块链系统之间的协同融合。当不同机构之间业务发生交互时，链与链之间怎么交互，是目前需要解决的一个难题。若不同区块链之间无法联通，就无法共享使用客户、资产、数据等基础资源。

（三）隐私

区块链中的每一个参与者都能够获得完整的数据备份，这是区块链的优势。然而，对区块链应用方来说，这却是缺点。不仅用户希望保护自己的账户隐私和交易信息，企业也不想把涉及商业机密的信息公开分享。完全的匿名性又会带来大量的监管问题，一旦不法分子利用区块链进行违法行为，会给追踪与监管带来极大的挑战，造成一系列社会问题。

区块链是神奇的，却不是万能的。目前区块链仍处于初期发展阶段，还有许多方面亟待突破，区块链的深入应用仍需漫长的整合和发展过程。

（撰稿人：李建伟　　《科技决策参考》2019 年第 42 期）

发力新基建 激活新动能

一、如何理解“新基建”

（一）新基建建设内容

2020年4月20日，国家发改委首次明确“新基建”的范围，其包含三大建设内容。一是，信息基础设施，主要是指基于新一代信息技术演化生成的基础设施，包括以5G、物联网、工业互联网、卫星互联网为代表的通信网络基础设施，以人工智能、云计算、区块链等为代表的新技术基础设施，以数据中心、智能计算中心为代表的算力基础设施等。二是，融合基础设施，主要指深度应用互联网、大数据、人工智能等技术，支撑传统基础设施转型升级，进而形成的融合基础设施，如智能交通基础设施、智慧能源基础设施等。三是，创新基础设施，主要指支撑科学研究、技术开发、产品研制的具有公益属性的基础设施，如重大科技基础设施、科教基础设施、产业技术创新基础设施等。

（二）与传统基建的区别与关系

与铁路、公路、桥梁、水利工程等传统基建相比，新基建的“新”来源于技术创新，以能源、生命、地球系统与环境、材料、粒子物理和核物理、空间和天文、工程技术等7个学科领域为支撑，以新一代信息技术为依据，为发展数字经济、战略性新兴产业、现代服务业提供需求载体。其次，新基建的“新”在于新的应用领域，并由此催生出一系列新业态，如工业互联网、车联网、远程医疗、智慧医疗、智慧教育、智慧城市等。新基建和传统基建之间相互补充、互为条件和支撑。传统基建需要新基建带来的新技术进行数字转型和智能升级，新基建则需要传统基建的搭载和参与，提供技术应用领域。有专家指出，未来新基建与传统基建必然会深度融合，界限逐渐模糊，共同服务于经济的长远健康发展。

二、兄弟省市“新基建”建设特点

目前，新基建在全国范围内正在从部署层面向落地阶段推进。上海、广州、重庆、山东、云南、江苏、吉林等地陆续出台了新基建的落地举措，一些重大项目也相继开工。

（一）建设领域同中有异

从新基建建设范围来看，各地在5G、人工智能领域有所重叠，同时也选择了具有地方特色的建设重点。上海以新网络、新设施、新平台、新终端为切入点。广州以充电桩建设为重点领域，提出加快推进“互联网＋充电基础设施”建设。云南以“云”为主要抓手，提出深入实施“云上云”计划，推进“上云用数赋智”行动。

（二）撬动更多社会资本

上海将支持政策性银行、开发性金融机构以及商业银行建立总规模1000亿元以上的“新基建”信贷优惠专项，通过财政资金贴息等各种方式使得社会资本、社会建设主体能够获得低成本的长期融资，从而鼓励和引导更多社会资本投入到新基建领域。广州采取与龙头企业合作的投资模式，目前与华为、百度、京东等全国300多家企业进行了签约合作，总投资规模近1800亿。华为生态创新中心、百度阿波罗自动驾驶基地、京东供应链科技总部等项目，正成为广州新基建项目的重中之重。

三、甘肃如何抓住“新基建”机遇

（一）“新基建”建设现状

甘肃省围绕制造业和经济高质量发展，谋划部署新基建项目。在5G基础设施建设方面，加强省属企业与三大通信运营商的合作，在全省工业企业全面铺开5G基站建设。在人工智能方面，甘肃电气装备集团、长风电子等将开展林业调查机器人、无人机蜂群、无人艇用雷达等产品研发。在工业互联网方面，金川集团在镍冶炼闪速炉生产区试点工业互联网平台，兰石集团加紧建设“兰石云”工业互联网平台。在新基建用地方面，甘肃省自然资源厅印发相关文件，全力做好新基建项目用地保障工作。

（二）政策建议

结合“一带一路”、黄河流域生态保护和高质量发展、兰西城市群建设等国家重大战略，推进甘肃新基建发展。一是探索新基建制度创新，加强资金、人才、技术等方面的支持力度，同时构建科学规范的数字安全制度体系，推动公共数据逐步开放和数字经济标准化建设，注重对关键新型基础设施安全保护。二是提高公共服务支撑能力，为企业发展合规、合法、合理的新业态及数字化改造提供资金补贴、技术支撑与政策扶持。做好新基建发展方向的重点规划，合理布局、引导新基建领域建设。三是形成多元化投融资体系，加强顶层设计，放宽市场准入，鼓励和引导社会资本积极参与新基建领域的投资建设，在低息融资、专项贷等方面给予支持。四是因地制宜，以融合基础设施为主，补齐甘肃省传统基建领域短板，升级农村基础设施、公共服务设施、医疗卫生设施等，将工业互联网、信息网络建设与传统制造业、服务业相结合。五是积极布局新基建研发平台，支持高校、科研院所、大型企业在云计算、大数据、人工智能等领域共建高水平联合实验室、技术创新中心。

（撰稿人：张雅洁　　《科技决策参考》2020年第18期）

氢能“热”的“冷”思考

一、氢能产业概况

氢能作为一种来源广泛、清洁无碳、灵活高效、应用场景丰富的二次能源，其发展潜力获得全球广泛关注。目前，欧美日韩等地区和国家积极制定支持氢能投资政策，致力于构建氢能产业体系，从而实现清洁能源转型。我国已在多个国家规划中明确提出将“氢能与燃料电池”作为战略重点。2019 年和 2020 年，氢能均被写入《政府工作报告》，推动了燃料电池等技术的迅速发展，已有多个地区出台了相关的氢能规划，在京津冀、长三角、珠三角、华北、西北、西南、东北等地区形成了氢能产业集群。

二、氢能产业在甘肃的发展

甘肃能源优势明显，发展氢能产业对于构建清洁、低碳、安全、高效能源体系，促进消纳新能源等具有重要意义。

（一）氢能制造

中国科学院研究团队主导的国内首个太阳能燃料生产示范工程落地兰州新区精细化工园区，重点研究高效电解水制氢技术，将有效提高光伏电能利用率。甘肃裕隆氢能科技有限公司以制氢为基础，推动新能源汽车、移动加氢站应用为主的氢能综合利用。氢能应用方面，裕隆氢能提出富氢水、氢能锅炉、氢能灶、热电联供等贴近甘肃特点、更具可行性的发展方向，并于 2020 年与酒泉市签订合作协议，将开工建设甘肃省首个可再生能源制氢及氢能产业应用示范项目，因地制宜，综合利用风电资源发展氢能产业。

（二）氢能冶金

氢冶金技术是低能耗、低污染、低排放的全新前沿技术，符合国家氢能源发展战略和节能、环保、绿色产业政策。环保压力的日渐加大，氢能冶金成为钢铁企业发展新潮流，酒钢集团公司氢冶金研究院就是基于研究团队“煤基氢冶金及干磨干选”技术而成立。氢能与钢铁产业合作将实现双赢，氢能可帮助钢铁企业节能减排、延伸业务、完成转型，钢铁企业为氢能提供更多的落地应用、促进发展，是一个互相促进的产业组合。

三、氢能产业面临的挑战

氢能作为未来最具发展潜力的清洁能源，在发展过程中尚存在诸多技术瓶颈与现实挑战，在“氢能热”中更需客观理性的“冷思考”。

（一）顶层设计仍需细化

目前国家对氢能产业发展高度重视，相继出台补贴支持政策来完善基础设施、降低企业生产成本，但造成一些相关企业过度依赖政府补贴，致使氢能产业成为市场导入期的政策驱动产业，而非市场驱动型产业。应进一步完善氢能产业发展顶层设计，出台系统性规划，统筹协调氢能与其他能源协同发展，布局氢能产业链，鼓励市场主体积极投资和参与氢能产业，实现政策支持—规模扩大—成本降低—投资聚集的良性循环。

（二）核心技术有待突破

氢能产业链涵盖制氢、储运、加注、应用等4个环节，经过多年科技攻关，中国已掌握部分制氢、氢能基础设施建设和一批燃料电池相关核心技术，但在制氢、储运、加氢基础设施等方面仍需优化，如高效绿色的制氢方式、低成本安全的运氢方式、加氢站的布局等，这些导致氢能产业发展存在开发成本高、市场竞争力不足的问题。氢能产业属于技术驱动型产业，它的发展离不开全产业链技术创新和突破，需要有效整合社会资源，依托大型能源企业成立联合研发和推广应用平台，同时也为新技术新产品的推广应用提供成熟的产业依托和试用平台，健全产业标准体系，突破薄弱环节。

（三）应用场景还需拓展

氢能在工业、交通、建筑、能源等领域应用场景广阔，可以直接为炼化、钢铁、冶金等行业提供高效原料、还原剂和高品质热源。其次是应用于分布式发电，为家庭住宅、商业建筑等供电供暖。还可以通过燃料电池技术应用于汽车、轨道交通、船舶等领域。但我国氢能发展焦点多集中在交通领域，工业、建筑和能源领域的应用还未取得突破性进展，多数企业主要分布在燃料电池零部件及应用环节，局限于“一窝蜂”式造车。因此，在聚焦于交通领域的同时，政府和企业还需要不断拓宽视野，更全面地挖掘氢能的价值和潜力。

（四）实体发展有待加强

当前政府促进氢能产业利好政策接连出台，引起氢能及燃料电池产业投资项目暴增，成为资本市场炒作热点。但事实上氢能实体发展薄弱，不如资本市场强劲，企业对政府补贴依赖性强，行业内观望情绪较浓重。可见氢能产业在商业化、规模化、国产化的过程中仍面临许多障碍，市场普及较慢，还需加大力度搭建“产学研用”合作平台，促进氢能产业核心技术的研发与应用，提升企业竞争力。

（撰稿人：李滋婷　　《科技决策参考》2020 年第 26 期）

量子科技引领全球变革

一、量子的概念与特征

一个事物如果存在最小的不可分割的基本单位，我们就说它是量子化的，并把这个最小单位称为量子。如电子是阴极射线的量子、光子是光的量子。量子是微观世界中所有不可分割的微观粒子统称。量子科技并不是一个新生的学科领域。1900 年左右，德国物理学家普朗克就提出了量子假设。随后，经过波尔、爱因斯坦、薛定鄂、海森堡等科学家的共同努力，量子力学理论得到初步建立。量子力学为从微观层面理解宏观现象提供了理论基础，与相对论一起被认为是现代物理学的两大基本支柱。

量子作为一种微观粒子，除具有测不准、不可克隆、不可区分等三大基本特性外，还包括以下基本特性：

叠加性。即量子状态可以叠加，因此量子信息也是可以叠加的，这是量子计算可以实现并行性的重要基础。

纠缠性。即两个及以上的量子在特定的（温度、磁场）环境下可以处于较稳定的量子纠缠状态，此时，具有纠缠态的粒子无论相距多远，只要一个发生变化，另外一个也会瞬间发生变化。

相干性。量子力学中微观粒子间的相互叠加作用能产生类似经典力学中光的干涉现象。

二、量子科技发展形势

在基于量子力学的第一次量子革命中，人类开始认识和掌握微观物质世界的规律并加以应用，诞生了激光、半导体、电脑、手机等经典器件。进入 21 世纪，以量子信息技术为代表的第二次量子革命，在信息处理速度、信息容量、信息安全性、信息检测精度等方面将突破现有信息技术的物理极限，给人类社会带来翻天覆地的变化。

当前，量子科技主要应用于量子计算、量子通信和量子测量三大领域。量子计算能够让运算能力指数级增长，能够在几秒钟内完成最大、最先进的超级计算机需要几千年才能完成的计算量，是未来计算技术的“心脏”。量子通信解决了人类保密通信的巨大难题，理论上可做到绝对保密，被称作信息安全传输的“保护盾”，是首个从实验室走向实际应用的量子通信技术分支。量子测量基于微观粒子系统及其量子态的精密测量，将精度提升至“原子级”，在测量精度、灵敏度和稳定性等方面比传统测量技术有明显优势。

三、量子科技的机遇与挑战

量子科技已成为各国科技发展的重要领域之一，将对科技发展、新兴产业培育、国防和经济建设等产生颠覆性重大影响，世界科技强国都对其高度重视。近年来，日本、英国、欧盟、德国、美国、俄罗斯等发达国家纷纷启动了国家级量子科技战略行动计划，开展顶层规划及研究应用布局，大幅增加相关研发投入，争夺量子科技制高点。

中国在量子科技领域的研究和应用虽然起步稍晚，但与国际先进水平没有明显代差，已经成为全球量子科技研究和应用的重要推动者。中国在量子通信研究方面处于国际领先水平，在量子计算方面与发达国家处于同一水平线，在量子测量方面还有待突破。

量子通信方面，中科大、清华、北大、北邮和上海交大等研究机构的研究成果与国际先进水平基本同步，尤其是在量子保密通信试点应用（京沪干线）、网络建设（国家广域量子保密通信骨干网络建设工程）和星地量子通信（“墨子号”量子科学实验卫星）探索等方面，处于国际领先地位。

量子计算方面，中科大、清华、浙大和中科院等研究机构也取得多项具有世界水平的研究成果。同时，阿里、百度、腾讯和华为等科技公司开始投入量子计算硬件平台、软件算法和应用探索的研究，本源量子等初创公司也开始崭露头角。

量子测量方面，中科大、北航、中科院和航天科工等科研机构在量子陀螺、重力仪、磁力计、时间基准等领域开展了大量研究，研究成果和原理样机的关键指标参数与国际先进水平的差距正在逐步缩小。量子随机数参考基准和量子时频同步网络等应用探索方面，也开始进行布局和推动。

目前，量子信息技术总体处于基础科研向应用研究转化的早期阶段，其技术发展演进和应用产业推广既具有长期性，也存在不确定性，各领域新兴技术的商业化应用和产业化发展的路线有待进一步探索。得益于国家的战略支持和前瞻部署，中国在量子基础研究和产业化方面具备了坚实基础。下一步，应加快基础研究突破和关键核心技术攻关，持续加大对量子通信理论和方法、关键核心元器件材料和设备研发的支持力度，强化量子精密测量、量子计算等领域的研究工作，培育量子通信等战略性新兴产业，抢占量子科技国际竞争制高点，构筑发展新优势。

（撰稿人：张雅洁　　《科技决策参考》2020 年第 37 期）

基于专利分析的兰白试验区中药产业创新图谱构建研究

摘 要：中药产业是兰白试验区支柱产业之一。以合享新创(incopat)专利数据库为基础，对比分析兰白试验区与我国中药产业的专利数据，分析内容主要包括专利申请量、专利技术构成、专利申请人等。基于对全国和兰白试验区中药产业创新情况分析，确定兰白试验区中药产业创新发展的思路、重点技术、创新布局等，绘制基于时间序列的系统描述产业技术创新过程中市场、技术、资源互动的创新图谱，提出兰白试验区中药产业创新发展的政策建议，为政府部门和创新主体提供决策支持。

关键词：兰白试验区 中药产业 专利 创新图谱

中药产业作为中国医药产业的重要组成部分，具有较好的发展基础，是中国战略性新兴产业的重要力量。甘肃省是中国中药材的主要产地，中药产业是甘肃的支柱产业之一[1]。2018 年 2 月，甘肃省政府印发《甘肃省推进绿色生态产业发展规划》，将发展壮大中医中药产业作为重点任务之一，同年 6 月，甘肃省政府办公厅印发《甘肃省中医中药产业发展专项行动计划》，切实推进中医中药产业发展壮大。兰白试验区作为甘肃省重要的产业引擎和集聚区，依托特殊的地理优势、丰富的中医药资源和集中的科研能力，已经形成了具有一定基础和优势的中药产业体系。

专利申请是衡量创新能力和产业发展的重要指标之一，运用专利信息对比分析兰白试验区与全国中药产业专利申请状况，掌握中药产业创新现状，明确产业创新发展过程中的技术分布、产业科技研发的重点、主要创新主体等，基于产业创新布局，突出市场导向和产业发展重大需求，绘制基于时间序列的描述兰白试验区中药产业创新过程中市场、技术、资源互动的创新图谱，补齐产业发展短板和弥补薄弱环节，引导和聚集创新要素，对于促进产业由价值链低端向高端跃升，为产业创新发展提供宏观指导和决策支持具有重要作用。

一、兰白试验区中药产业专利战略分析

采用合享新创（incopat）专利数据库，检索分析 2001—2016 年中国及兰白试验区中药领域专利。检索项以“标题摘要”限定关键词：中药 or 中草药 or 复方 or 组合物 or 中成药，结合中药专利的主要 IPC：A61K8、A61K9、A61K33、A61K35、A61K36、A61K125、A61K127、A61K129、A61K131、A61K133、A61K135、A61P、A61J、A23L、C12G、A23F3、A23K1 进行组合检索。专利数据的检索日期为 2018 年 12 月。由于专利申请到专利公开有 18 个月的滞后期，因此，2018 年和 2017 年的专利收录并不完全，

故分析数据截至 2016 年。

（一）专利申请量分析

中药领域全国专利申请总量为 178922 件，山东省的专利量遥遥领先，为 46685 件，安徽、江苏、北京、河南也都位居前列，专利量均超过一万件。甘肃在全国 34 个省市（包括港澳台）中排名第 24 位，专利总量为 1907 件，整体研发实力处于相对落后的位置。兰白试验区专利总量为 708 件，占全省专利总量的 37.1%，其中发明专利 701 件，实用新型 7 件。2001—2016 年专利量从 10 件增长到 189 件，表明专利申请比较活跃，但波动幅度较大，兰白试验区的中药专利申请仍需进一步加强。

（二）专利技术构成

为了深入了解兰白试验区中药领域专利的研发重点，利用 IPC（国际专利分类号）来进行技术分类统计分析，排名前十位的 IPC 如表 1 所示。从表中可以看出，兰白试验区中药专利以植物作为原材料或组分的药品为主，主要有姜属、姜黄属等，以动物和其他材料作为原材料或组分的药品较少，主要是昆虫类。这也与甘肃省作为全国中药材生产大省密切相关。甘肃省中药材资源覆盖区域广、资源种类多、种植产量大，形成兰白试验区中药产业的物质基础。

近年来，随着中药现代化推进以及临床需求的不断提高，中药剂型的改进与开发运用西药研究的技术成果，不断产生新的中药剂型。中药新剂型的研究主要集中于改进传统剂型和开发新剂型，而且新剂型需要以降低不良反应和充分发挥药效为基础[2]。从表 1 可以看出，胶囊剂是兰白试验区中药创新研究较多且常见的新剂型，作为中药汤剂重要补充的中药配方颗粒、中药微粉等新剂型并不占优势。开发中药新剂型需要依赖严格的质量控制，而中药成分以及中成药复方组成的复杂性，使得目前多数传统制剂仍没有适宜的检测方法和质量标准，致使制剂疗效和稳定性受到影响。因此，兰白试验区要开发中药新药，必须具有高标准的质量控制和检测方法，这也是中药新药走向成功以及获得市场的必需条件。

部分 IPC 分类体现了药物的治疗活性。从表 1 中可以看出，兰白试验区中药专利申请以涉及非中枢性止痛剂、退热药或抗炎剂最多，其余主要为治疗皮肤、呼吸系统、生殖系统疾病的药物以及抗细菌药、抗肿瘤药和助消化药。抗感染、抗病毒、抗菌、抗炎、止痛、退热等热点的开发正是中药清热解毒功能优势的体现。此外，治疗呼吸系统、生殖系统等疾病，也是中药治疗活性研究的重要部分。中药可从整体上辨证论治，个体化调摄，大部分中药复方具有多靶位点，作用广泛，耐药性少。中医药疏肝利胆、理气化郁、调理脾胃，对许多非器质性病变具有很好的疗效，其双向调节作用对于改善胃肠道动力紊乱具有西药所没有的优势，因此在消化道或消化系统疾病中的应用，包括治疗肝胆系统疾病、溃疡、胃炎或反流性食管炎等，也是中药创新技术研究热点所在[3]。

表 1 兰白试验区中药领域专利申请前 10 位的 IPC 注释表

序号	IPC	专利数	技术主题
1	A61K36/00	92	含有来自藻类、苔藓、真菌或植物或其派生物，例如传统草药的未确定结构的药物制剂
2	A61P29/00	74	非中枢性止痛剂，退热药或抗炎剂，例如抗风湿药；非甾体抗炎药
3	A61P17/00	45	治疗皮肤疾病的药物
4	A61K35/56	44	来源于除哺乳动物和鸟类以外的其他动物
5	A61K9/48	44	胶囊制剂，例如用明胶、巧克力制造的
6	A61P31/04	44	抗细菌药
7	A61P11/00	32	治疗呼吸系统疾病的药物
8	A61P15/00	32	治疗生殖或性疾病的药物；避孕药
9	A61P35/00	32	抗肿瘤药
10	A61P1/14	30	助消化药，例如酸类、酶类、食欲兴奋剂、抗消化不良药、滋补药、抗肠胃气胀药

全国现代中药专利申请排名前 10 位的 IPC 分别为 A61K36/00（含有来自藻类、苔藓、真菌或植物或其派生物，例如传统草药的未确定结构的药物制剂）、A61P29/00（非中枢性止痛剂，退热药或抗炎剂，例如抗风湿药；非甾体抗炎药）、A61K9/20（丸剂、锭剂或片剂）、A61K35/56（来源于除哺乳动物和鸟类以外的其他动物）、A61K9/48（胶囊制剂，例如用明胶、巧克力制造的）、A61P17/00（治疗皮肤疾病的药物）、A61P15/00（治疗生殖或性疾病的药物；避孕药）、A61P35/00（抗肿瘤药）、A61P9/10(治疗局部缺血或动脉粥样硬化疾病的，例如抗心绞痛药、冠状血管舒张药、治疗心肌梗死、视网膜病、脑血管功能不全、肾动脉硬化疾病的药物)和 A61P1/16（治疗肝脏或胆囊疾病的药物，例如保肝药、利胆药、溶石药）。可以看出，目前全国中药开发的治疗领域除了主要分布在止痛、皮肤、生殖系统相关的疾病外，治疗肿瘤、局部缺血或动脉粥样硬化疾病和肝脏、胆囊疾病的中药新药也是研发的重点。中药作为天然产物，具有不良反应少、遗传毒性低的特点，能达到带瘤生存、全身治疗、改善症状、提高生活质量的效果，因此成为抗肿瘤药物开发新宠。中医药在心脑血管疾病防治中的“治未病”特色，其活血化瘀机制的现代研究成果显著，因此心脑血管疾病用药在临床用中成药各大类市场份额中居前列[4]。与全国相比，兰白试验区中药研发在心血管药物、抗肿瘤、保肝利胆中药等方面还具有很大空间，相关科研院所和药企应针对这些技术空白点开展研究开发。

（三）专利申请人情况

从专利申请主体来看，全国中药领域专利申请以个人为主，其次为企业、科研单位和医院。兰白试验区专利申请主体分布与全国类似，个人专利申请量占总量的 39%，科研单位、企业、医院所占比例分别为31%，27%，3%。由此可以看出，兰白试验区中药领域个人申请专利的积极性很高，一些民间中医药工作者希望将自己的研究成果通过申请专利的方式加以保护。但个人申请与企业申请相比，往往受到研究手段、资金、专利申请水平等的限制，专利质量较低，这可能是造成兰白试验区中药专利质量不高的原因之一。来自企业和科研单位的申请量相差不大，说明兰白试验区企业和科研单位不断加强自身的专利研发和保护，创新能力不断增强，但是企业尚未成为创新的主体，需要努力推进企业、研究院所和高校的创新合作模式，通过产学研合作，推动中药创新药物的研发及产业化。

从全国范围来看，中药研发排名前10位的创新主体分别为北京绿源求证科技发展有限责任公司、北京艺信堂医药研究所、天津天士力制药股份有限公司、宋爱民、北京正大绿洲医药科技有限公司、河南中医学院、青岛市市立医院、南京中医药大学、青岛信立德中药技术研究开发有限公司、河北以岭医药研究院有限公司。北京绿源求证科技发展有限责任公司是中关村科技园区从事生物医药研发的高新技术企业，进行糖尿病及并发症研究，申请的大量专利与糖尿病并发症药物研究开发有关，其他专利主要集中在治疗局部缺血或动脉粥样硬化、肝胆、肾脏、前列腺、心脑血管相关的药物研发。北京艺信堂医药研究所的专利申请主要集中在治疗生殖系统疾病的药物。天津天士力制药股份有限公司建立了以复方丹参滴丸生产经营为核心的产业化体系，其独家研究生产的复方丹参滴丸是我国心脑血管药品市场的主导产品之一，这也与其申请的大量专利为治疗局部缺血或动脉粥样硬化等心脑血管疾病药物密切相关。抗肿瘤药物专利申请主要集中在河南中医学院和南京中医药大学。青岛市市立医院在治疗龋齿、口疮或牙周炎等口腔疾病的中药研制方面比较出色。青岛信立德中药技术研究开发有限公司专利申请以抗肿瘤药、治疗皮肤疾病的药物、非中枢性止痛剂、治疗泌尿系统的药物为主。河北以岭医药研究院有限公司专利主要集中在治疗局部缺血或动脉粥样硬化等心血管疾病和高血糖症的药物领域。

表1给出了兰白试验区中药领域专利量排名前10位的机构情况。兰白试验区科研机构和单位聚集了中药创新的尖端力量，充分发挥学科、人才和科研优势，积极参与中药研制开发，充分展示了科研单位的学术科研能力。但从另一个侧面可以看出，兰白试验区企业在中药研发方面的能力还比较弱，创新主体地位还没有建立。兰白试验区应注重科研单位与企业的合作，加快技术的产业化速度。

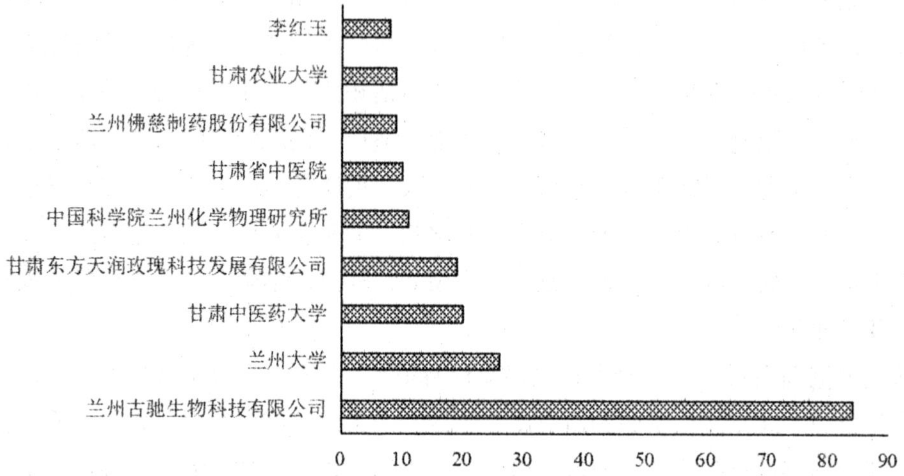

图 1 兰白试验区中药领域专利量排名前 10 位的机构

兰州古驰生物科技有限公司主要进行植物有效成分的提取与分离、天然植物新产品、中草药美容保健品、保健食品的生产，专利以治疗皮肤、消化系统、生殖系统疾病和养生保健的中药制剂为主。甘肃奇正藏药有限公司以研制开发生产藏药、药材饮片为主，专利主要集中在非中枢性止痛药、治疗神经系统、骨骼、肌肉疾病相关的药物，出品奇正止痛家族系列产品，加工“奇正消痛贴膏”等贴剂和胶囊剂藏药。免疫和过敏性以及抗毒性领域的专利申请主要集中在兰州大学。甘肃中医药大学专利以治疗呼吸系统疾病为主。甘肃东方天润玫瑰科技发展有限公司专利以利用玫瑰产品治疗阿尔茨海默病为主。可以看出，兰白试验区中药研发重点企业专利技术创新和药物开发与国内领先企业相比领域较窄，需要加强新药研发投入，开发治疗恶性肿瘤、心脑血管疾病、神经系统疾病、糖尿病、炎症的现代中成药制剂，拓宽市场，赢得发展空间。

二、兰白试验区中药产业发展路径

（一）发展思路

继承和创新并重，加强名医名方的产业化开发，支持企业开展疗效确切中药大产品的二次创新开发研究；推广提取、分离、纯化、制剂和过程质量控制等现代技术在中药生产中的应用，加强对药物作用机理的探析，创制一批疗效明显、质量可控、剂型稳定、服用方便的现代中药。充分发挥兰白试验区在中医药领域的品牌优势，加快名优中药品种的市场推广和培育。

（二）重点技术

中药质量控制标准与技术；缓释、控释、速释等中药创新制剂技术；智能质量控制技术；中药药效、药理评价技术。

（三）创新布局

依托兰州国家生物产业基地，以甘肃省现代中药制剂工程技术研究中心、甘肃省中药固体分散制剂重点实验室培育基地、甘肃省中药质量与标准研究重点实验室培育基地、甘肃省中医方药挖掘与创新转化重点实验室培育基地、甘肃省中医药防治慢性疾病重点实验室培育基地、甘肃省中药品质与安全评价工程技术研究中心等省级产业技术研发机构为支撑，以奇正藏药、佛慈、陇神戎发、和盛堂、太宝制药等企业为龙头，实现现有重点产品的升级换代，发展现代中药大品种，加快推动疗效确切、临床价值高的治疗心脑血管病、恶性肿瘤、神经系统疾病、糖尿病、炎症等的现代中药制剂创新产品的研发及产业化。

三、兰白试验区中药产业发展对策

（一）建设产业合作创新网络，着力突破关键技术

借助对专利布局中申请人、发明人分析，较为准确地定位掌握中药领域关键技术的专利发明人、相关企业和科研机构，根据兰白试验区中药产业发展的优势与发展需要，加强与国内领先企业、研究机构、主要发明人的合作交流，建立人才引进数据库，有针对性地开展技术项目合作。积极运用生命科学和生物技术领域的前沿科技成果，发挥兰白试验区传统中药优势，开展中药名医名方的新药筛选、传统中药的二次开发，推进若干甘肃名中药进入国际药品主流市场。

（二）强化研发服务平台建设，支撑企业技术创新

以奇正、佛慈等一批本土中药创新企业为主体，建立一批国内一流、国际知名的企业研发中心，吸引和集聚国内外高端人才和先进技术在兰白试验区落地。推动大中型中药企业普遍建有研发机构，加快构建国家级和省级技术创新平台，形成药物发现、新药筛选、安全性评价、药物制剂、中试制备与质量控制等新药创制平台体系。加快完善公共研发平台、企业创新平台、公共服务平台为重点的科技平台布局，大力提升技术攻关、成果转化、检验检测、创业孵化等公共研发和公共服务能力。

（三）加大研发资金支持，拓展投融资渠道

加大政府财政科技支出力度，充分发挥财政资金对兰白试验区中药产业发展的支持作用，重点支持一批重大创新药物产业化、传统技术改造、药物生产基地建设项目。在现有各级科技计划项目中加大对新药研发项目支持和奖励力度，尤其是具有核心自主知

识产权的企业。鼓励银行通过信用贷款、担保贷款、抵押贷款和知识产权质押贷款等方式发放贷款，对放贷银行提供风险补贴。积极推进兰白试验区中药行业中小企业在创业板上市融资。

（四）强化知识产权意识，加强知识产权跟踪、创造、应用和保护

提高企业的知识产权意识，通过自主创新尽快形成具有兰白试验区特色的中药产业自主知识产权体系。鼓励企业、高等院校和科研院所间开展各个层面的知识产权战略协作。加强对国内专利的技术追踪研究，通过关注山东、安徽、北京、江苏等国内中药产业技术主要来源地技术连续性及布局情况，以及主要发明机构或发明人的研发动向，明确产业技术创新的重点和方向，为兰白试验区中药产业调整和研发部署提供支撑。引导企业加大知识产权工作经费投入，建立奖励机制，加大职务发明奖励力度。

基金项目：本文受甘肃省委组织部 2018 年陇原青年创新创业项目“兰白试验区生物医药产业创新图谱构建和应用研究”资助。

1.兰白试验区由兰州新区、兰州高新技术产业开发区、兰州经济技术开发区、白银高新技术产业开发区组成，因研究涉及“四区”的相关数据难以搜集和检索，所以本文中兰白试验区相关研究数据以兰州市、白银市、兰州新区三地的数据代替。

2.该产业与人口分布的匹配程度用“地区行业增加值占全国该行业增加值的比重 / 地区常住人口占全国人口的比重”来衡量。

参考文献：

[1]龚成文，米永伟，谢志军.甘肃中药材产业发展现状、问题及对策[J].甘肃科技，2017，33(22)：1–4.

[2]张洋.基于国际专利分类法的上海中药产业创新技术热点分析[J].中国中医药信息杂志，2015，22(9)：8–11.

[3]张洋，施毅.2002—2013 年上海地区中药专利信息与技术主题分布研究[J].数理医药学杂志，2014，27(6)，682–684.

[4]耿胜燕，耿立冬，欧阳雪宇.我国中药专利申请质量的现状分析与对策研究[J].中国中医药信息杂志，2016，23(1)，18–22.

（撰稿人：王星星　　《甘肃科技》2019 年 7 期）

基于文献计量和专利分析的中国智能制造发展态势研究

摘　要：随着新一轮科技革命和产业变革的孕育兴起，加速工业智能化、绿色化转型，不同产业间的边界渐趋模糊，智能制造作为新兴产业爆发领域，发展空间和发展潜力巨大。本文运用词频统计法、可视化知识图谱法、内容分析法等多种文献计量方法，系统分析中国智能制造领域研究的现状，深度发掘该领域研究热点和趋势。研究结果显示，自 1992 年以来中国智能制造领域的研究文献呈逐年增加趋势，核心作者和期刊分布较散，研究范围较广，热点话题相对集中于智能制造发展情况、企业管理、制造强国、人工智能和机器人技术、物联网等领域，研究趋势更倾向于智能制造技术、标准化研究和智能制造理论体系，可见，现阶段我国智能制造正处于快速发展期。

关键字：智能制造　热点与趋势　文献计量　知识图谱

一、引　言

制造业是国民经济的主体，是国家保持竞争力、经济健康运行和社会稳定的基础，是科技创新的主战场，尤其在 2008 年金融危机后，美国等发达国家纷纷推出“再工业化”战略，将智能化制造纳入到其长期发展战略当中，推进国家产业分工重塑，力图抢占国际竞争的制高点，争夺产业链和价值链高地，中国制造业也迎来了历史性机遇与挑战[1]。英国学者保罗·麦里基认为，第三次工业革命的核心是以机器人、增材制造和新材料为代表的智能制造业。从某种程度上说，智能制造开辟了产业结构理论和产业组织理论的新空间，促进了二三产业的交叉融合，推进企业的组织形态向生态主导型转变，推动传统的产业组织理论进一步发展。2015 年，中国提出了“中国制造 2025”计划，把互联网放在突出位置，将智能制造作为产业融合发展的主攻方向，推动“互联网＋”与“中国制造 2025”紧密融合，推进生产过程智能化，培育新型生产方式[2]。

从现有学者的研究成果来看，智能制造研究涉及智能技术、制造技术、信息技术等多个学科，其研究文献较为丰富，涉及面较广，尚未形成系统性研究[3]。加之受《中国制造 2025》政策的影响，中国智能制造领域研究文献数量激增，“工业 4.0”“大数据”“智能化”等新的关键词涌现。因此，本文运用文献计量的方法，采用 1992—2018 年 CNKI 来源期刊中，关于智能制造的研究成果进行文献计量和可视化分析，对于厘清研究现状、聚焦研究热点、审视研究局限、探明发展前景动向具有重要的学术意义。同时，也为这一议题的后续研究提供了全面的参考和借鉴，对于进一步推进智能制造的融合发展提供重要的理论价值。

二、研究方法与样本选取

本文以该数据库为检索工具，检索条件为“篇名＝智能制造”，检索关键词为“精确匹配”方式，时间跨度为1992—2018年，检索结果为5036篇，剔除外文文献后，共检索文献4258篇。为确保研究的客观性、科学性、公正性和可行性，本文综合运用数据过滤法、数据拆分法、数据降维法等多种数据清洗方法，从研究宽度和研究深度两个维度，剔除与主题不相符的会议纪要、会议通知、新闻评论、技术简介、网络报道等1467条非研究性文献后，最后得到2791条记录。本文运用内容分析、共词分析、信息可视化等方法，揭示中国智能制造领域文献研究现状和特性，预测研究热点与未来趋势。

三、我国智能制造研究态势

（一）年度载文量统计分析

论文年度载文量能够反映某一个研究领域在某一个时间段内的研究动态和趋势[4]。从下图文献年份数量分析中可以看出，该领域在CNKI中收录最早始于1992年，由华中科技大学的杨叔子院士率先开展研究。整体上分为3个阶段：1992—2011年，智能制造研究文献在中国处于探索阶段；2012—2014年期间基本呈逐步上升的趋势，2015—2018年，呈现快速上升趋势。总体上看，中国该研究领域论文年发表数量呈上升趋势，特别是在2012年和2016年分别提出实施“创新驱动发展战略”和《中国制造2025》之后，论文数量出现了一个转折性的高峰期，这说明智能制造研究领域具有很大的活力。可以预见，在产业转型升级的背景下，今后智能制造研究领域的文献数量仍将保持快速增长，研究队伍也在不断壮大。

（二）核心作者统计分析

学者是推进基础研究和科技创新的主体，学术论文是其科研产出的重要载体之一，反映了在该领域的学术贡献水平[5]。统计数据显示，该领域85.26%的作者仅撰写1篇论文，分布较为分散。按照普赖斯的理论，发表论文数位m篇以上的作者为杰出科学家即核心作者，其中$m=0.749 (n_{max})^{1/2}$，nmax为发文量最多作者的发文篇数[6]。测算显示，m=2.90篇，核心作者群体的发文量在3篇及以上，顾硕成为该领域发文量最多的作者，达到15篇。从下表中可以看出，该领域的高产作者主要有：顾硕、黄丽萍、沈烈初、宋慧欣、姜红德、梁秀璟、李伟、郭朝晖、袁春妹等，发文量都在10篇以上。为更直观显示智能制造领域高频作者，运用加权统计法，量化作者在该领域的权重，按作者加权统计，路甬祥、彭瑜、谭弘颖3位作者超过李伟（6.9405）、袁春妹（5.3000）、杨叔子（2.9000），见表2。因此，这些学者可作为信息伦理研究领域的核心作者，推动了中国智能制造研究的发展。需要说明的是，核心作者发文量约占该领域总发文量的50%时，即可形成学科高产作者群[7]。经测算，该领域核心占论文总数的12.93%，远低于50%的要求，该研究领域稳定的核心作者群尚未形成。

表1　智能制造研究领域排名前10位的高产作者

算数统计			加权统计		
序号	作者姓名	论文数	序号	作者姓名	作者加权统计
01	顾　硕	15	01	顾　硕	15.0000
02	黄丽萍	12	02	黄丽萍	12.0000
03	沈烈初	11	03	沈烈初	11.0000
04	宋慧欣	11	04	姜红德	11.0000
05	姜红德	11	05	宋慧欣	10.6667
06	梁秀璟	10	06	梁秀璟	10.0000
07	李　伟	10	07	郭朝晖	10.0000
08	郭朝晖	10	08	路甬祥	9.0000
09	袁春妹	10	09	彭　瑜	9.0000
10	杨叔子	10	10	谭弘颖	8.6667

（三）高频关键词统计分析

数据清洗后，该领域研究中关键词总计5865个。为便于统计分析和热点总结，对同义关键词进行合并，归为一类；对不同表述的关键词进行统一表述替换；对单次出现的关键词予以删除，进行筛选和整理后共得到关键词1542个。经过统计分析智能制造领域出现频次高于60次的关键词，发现该领域研究热点是：智能制造、企业管理、产业创新、中国制造2025、智能制造系统和技术、智能装备和产品、人工智能、工业互联网、工业机器人、工业4.0等，并可预测这些热点未来的研究趋势。

表2　智能制造领域高频关键频次（60次及以上）

关键词	频次	关键词	频次	关键词	频次
智能制造	2297	制造业	146	工业互联网	86
企业管理和创新	428	产业转型升级	126	加工工业	86
中国制造2025	257	智能工厂	122	大数据	78
机器人	239	智能制造技术和系统	110	工业4.0	72
智能装备和产品	163	数字化车间、数控机床	108	智能化应用	72
人工智能	151	物联网	88	机电一体化	60

（四）核心期刊统计分析

对于某一特定的学科或专业而言，大量的论文发表集中分布在极为少数的核心期刊中，通过筛选锁定核心期刊，可以有效收集该学科或专业领域的前沿动态和研究热点[5]。经分析，该研究领域论文分布在899种期刊上，有1467篇文献出现在消息、报道之中，论文发表期刊分布相对分散，载文量最多达69篇，最少仅为1篇。其中，智能制造领域的中文核心期刊中排名前21位的期刊如下表所示。将已发表的2791篇论文的相关期刊分成三个区：①刊载10篇及以上的期刊数量55个，载文量1074篇，载文占比38.48%；②刊载2~9篇的期刊数量198个，载文量914篇，载文占比32.75%；③刊载1~2篇的期刊数量646个，载文量8.3篇，载文占比28.77%。分析显示，各区相关论文数约占三成。

表3 智能制造领域主要期刊频次（前21位）

排名	期刊名称	频次	排名	期刊名称	频次	排名	期刊名称	频次
1	《自动化博览》	69	8	《航空制造技术》	30	15	《中国橡胶》	22
2	《制造技术与机床》	48	9	《智能制造》	30	16	《装备制造》	22
3	《金属加工(冷加工)》	48	10	《中国信息化》	29	17	《物流技术与应用》	20
4	《纺织服装周刊》	40	11	《汽车工艺师》	27	18	《中国纺织》	20
5	《中国电子报》	39	12	《中国设备工程》	26	19	《智慧中国》	20
6	《中国仪器仪表》	34	13	《智慧工厂》	25	20	《中国战略新兴产业》	19
7	《中国工业评论》	34	14	《电气时代》	23	21	《纺织机械》	19

（五）研究机构统计分析

统计1992—2019年论文所在的期刊，智能制造研究论文共分布在企业、高校和科研院所上，其中，以高校和科研院所为主。按照区域分析法得出，智能制造领域的研究机构排名前10位的单位分别为：中国机械工业联合会机械工业仪器仪表综合技术经济研究所，占比23.43%；中国工程院，占比12.94%；中国工业和信息化部，占比9.79%；南京航空航天大学，占比9.44%；《金属加工》杂志社，占比8.74%；华中科技大学，占比8.04%；中国工业报社，占比7.34%；浙江大学，占比6.99%；清华大学，占比6.64%；中国机械工程学会，占比6.64%。

四、我国智能制造研究领域热点与趋势分析

（一）研究热点

为全面了解智能制造的相关技术发展，从专利角度分析了基于关键词的智能制造相关论文热点主题。中国智能制造的相关研究集中于中国制造2025、智能制造技术和系统、人工智能、工业4.0、智能化和自动化等主题。经检索Incopat专利数据库发现，2010—2018年中国共申请智能制造相关专利743件，稳居世界第一，其中申请量排名前10的省直辖市为广东（26.12%）、江苏（12.16%）、浙江（7.93%）、安徽（7.55%）、

山东（5.88%）、北京（5.12%）、上海（5.12%）、湖北（3.20%）、重庆（3.07%）和四川（2.94%）。国内授权专利共计213件，其中实用新型专利148件，发明专利40件，外观设计专利25件。全球排名前10的申请人为佛山海格利德机器人智能设备有限公司（3.32%）、刘道灵（1.79%）、旌德县瀚海星云智能化技术研发有限公司（1.40%）、阜阳盛东智能制造技术研发有限公司（1.40%）、肇庆乐创科技有限公司（1.28%）、重庆大学（1.28%）、KYRAZIS DEMOS（1.15%）、佛山市三盟新能源有限公司（1.15%）、浙江大学（1.02%）、苏州富纳艾尔科技有限公司（1.02%）。根据国际专利分类（IPC），智能制造领域专利各部占比由多到少分别为：B部（45.83%）、G部（42.63%）、H部（12.03%）、C部（3.32%）、F部（2.81%）、A部（2.30%）、D部（1.02%）、E部（0.76%），由此可见，该领域专利主要集中在作业、运输部和物理部两大部类中。

（二）趋势分析

改革开放四十年来，中国制造业积极融入全球经济体系，积极布局智能制造发展，但全球范围来看距离智能制造发展前端国家还有很大差距。从经济发展、技术职称、产品质量等方面整体来看，中国入围世界500强企业的平均利润比美国低30%，集成电路芯片制造装备、通用计算机CPU、基础软件等都依赖进口，通用零部件、模具等产品使用寿命远低于国外先进水平。经检索数据对比和文献分析，物联网、CPS、云计算、大数据以及信息传递技术等成为制造业转型升级的重要手段[8]，国内智能制造产业未来发展如要呈现以下趋势[9-11]：一方面，工业机器人、智能数控机床、3D打印、智能传感器、智能物流仓储等领域是重点研发方向。另一方面，随着工业化进程的推进，未来智能制造逐渐向传统产业领域渗透，转向提供高附加值衍生服务，实现“AI+”的广泛应用。

五、结果与讨论

综上研究显示，国内智能制造的研究已经积累了一定的研究成果。目前，智能制造文献正呈指数模式快速增长，该学科正处于发展时期，尚未到成熟时期，发展空间较大。在研究热点问题方面，中国制造2025、智能制造技术和系统、人工智能、工业4.0、智能化和自动化等问题是该领域研究的重点。从期刊属性和作者群来看，行业专业性研究类期刊较多，稳定的核心研究群体尚未形成。最后，需要指出的是本研究着眼于CNKI的相关文献和Incopat专利数据库，由于数据量的不足和研究方法的局限，可能会使研究结果不够全面，探究“互联网+智能制造”的新模式，发展工业4.0对中国制造业的转型与升级意义重大，这已成为当前许多学者的共识，将在后续的研究中进一步完善并加以改进。

参考文献：

[1]赵福全，刘宗巍.工业 4.0 浪潮下中国制造业转型策略研究[J].中国科技论坛，2016(1)：58-62.

[2]孟凡生，于建雅.新能源装备制造企业智造化发展影响因素研究[J].科技进步与对策，2017(7)：118-123.

[3]王友发，周献中.国内外智能制造研究热点与发展趋势[J].中国科技论坛，2016(4)：154-160.

[4]周燕.1999—2008 年我国公共档案馆研究论文的统计分析[J].黑龙江史志，2010(1)：52-53.

[5]左晨，马海群.我国信息伦理论文研究的计量分析[J].情报杂志，2011(30)：86-89.

[6]PRICE D J DE S.Little science，big science-and be-yond[M].Columbia:Columbia University Press，1963：301.

[7]马秀娟.我国信息伦理研究论文的计量分析[J].科技文献信息管理，2014(1)：13-20.

[8]RAY Y.Z，XUN X，EBERHARD K，etal.Intelligent Manufacturing in the Context of Industry 4.0：A Review[J].Engineering，2017(3)：616-630.

[9]欧阳华兵.智能制造技术的研究现状与发展趋势，上海电机学院学报，2018(06)：10-15.

[10]谭建荣，刘达新，刘振宇，等.从数字制造到智能制造的关键技术途径研究[J].中国工程科学，2017(3)：39-44.

[11]顾寄南，尚正阳，唐仕喜，等.当前智能制造若干关键技术综述[J].机械设计与制造工程，2017(9)：11-15.

（撰稿人：付英　张爱宁　　《中国建材科技》2019 年 3 期）

中国新能源技术竞争态势分析研究
——以垃圾发电技术领域为例

摘　要：对 1970—2015 年中国垃圾发电技术领域专利申请的年度趋势、地区分布、技术重点分布及主要专利权人的竞争实力等进行分析。结果表明，中国申请人应加强产学研合作，打造一流的技术研发团队，提升该领域的技术开发能力。

关键词：垃圾　废弃物　发电　竞争态势　发展趋势　专利信息

一、引　言

随着社会的高速发展，带来的各种生活垃圾和工业废料等也在日益增多。据统计，全世界的垃圾在以每年 4.9 亿吨的速度增长，而中国每年产生的城市垃圾就有 1.52 亿吨，占了总量的 2/7。根据国家环保部的预测，在中国，每年产生的垃圾呈现上升的趋势，到 2020 年将达到 2.1 亿吨 / 年。面对日益严重的“垃圾围城”现象，各国政府部门和研究机构已经开始采取各种积极有力的措施加以应对。中国丰富的垃圾资源，存在着极大的潜在效益，尤其是垃圾发电领域，虽然刚刚起步，但前景乐观。

专利分析作为一种可以预期技术变化的工具，在以后的国际市场，企业之间的竞争将主要以创新技术为主。在这种形势下，专利的地位将更加重要。本文通过对垃圾发电技术领域专利申请的年度趋势、地区分布、重点技术分布情况及主要专利权人竞争实力分析，即可以发现竞争对手、预防技术壁垒，也可以了解同一行业内现在所关注或发展的方向，为中国垃圾发电技术领域的发展提供一定的借鉴作用。

二、数据来源

本文采用中国知识产权网（CNIPR）专利数据库作为数据源。根据对垃圾发电技术领域各环节所涉及的核心技术及重要组成部分，以技术为主题选择检索词。由于专利申请的过程中有 18 个月的公开期，考虑到数据的完整性，所以此次检索时间跨度为 1970 年 1 月至 2015 年 12 月（专利公开日期）。通过对检索到的相关专利进行人工筛选，去掉不符合分析主题的专利，二次检索共得到相关中国专利 2338 条。最后通过 incoPat　等工具，对专利进行全面的分析。

三、结果与分析

（一）垃圾发电技术领域发展趋势

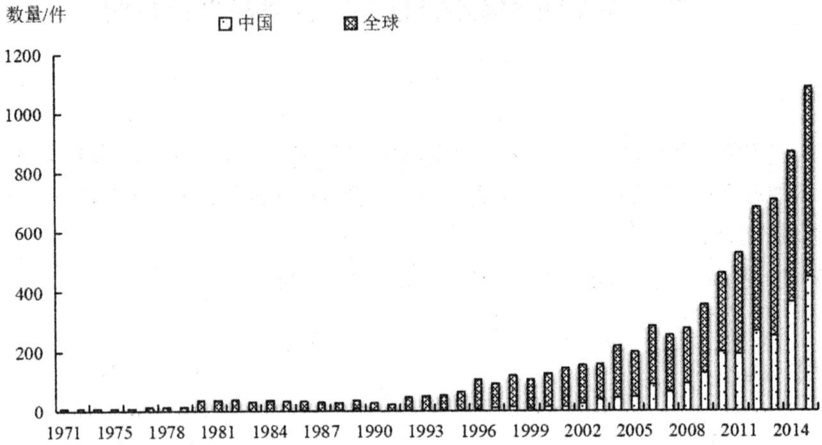

图 1　全球垃圾发电技术领域专利公开趋势

1970—2015 年，全球垃圾发电技术领域专利公开的年度发展趋势如图 1 所示。可以看出，在 1970—1991 年，全球垃圾发电技术领域专利公开数量较少，数量基本在 40 件以下，属于该技术发展的萌芽阶段。1992—2008 年，全球垃圾发电技术领域专利公开数量起伏较大，但总体呈现上升趋势，属于该技术发展的波动期。2009—2015 年，专利公开的数量呈现加速增长的趋势，属于该技术领域的快速发展阶段。在中国，2013-2015 年，中国垃圾发电技术领域专利公开数量开始迅速增长。可以看出，中国垃圾发电技术领域的发展和全球相比较为滞后，自 2013 年开始，该技术在中国开始了迅速发展，日益凸显出在该技术领域的重要地位。

（二）中国垃圾发电技术领域专利申请人构成分析

如图 2 所示，在中国所有申请人里面，职务发明专利占 66.35%，非职务发明专利占 33.65%。职务发明专利占的比重越高，说明该技术受到的关注程度越高。因此可以看出，在中国垃圾发电技术领域的研发机构对知识产权的保护意识越来越强，对该技术领域的科研投入和重视程度都在逐渐增加。

但非职务发明中，个人的专利数量却高于大专院校、科研单位和机关团体，所以中国的大专院校、科研单位和机关团体在该领域的重视程度和研发能力还有待提高。

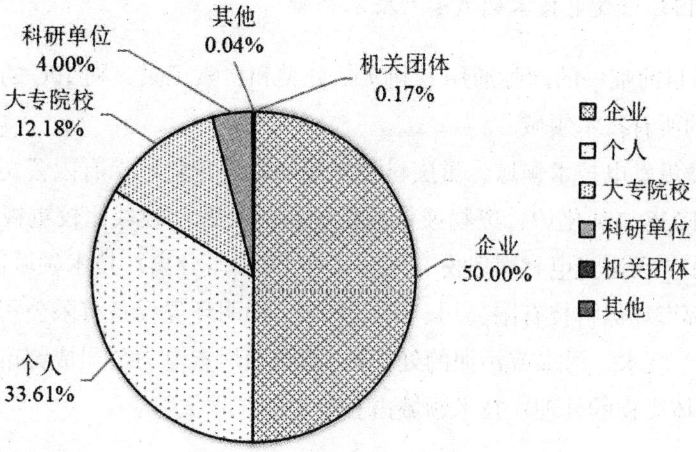

图 2　中国垃圾发电技术领域专利申请人构成

（三）垃圾发电技术领域地域分布

从图 3 可以看出，中国垃圾发电技术领域专利主要分布在江苏、广东、北京、山东、浙江、上海、四川、福建等省直辖市区。以上省市区的专利占有量都在 100 件以上。而且以上 8 个地区均处于 2015、2016 年全国 31 省市区 GDP 总值排名的前列。

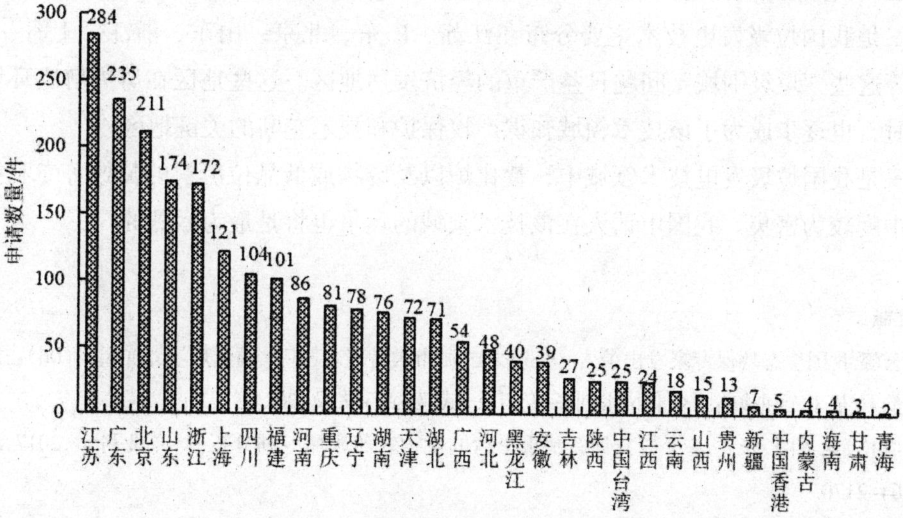

图 3　中国垃圾发电技术领域专利申请量地域分布

随着经济的持续发展，城市化及工业化进程不断推进，各类生活垃圾和工业废料等日益增加，“垃圾围城”已经成为了北上广等一线超大城市在发展过程中面临的重要难题，也是一线超大城市迫在眉睫所解决的问题。因此，垃圾发电技术领域专利比较集中在江苏、广东、北京、山东、浙江、上海、四川、福建等经济发达地区，也成为了该技术领域知识产权保护和技术垄断的关键地区。

（四）中国垃圾发电技术领域专利技术分析

IPC 作为目前唯一的国际通用专利文献分类和检索工具，对 IPC 的分析可了解到垃圾发电专利的所有技术领域。

在中国垃圾发电技术领域，重庆科技学院和附件正仁环保有限公司、伟明环保设备有限公司在 F23G（焚化炉：废物或低品位燃料的焚毁）领域比较重视，在该领域所部署的专利较多。天诺光电材料股份有限公司在 B01D（分离）技术领域占有绝对的优势。福建省鼎城都市环保科技有限公司、浙江大学、伟明环保设备有限公司的重点研发领域是 C02F（水、废水、污水或污泥的处理）。国网四川省电力公司成都市新都供电分公司在 B09B（固体废物的处理）技术领域占有绝对的技术优势。

四、结论

经过对我国垃圾发电技术领域竞争态势分析研究，可以得出如下结论：

一是我国垃圾发电技术领域专利的发展在前期处于较落后的状况，但在后期已与全球趋势基本一致。说明在石油和天然气等自然资源逐渐贫乏的情况下，发展新能源已经是每个国家能源发展的长期战略部署。而新能源设备做为其中不可或缺的重要组成部分，已被我国的申请人重视，并在现阶段进入了迅速发展期。

二是我国垃圾发电技术主要分布在江苏、广东、北京、山东、浙江、上海、四川、福建等这些“垃圾围城”问题日益严重的经济发达地区。这些地区在努力解决环境问题的同时，也逐步成为了该技术领域知识产权保护和技术垄断的关键地区。

三是我国垃圾发电技术领域中，焚化炉以及废物或低品位燃料的焚毁等专利技术领域集中度较为密集。我国申请人在该技术领域的竞争也将是最为激烈的。

参考文献:

[1]高云峰.我国生态环保专家发出警告—三分之二城市被垃圾包围[J].福建环境,2000,17(06):22.

[2]张韵君.基于专利战略的企业技术创新研究[D].武汉:武汉大学,2014.

[3]保继栋,党景丽,张龙.基于科技创新情报平台的生物农药领域专利分析[J].草业科学,2017,34(10):2164-2170.

（撰稿人：保继栋　朱晓蕾　　《中国建材科技》2019 年 2 期）

中国薄膜太阳能电池发展态势研究
——基于文献计量和专利分析

摘　要：本文围绕薄膜太阳能电池发展态势这一主题，运用文献计量分析法、共词网络分析法、可视化分析法和内容分析法等方法，检索 CNKI 和 Incopat 中有关薄膜太阳能电池的论文和专利，使用 EXCEL、网络分析集成软件和 CNKI 计量可视化分析系统，从载文量、高频作者、研究热点、核心期刊、专利布局等方面对该领域的研究态势进行了深度挖掘和可视化分析，并对未来研究进行展望。结果显示，1980 年以来中国薄膜太阳能电池研究的关注度持续提升，核心作者群初步形成，研究热点由单一转向多方，论文研究机构以高校为主，专利申请以企业为主，研究区域发展呈现不平衡的特点，未来更侧重于电池稳定性、光电转换效率、安全环保等方面。

关键字：薄膜电池　热点与趋势　文献计量　知识图谱

一、引　言

太阳能是可开发利用的最大能源，太阳能电池是太阳能的主要转化装置，又被称为“太阳能芯片”或“光电池”[1]。目前，全世界 60%的国家投入太阳能电池的普及应用，其中 40%以上的国家已经大规模地开展太阳能电池的研发利用。中国从“第六个五年计划”开始，启动太阳能电池的实践与探索，太阳能电池行业由于产能过剩，产业和产品向跨界整合成为新趋势，薄膜太阳能电池成为缓解能源危机的新型光伏器件之一。中国《电力发展“十三五”规划》明确提出，分布式光伏发电装机规模目标为 6000 万千瓦特，至少要增长九倍，光伏产业格局将发生大变革，薄膜电池组件将涌上浪头。因此，本研究从文献计量和专利分析的视角，综合运用多种计量方法，对中国薄膜太阳能电池文献研究和专利申请进行计量分析，动态跟踪前沿研究，预测今后发展趋势，进而提出相关建议，以期为该领域研究与实践提供参考。

二、研究方法与样本选取

现有的文献信息分析主要有统计分析、文献计量分析、社会网络分析、Pub Med 分析等技术和方法，快速地抓取高价值信息，追踪学科前沿[2]。词频分析一般涉及数据检索、清洗加工、词汇提取、统计分析等阶段[3]。就文献来源看，国内外建立了 SCI、SSCI、Scopus、Derwent、CNKI、CSSCI、万方、维普等，众多综合性数据库，存储的数据量巨大，但涵盖各类学科各有侧重。因此，本研究以 CNKI 数据库为检索工具，检索条件为“篇名 = 薄膜太阳能电池”，检索关键词为“模糊匹配”方式，时间跨度为 1980—

2018 年，检索结果为 7194 篇，剔除外文文献后，共检索文献 2015 篇。为确保研究的客观性、科学性和可行性，综合运用数据过滤法、数据拆分法、数据降维法等多种数据清洗方法，剔除与主题不相符的会议纪要、会议通知、新闻评论、技术简介、网络报道等 9 条非研究性文献后，最后得到 2015 条记录。利用 Excel 为统计工具，运用文献计量分析法、可视化分析法和内容分析法等方法，从载文量、高频作者、研究热点、核心期刊、专利布局等方面对该领域的研究态势进行挖掘和分析，追踪研究热点，预测发展趋势，从而得出相关结论。

三、中国薄膜太阳能电池研究态势

（一）年度载文量统计分析

研究显示，国内学者薄膜太阳能电池研究在 CNKI 中收录最早始于 1980 年，由中国科学院长春应用化学研究所率先开展研究。整体上分为 3 个阶段：1980—2002 年，中国尚处于探索阶段；2003—2011 年，基本呈逐步上升的趋势；2012—2018 年，呈现快速上升趋势。可见，中国该研究领域学术研究逐步进入白热化，尤其是在中国提出实施“创新驱动发展战略”之后，论文数量出现了一个转折性的高峰期，这说明薄膜太阳能电池研究领域具有很大的活力。可以预见，在产业转型升级的背景下，今后薄膜太阳能电池研究领域的文献数量仍将保持快速增长，研究队伍也在不断壮大。

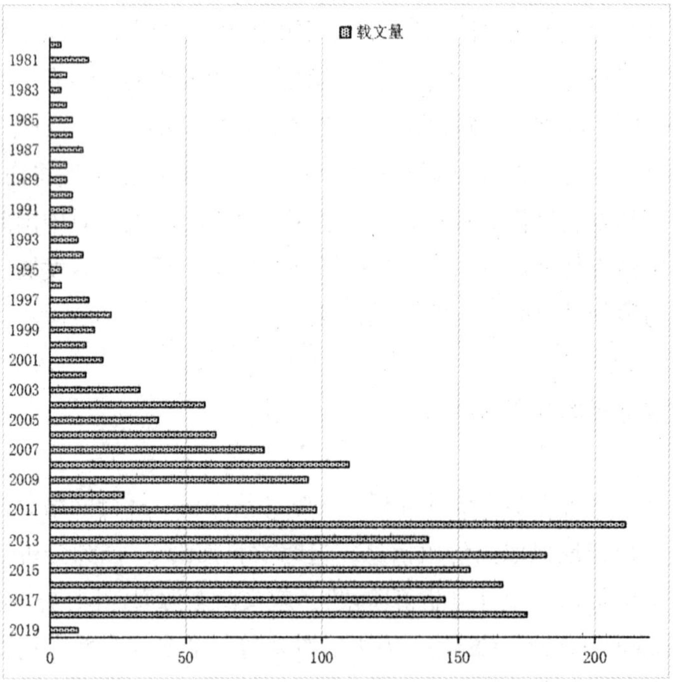

图 1 国内薄膜太阳能电池论文年代分布图

（二）高产作者统计分析

研究显示，在该研究领域中发文最多的作者赵颖，发文量达 101 篇，其中 50.08%的作者仅撰写 1 篇论文，侧面说明作者分布相对集中。按照普赖斯的理论，经测算发表论文数为 7.53 篇以上的作者为杰出科学家（核心作者），即在该领域核心作者群体的发文量均在 7 篇及以上。经统计，该领域发文量在 30 篇以上的高产作者主要有：赵颖、孙云、张晓丹、熊绍珍、耿新华、戴松元、李长健、张静全、何青、武莉莉、黎兵、许颖、冯良桓、李卫、郑家贵、蔡亚平、孙建、王孔嘉、蔡伟等。为更直观显示该领域高频作者，运用加权统计法，量化排名前 15 位的作者在该领域的权重，见下表。按作者加权统计，武四新、张瑞峰、薛俊明、王孔嘉 4 位作者超过武莉莉（2.8583）、冯良桓（4.2604）、李卫（3.0114）、郑家贵（3.9282）。因此，经过加权统计测算的这些学者可作为薄膜太阳能电池领域的核心作者，他们的研究推动了我国薄膜电池研究的发展。需要说明的是，某研究领域中核心作者发文量约占总发文量的 50%时，学科的高产作者群才可以形成[5]。经测算，该领域前 50 位作者总发文量占论文总数的 69.76%，远高于 50%的要求。因此，该研究领域稳定的核心作者群初步形成。

表 1　薄膜太阳能电池研究领域排名前 15 位的高产作者

算数统计			加权统计		
序号	作者姓名	论文数	序号	作者姓名	作者加权统计
01	赵　颖	101	01	赵　颖	16.3642
02	孙　云	63	02	张晓丹	13.8268
03	张晓丹	59	03	孙　云	11.4247
04	熊绍珍	58	04	林鸿生	9.2524
05	耿新华	57	05	戴松元	8.9063
06	戴松元	43	06	熊绍珍	7.4423
07	李长健	42	07	武四新	7.0619
08	张静全	39	08	许　颖	6.8261
09	何　青	39	09	李长健	6.1238
10	武莉莉	38	10	张瑞峰	5.6333
11	黎　兵	36	11	耿新华	5.5991
12	许　颖	36	12	何　青	5.0562
13	冯良桓	35	13	张静全	5.0555
14	李　卫	34	14	薛俊明	4.9928
15	郑家贵	34	15	王孔嘉	4.5797

（三）高频关键词统计分析

数据清洗后，列有关键词的文献 2007 篇，共有 3374 个关键词。为便于标准化统计分析，对同义不同表达的关键词进行合并归类、统一表述，对词频仅为1次的关键词予以过滤，清洗后共得到关键词1530个。经统计梳理出现频次高于30次的关键词，发现研究热点是太阳（能）电池、薄膜电池、CIGS、染料敏化太阳能电池、磁控溅射、转换效率、非晶硅、钙钛矿太阳能电池、CdS、PECVD、异质结、铜锌锡硫、碲化镉(CdTe)、光电性能等，并可预测这些热点会是未来的研究趋势。

表2 薄膜太阳能电池领域高频关键频次（30次及以上）

关键词	频次	关键词	频次	关键词	频次
太阳电池	458	CdS	72	PECVD	38
太阳能电池	341	光电转换效率	69	异质结	37
薄膜太阳能电池	198	CdTe	69	铜锌锡硫	35
CIGS	134	转换效率	67	光电性能	32
薄膜	116	非晶硅	67	缓冲层	32
薄膜太阳电池	105	染料敏化	64	二氧化钛	32
薄膜电池	89	钙钛矿	57	微晶硅	30
染料敏化太阳能电池	83	多晶(硅)薄膜	46	硒化/CZTS	30
磁控溅射	74	钙钛矿太阳能电池	合计	26个	

（四）核心期刊与资助情况统计分析

通过对薄膜太阳能电池研究论文的期刊分布统计，可以进一步追踪薄膜电池研究的热点领域。本研究所统计的2007篇薄膜太阳能电池研究论文，有262篇论文出现在会议论文集中，论文集总计56种，其中在《新型太阳能电池学术研讨会论文集》《新型太阳能电池暨钙钛矿太阳能电池学术研讨会论文集》《中国太阳能学会学术会议论文摘要集》《中国光伏会议论文集》论文分布较多。从期刊来看，有1745篇论文分布在期刊中，期刊数总计484种。期刊载文量分布差异较大，载文量最多的达到106篇，最少的仅为1篇。其中，薄膜太阳能电池领域的中文核心期刊是排名前20位的期刊如下表所示。将已发表的1745篇论文所在期刊分为刊载20篇及以上分布区、刊载8~19篇分布区、刊载3~7篇分布区、刊载1~2篇分布区4个级别，期刊数分别为12个、36个、105个和331个，各级公比近似等于3；载文量分别为478篇、411篇、421篇、435篇，载文量均在400篇以上，载文占比均在25%。

表 3　薄膜太阳能电池领域论文频次 16 次以上的主要期刊

排名	期刊名称	频次	排名	期刊名称	频次	排名	期刊名称	频次
1	《太阳能学报》	106	7	《华中科技大学》	31	13	《浙江大学出版社》	19
2	《太阳能》	62	8	《中国科学技术大学》	26	14	《吉林大学》	18
3	《电源技术》	50	9	《河南大学》	22	15	《电子科技大学》	18
4	《人工晶体学报》	41	10	《河北工业大学》	21	16	《半导体光电》	17
5	《物理学报》	40	11	《合肥工业大学》	20	17	《中国轻工杂志社》	17
6	《材料导报》	39	12	《华东师范大学》	20	18	《郑州大学》	16

（五）研究机构统计分析

经统计分析，1980—2019 年薄膜太阳能电池研究领域发表论文研究的机构主要分布在企业、高校和科研院所。按照区域分析法得出，薄膜太阳能电池领域的研究机构排名前 16 位的单位分别为：南开大学（146 篇，占 21.82%）、华中科技大学（49 篇，占 7.32%）、四川大学（48 篇，占 7.17%）、河北工业大学（44 篇，占 6.58%）、河南大学（42 篇，占 6.28%）、中国科学技术大学（41 篇，占 6.13%）、上海交通大学（35 篇，占 5.23%）、郑州大学（34 篇，占 5.08%）、中科院等离子体物理研究所（34 篇，占 5.08%）、北京市太阳能研究所（31 篇，占 4.63%）、中国电子科技集团第十研究所（30 篇，占 4.48%）、浙江大学（28 篇，占 4.19%）、云南师范大学（28 篇，占 4.19%）、华东师范大学（27 篇，占 4.04%）、清华大学（27 篇，占 4.04%）、中南大学（25 篇，占 3.74%），由此可以看出，该领域研究呈现出以高校为主、院所为辅的特点。

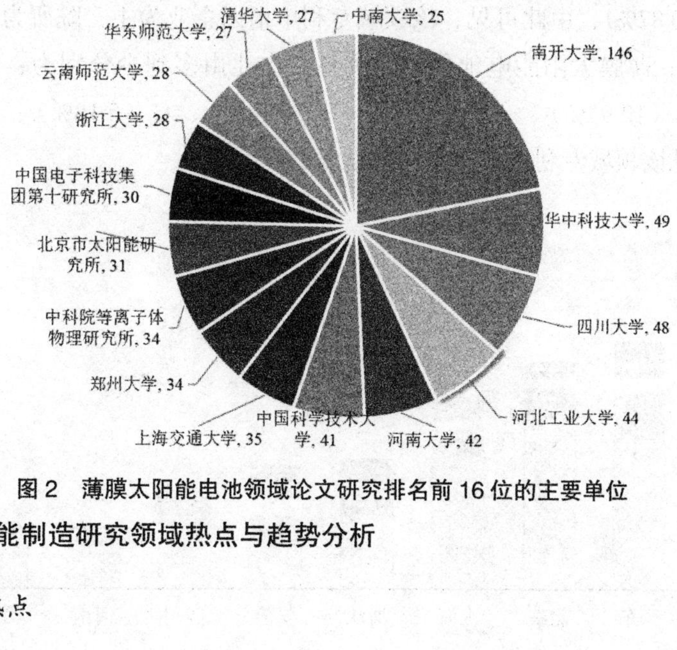

图 2　薄膜太阳能电池领域论文研究排名前 16 位的主要单位

四、中国智能制造研究领域热点与趋势分析

（一）研究热点

知识图谱可以综合利用各学科理论和方法，通过空间形态来发现、描述、分析以及

最终展示数据或文本之间的相互关系，揭示学科发展历程、研究现状、前沿领域以及整体结构和变化动态，预测未来发展方向[6-7]。为全面掌握薄膜太阳能电池的研究动态，基于关键词从论文和专利视角挖掘该研究领域的热点主题，如下图所示。可以看出，中国该领域的相关研究主要集中于转换效率、非晶硅薄膜、电沉积、铜锌锡硫（CZTS）等主题，薄膜太阳能电池的相关研究集中于非晶硅、CIGS、CdTe、CdS、转化效率、磁控溅射、缓冲层等。

国内外专利机构研究显示，全世界九成以上的新技术信息会最早在专利文献中得到反映，通过专利检索可以评定专利申请通过授权的可能性，有效率地搜集最新专利资讯，追踪相关技术发展动向，有效缩短研发经费与时间的投入[9-10]。经检索 Incopat 专利数据库发现（图 3），2000—2018 年中国共申请智能制造相关专利 4801 件，远高于日本、美国和韩国，2012 年在该领域专利申请量达到顶峰。综合来看，中国在该领域专利申请量排名前 10 的省份和地区分别为：江苏（14.55%）、广东（10.18%）、北京（9.91%）、上海（9.43%）、浙江（6.20%）、安徽（4.37%）、四川（4.37%）、河南（3.66%）、福建（3.14%）、中国台湾（3.02%）。从中国授权专利来看，实用新型专利、发明专利、外观设计专利分别拥有 1342 件、907 件和 15 件。排名前 10 的申请人分别为吉富新能源科技(上海)有限公司（3.58%）、深圳市创益科技发展有限公司（1.79%）、电子科技大学（1.62%）、中原工学院（1.37%）、无锡同春新能源科技有限公司（1.12%）、无锡市翱宇特新科技发展有限公司（1.10%）、北京铂阳顶荣光伏科技有限公司（1.04%）、湖南共创光伏科技有限公司（0.97%）、张一熙（0.91%）、蚌埠玻璃工业设计研究院（0.87%），由此可见，该领域专利申请以企业为主、院所为辅。根据国际专利分类（IPC），薄膜太阳能电池领域专利各部占比由多到少分别为：H（77.46%）、C（14.49%）、B（12.93%）、A（8.18%）、F（6.18%）、G（5.18%）、E（4.70%）、D（0.33%），可见该领域专利主要集中在电学领域。

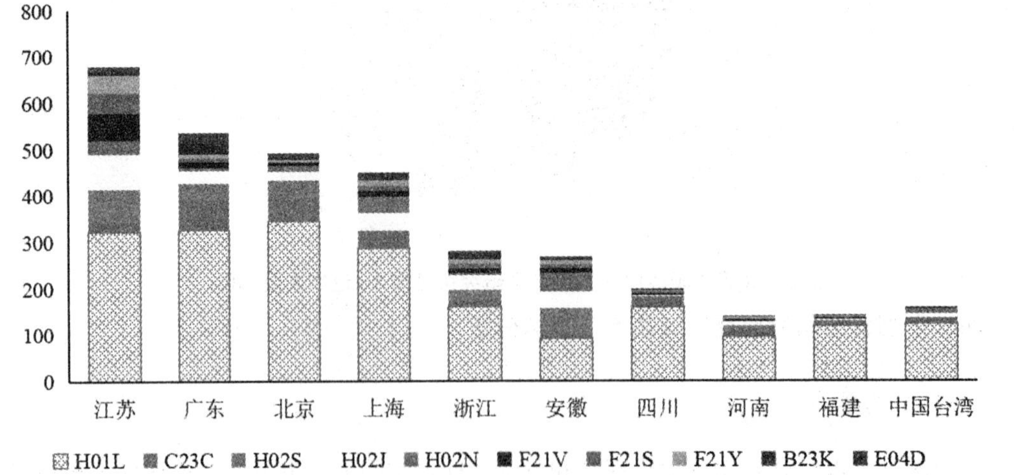

图 3 基于 incopat 检索的我国薄膜太阳能电池技术分布（排名前 10 位）

（二）趋势分析

全球范围来看，非晶硅太阳能电池的研发和产业化，取得了一系列新成果、新突破，太阳能光伏电池市场逐步向薄膜太阳能光伏产品转移。其中，CIGS薄膜太阳能电池换效率（实验室）已经超过了20%，而且性能稳定、发电量高、安全环保，成为欧美国家关注的热点。就国内来看，薄膜太阳能电池产量增长较快，由2009年的263MW增长到2017年的1191MW。就发展趋势来看，一是薄膜电池行业近几年初成规模，不论技术水平、行业成熟度、供应链等均处于逐渐成熟的过程中，未来发展要求更侧重于制备工艺简单、设施要求低；电池稳定性好、寿命长；光电转换效率高、安全环保；原料成本低、来源丰富，实现规模效益后有望成为市场的主流选择[11]。

五、结果与讨论

从现有学者的研究成果来看，常见的薄膜太阳能电池有非晶硅、CuInSe2（CIS）、CuInGaSe2（CIGS）和碲化镉（CdTe）等。通过对1980—2018年国内薄膜太阳能电池研究论文和专利申请分析，发现国内该领域研究已经取得了一定的突破，并趋向白热化阶段。在研究热点问题方面，通过关键词词频分析及专利检索得出，非晶硅、铜铟镓硒（CIGS）、碲化镉（CdTe）、硫化镉（CdS）、光电转化效率、磁控溅射、缓冲层等，是国内该领域研究的重点。在载文量方面，发表该领域论文的期刊多为行业专业性研究的期刊和部分会议论文集。通过作者分布规律分析得出该研究领域稳定的核心研究群体基本形成，论文文献研究呈现出以高校为主、院所为辅，专利申请以企业为主、院所为辅的特点。从发展趋势来看，薄膜太阳能电池的未来发展更侧重于工艺简单、电池稳定性好、寿命长、光电转换效率高、安全环保等方面。需要说明的是，本研究由于数据量和数据清洗的不足，可能会使研究结果不够全面，将在后续的研究中进一步完善并加以改进。

参考文献：

[1]车红侠.2010年—2014年国内太阳能电池研究文献计量分析[J].内蒙古科技与经济,2015(20):134-135.
[2]李艳,张悦,曾可,张士靖.文献信息分析工具的比较[J].中华医学图书情报杂志,2015(11):41-47.
[3]左丽华.词频分析及常用工具比较研究[J].图书馆学刊,2016(06):38-41.
[4]PRICE D J DE S.Little science,big science-and beyond[M].Columbia:Columbia University Press,1963:301.
[5]马秀娟.我国信息伦理研究论文的计量分析[J].科技文献信息管理,2014(1):13-17+20.
[6]肖明,邱小花,黄界,等.知识图谱工具比较研究[J].图书馆杂志,2013,32(03):61-69.
[7]李明鑫,王松.近十年国内知识图谱研究脉络及主题分析[J].图书情报知识,2016(04):93-101.
[8]黄祖贵.专利检索与分析方法的选择研究[J].黑龙江科技信息,2016(26):213.
[9]张琪.专利检索与分析方法的选择研究[J].科技管理研究,2012(11):175-179.

[10]杨盈霄.浅谈专利检索的几种手段[J].科学技术创新,2019(05):192-193.
[11]林源.薄膜太阳能电池的研究与应用进展[J].化工新型材料,2018,46(06):57-60.

（撰稿人：付英　邸金　李建伟　　《生产力研究》2019 年 5 期）

科技创新，助力生态产业发展

科技与产业的融合逐渐成为未来趋势，从科技攻关、创新主体培育、创新资源集聚、产业人才培养等方面，发挥好科技创新的作用，是支撑生态产业发展开好头、起好步、高质量发展的必然要求。

一、主动适应：科技与产业相互融合

科技与产业的相互融合正在成为当代科技发展、技术创新、经济发展、生态文明和社会进步的大趋势，也是我国高质量发展的内在需要。科技与产业的相互融合，能推动国民经济及其主导产业由量变到质变，但也需要新的生态、新的模式、新的规则和新的文化。

科技与产业的相互融合不仅是科技成果转化，更是科技成果转化与经济发展、生态文明和社会进步对科技发展和技术创新的需求。从规模化应用看，需要科学统筹产业创新和科学发展、技术创新的资源配置机制。从发展趋势看，科学价值将高于技术创新的价值。从政策供给看，提高政策的精准化服务水平，建立并完善产业链、科学链和创新链的互通融合机制与通道。

二、支撑引领：科技创新为生态产业发展插上“翅膀”

（一）技术创新引领，适时更新产业技术信息指南

聚焦生态产业发展短板，针对“如何加强科技支撑”“如何发掘自身优势”“如何积聚社会力量”等关键问题，甘肃省组织编制了2019年版《甘肃省十大生态产业技术引进指南》《甘肃省十大生态产业省内技术信息指南》，进一步明确甘肃省十大生态产业优先发展领域和技术发展重点，集聚、整合全社会创新资源，引导企业研发投入方向，提升生态产业核心竞争力。根据产业技术发展状况和指南实施情况，适时对指南进行修订和调整。

（二）加强科技攻关，支撑产业创新发展

一是鼓励由企业牵头，在资源综合利用、工业清洁生产、新能源发电、生态农业、道地药材、文化传承、电子商务、云计算和大数据应用、核能清洁利用、智能制造等领域实施科技重大专项。二是支持和鼓励企业牵头或参与重点研发计划，在环保综合治

理、固体废弃物再生利用、能源消纳、农产品精深加工、中药大品种二次开发利用、多式联运、物联网、军民融合、生物制药等领域，着力攻克一批关键共性技术和成套装备。三是依托中央在甘单位优势，重点在核技术、生态、航空航天、中医中药、新材料、文物保护等特色优势产业领域，开展重大基础研究。

（三）强化创新主体地位，提升自主创新能力

一是支持企业建立研发准备金制度，增加企业研发投入。完善“企业出题、政府立题、协同解题”的协同创新机制，推动生态产业领域大中型科技企业研发机构或平台全覆盖。二是调动企业转化成果的积极性，鼓励企业和社会资本建设为科技型中小企业提供技术集成、熟化和工程化试验服务的开放型中试基地。三是每年遴选培育一批成长性好的高新技术企业，催生培育一批创新能力强、发展潜力大的科技创新型企业。依托现有高新技术企业，引进一批科技含量高的生态产业项目，培育高新技术产业链。

（四）集聚高端创新资源，厚植生态产业发展优势

一是围绕十大生态产业发展需求，依托高校、科研院所、企业等研发组织，在优势特色领域培育创建示范基地、重点实验室、工程研究中心等创新平台。二是鼓励科研院所、高校、企业等创新资源和人才团队，建立高质量发展的新型研发机构。三是依托“科聚网”，打造集研究开发、技术转移、仪器共享、创业孵化、科技咨询、科技金融等为一体的新型科技服务平台。推动重大科研设施、基础研究平台等创新资源开放共享和高效配置。四是充分发挥已建成的国家级国际联合研究中心、示范型国际科技合作基地等国际合作平台作用，积极推动对外交流合作。

（五）培育产业科技人才，激发创新创造活力

一是依托产业链打造人才链，选拔一批高层次急需紧缺人才、产业领军人才和创新团队，给予研发经费扶持，推进技术研发、工艺改进。二是大力实施“甘肃省领军人才”“西部之光”“陇原之光”等人才计划，培养一批本土人才。三是强化人才服务保障，建立完善科技创新人才综合服务平台，对现有及引进的各类人才，按照有关规定和现有保障渠道，提供清单式、“一事一议”针对性服务。

（六）协同创新，打造绿色产业高地

一是高水平建设兰州白银国家自主创新示范区和兰白科技创新改革试验区。以兰州高新区为核心，实施生命健康、智能制造、大数据应用产业跃升工程。以白银高新区为核心，建成精细化工产业园、向西开放现代物流园、循环经济示范园、绿色生态产业试验与研发基地。接续实施兰白试验区“3510”行动，引领带动全省生态产业创新发展。

二是优先推进榆中生态创新城建设，培育全省新的经济增长点。三是推进国家高新区、国家经开区、国家农业科技园区、国家农业高新区创建工作，打造培育优质省级高新区、经济区、农业高新区，形成高新产业带。四是完善酒嘉、金武、天水、陇东4个现代产业创新集群，推进张掖、甘南、临夏、定西、陇南、敦煌6个科技创新示范区建设，促进产业创新集群联动发展。

三、加强保障：形成高质量发展的强大合力

（一）加大政策措施供给

加快建立绿色生产和消费的法规制度和政策措施，形成较完备的法制支撑和制度体系。加快政府“放管服”改革，促进“黄金30条”政策助力生态产业建设，从财政金融、开放合作、创新主体培育、科研经费、人才发展、成果转化等方面实施政策创新，促进各类要素聚集绿色发展。

（二）落实考核评价

完善责任考核机制和信息统计制度，将目标任务纳入年度绩效考评范围。适时开展中期评估和阶段总结，发现问题，及时解决。建立奖惩制度，对成绩突出的单位进行表彰奖励，对落实不力的进行追责问责。

（三）加强宣传引导

充分利用各种媒介，及时对生态产业有关法规和政策进行解读和宣传。积极培育生态文化，广泛宣传绿色理念，形成崇尚生态文明的良好氛围，营造全社会共同推进绿色生态产业快速发展的环境。

（撰稿人：付英　《科技决策参考》2019年第16期）

十大生态产业技术引进指南：招商引资引智的基础

2019 年 1 月，按照省政府要求，省科技厅牵头会同相关部门编制了《甘肃省十大生态产业技术引进指南（2019 年版）》（以下简称《引进指南》），为甘肃省部门、企业和研发机构提供信息指引。《引进指南》编制立足甘肃面向国内外，以全球视野和战略高度，采取“情报检索 + 部门行业信息 + 专家咨询意见”的方式，先后咨询了近百位专家，通过研判国内外产业发展现状和趋势，梳理甘肃省对行业有重要影响和瓶颈制约、短期内亟待解决并能够取得突破的核心技术。同时，凝聚集体智慧和共识，甄别筛选出各技术领域国内外领军人才、研发团队和优势企业的详细信息，为做好相关产业关键共性技术的研究开发提供参考。

一、甘肃省技术需求：83 项技术和 323 项需求

（一）梳理出 83 项技术

依据《甘肃省推进绿色生态产业发展规划》内容，共梳理出关键技术 83 项。其中，节能环保产业 15 项、清洁生产产业 5 项、清洁能源产业 13 项、循环农业 12 项、中医中药产业 3 项、文化旅游产业 4 项、通道物流产业 3 项、数据信息产业 10 项、军民融合产业 8 项、先进制造产业 10 项。

（二）提出 323 项技术需求

《引进指南》编制，聚焦十大生态产业发展，坚持面向世界科技前沿、面向国家重大需求、面向甘肃经济主战场，追踪研究国内外技术前沿动态 309 项，并分析研究每项技术的国内外技术前沿、知识产权分布、甘肃省技术需求，进一步凝练出 323 项甘肃省技术需求。

二、甘肃省 6 项技术专利申请量排名全国前十

借助 Incopat、中国知网等专业数据库，对 83 项技术相关内容进行检索，在十大生态产业领域中共检索到国内外相关专利申请量 85.24 万件。

（一）十大生态产业各产业专利布局

呈现出差异大的特点，尤其在通道物流、循环农业、文化旅游、中医中药产业领域

专利普遍较少。经检索，十大生态产业在国内外专利申请总量的占比，由高到低分别为：清洁生产产业（占 28.66%）、先进制造产业（占 17.52%）、节能环保产业（占 16.64%）、清洁能源产业（占 13.73%）、军民融合产业（占 10.45%）、数据信息产业（占 6.84%）、通道物流产业（占 3.57%）、循环农业（占 2.13%）、文化旅游产业（占 0.31%）、中医中药产业（占 0.15%）。

（二）十大生态产业申请量的区域分布

排名前十位的省份（直辖市）分别为：江苏省（占 10.08%）、北京市（占 9.57%）、广东省（占 8.94%）、浙江省（占 8.94%）、山东省（占 8.19%）、四川省（占 8.06%）、上海市（占 6.80%）、安徽省（占 6.55%）、湖北省（占 4.66%）、河南省（占 3.78%）。甘肃省在全国的专利申请量排名第 22 位，占全国的 0.76%。其中，土壤污染治理与监测技术、乏燃料后处理技术、有机营养枕技术、中药材人工驯养及栽培技术、空间电推进系统生产技术、动物病毒基因工程疫苗关键技术 6 项技术专利申请量居全国前十位。

三、甘肃省领军人才、团队、企业数量在全国占比普遍较低

依据《引进指南》83 项技术，筛选出了国内外行业领军人才 415 名、优势团队 414 个、优势企业 416 家。研究发现，北京市占 1245 个领军人才、优势团队和优势企业总数的 30%以上，甘肃省仅占总数的 1.93%。

（一）国内领军人才分布

北京市（占 37.11%）、上海市（占 7.47%）、江苏省（占 7.47%）、广东省（占 5.06%）、浙江省（占 4.34%）居前五位，甘肃省居第 13 位，占 1.93%。甘肃省领军人才主要分布在大气污染监测与治理技术、石油化工行业关键技术、乏燃料后处理技术、重大文化遗产数字化技术、文化遗产及文物保护技术、空间电推进系统生产技术、特种固体润滑技术、预防用疫苗关键技术等领域。

（二）国内优势团队分布

北京市（占 34.30%）、江苏省（占 8.94%）、上海市（占 7.00%）、广东省（占 6.76%）、浙江省（占 4.59%）居前五位，甘肃省居第 16 位，占 1.45%。甘肃省优势团队主要分布在石油化工行业关键技术、重大文化遗产数字化技术、文化遗产及文物保护技术、空间电推进系统生产技术、特种固体润滑技术、预防用疫苗关键技术等技术领域。

（三）国内优势企业分布

北京市（占23.80%）、广东省（占10.58%）、江苏省（占8.17%）、上海市（占7.93%）、山东省（占3.85%）居前五位，甘肃省居第9位，占2.40%。甘肃省优势企业主要分布在乏燃料后处理技术、有机营养枕技术、重大文化遗产数字化技术、文化遗产及文物保护技术、自动飞行控制系统及部件/航空电作动系统/航空电机和照明系统、无人机及轻型通用飞机生产技术、特种固体润滑技术、石化通用装备智能化技术等技术领域。

研究发现，甘肃省十大类生态产业中，30%的产业为传统产业改造升级，70%的产业为新兴产业培育；大多数关键技术处于跟踪、引进阶段，仅文化遗产数字化、文物保护、特种固体润滑新材料、生物疫苗、石油化工与石化通用装备、航空航天等7%的技术在全国具有一定优势，93%的技术对外依存度较高。虽然近年来甘肃省科技创新凸显“低投入、高产出”特色，创造了欠发达地区的“发达现象”，但大多数核心技术、关键技术、高端产品开发都主要靠外援技术，亟待加强攻克。

（撰稿人：付英　　《科技决策参考》2019年第20期）

甘肃省十大生态产业技术分布与方向分析

《省内指南》分析研究了 83 项技术的省内技术现状与创新点、省内产业现状及发展规模和知识产权分布，筛选了 688 个省内优势团队（平台）和优势企业，梳理了每个优势团队（平台）的研究方向、重要成果和主要产品、研发人员数量以及每个优势企业的主要产品和重要技术成果、知识产权、技术需求。

一、专利技术布局

借助 Incopat 专利数据库、中国知网等数据库，对 83 项技术相关内容进行专利检索，2016—2018 年共检索到甘肃省十大生态产业相关专利申请 9612 件。

（一）产业专利分布差异较大

除文化旅游、中医中药和循环农业外，其余产业领域专利申请量在全国的占比不足 1%。甘肃省十大生态产业专利申请量在全国的占比由高到低分别为：文化旅游产业（占 5.28%）、中医中药产业（占 4.17%）、循环农业（占 1.79%）、清洁能源产业（占 0.58%）、先进制造产业（占 0.53%）、节能环保产业（占 0.51%）、清洁生产产业（占 0.38%）、通道物流产业（占 0.33%）、数据信息产业（占 0.32%）、军民融合产业（占 0.30%）。

（二）部分技术优势凸显

从 83 项技术的专利申请量占全国同类专利的比重看，甘肃省乏燃料后处理（占 14.58%）、文化遗产和文物保护（占 6.93%）、扬尘治理（占 6.50%）、中药材人工驯养及栽培（占 4.52%）、太阳能热发电（占 3.67%）、轻工业（占 3.63%）、中药配方颗粒（占 3.42%）、光伏农业（占 3.36%）、基因工程疫苗（占 3.26%）、能源消纳（占 2.45%）等关键技术在国内占有一定的优势。

（三）企业是专利的主要申请人

甘肃省 83 项技术排名前十的专利申请人共 551 个（不同技术点的同一申请人重复计算），其中申请人为自然人的 80 个。在其余 471 个非自然人的专利申请人中，企业占全部申请人的 57.75%，高等院校占全部申请人的 28.03%，科研机构占全部申请人的 12.31%，其他占 1.91%。

二、优势机构分布

从省内优势团队（平台）、优势企业的地域分布来看，兰州市占全省总数的70%，且在各产业中均居首位，其余13个市州合计占比30%。从优势机构数量占全省本产业机构总数的比重来看，白银市主要有节能环保、清洁生产和通道物流3大产业，分别占全省的5.34%、14.58%和6.90%。酒泉市主要有文化旅游、清洁能源和循环农业3大产业，分别占全省的18.42%、17.65%和9.28%。天水市主要有先进制造、军民融合和数据信息3大产业，分别占全省的18.67%、12.86%和4.17%。定西市主要有中医中药产业，占全省的29.63%。从优势机构所属的产业领域来看，兰州市涉及10个，天水市涉及9个，酒泉市涉及7个，白银市、定西市、武威市、张掖市、平凉市均涉及5个，嘉峪关市、金昌市、临夏州均涉及4个，甘南州涉及3个，庆阳市和陇南市均涉及2个。

三、甘肃省优势技术领域的优势团队（平台）、优势企业情况

（一）文化遗产数字化

主要包括数字化采集、三维重建、多维立体再现与展示、临夏砖雕文物保护数字化等关键技术。优势团队（平台）主要有敦煌研究院文物数字化研究所、敦煌研究院—兰州理工大学文化遗产数字保护与再利用联合实验室、甘肃特有少数民族文化数字化研究中心等。优势企业主要有甘肃恒真数字文化科技有限公司、临夏市能成古典建筑装饰工程有限责任公司、甘肃龙洋文化遗产保护有限公司、临夏青韵砖雕有限公司等。

（二）文物保护

主要包括古代壁画保护、土遗址和石窟寺（石刻）保护加固、古建筑（近现代建筑）修复等关键技术。优势团队（平台）主要有国家古代壁画与土遗址保护工程技术研究中心、甘肃省博物馆文物保护修复中心、甘肃省文物考古研究所技术保护室等。优势企业主要有敦煌研究院文物保护技术服务中心、甘肃莫高窟文化遗产保护设计咨询有限公司、甘肃省文博服务中心、甘肃昊廷古建工程有限公司等。

（三）特种固体润滑新材料

主要包括聚合物自润滑材料、PVD润滑薄膜、复合润滑材料、特种油脂和密封材料、金属基高温润滑材料的研发及制备等关键技术。优势团队（平台）主要有中国科学院兰州化学物理研究所、甘肃省航空特种涂层材料工程技术中心、甘肃省军民融合先进结构材料研究中心等。优势企业主要有中昊北方涂料工业研究设计院有限公司、甘肃海林中科科技股份有限公司、兰州中科凯路润滑与防护技术有限公司等。

（四）生物疫苗

主要包括预防用疫苗、治疗用生物制品、基因工程疫苗研制等关键技术。优势团队（平台）主要有中国农业科学院兰州兽医研究所、中国农业科学院兰州畜牧与兽药研究所、甘肃省动物细胞工程技术研究中心等。优势企业主要有兰州生物制品研究所有限责任公司、中农威特生物科技股份有限公司、中牧实业股份有限公司兰州生物药厂、甘肃健顺生物科技有限公司等。

（五）石油化工与石化通用装备

主要包括油品质量升级、炼油催化剂、合成橡胶、合成树脂、石化通用装备的智能化等关键共性技术。优势团队（平台）主要有中国石油天然气股份有限公司兰州化工研究中心、中国科学院兰州化学物理研究所、兰州兰石能源装备工程研究院等。优势企业主要有中国石油天然气股份有限公司兰州石化分公司、中国石油天然气股份有限公司庆阳石化分公司、兰州兰石集团有限公司、天华化工机械及自动化研究设计院有限公司等。

（六）航空航天

主要包括电推进技术、自动飞行控制、航空电作动系统等关键技术。优势团队（平台）主要有兰州空间技术物理研究所、兰州飞行控制有限责任公司电控所、甘肃省信息感知及智能控制军民融合协同创新中心、甘肃省无人机应用工程技术中心等。优势企业主要有兰州飞行控制有限责任公司、兰州万里航空机电有限责任公司、甘肃长风电子科技有限责任公司、兰州神龙航空科技有限公司等。

（撰稿人：李建伟　　《科技决策参考》2019 年第 21 期）

甘肃十大生态产业技术前沿再跟踪

2020年，省科技厅在《甘肃省十大生态产业技术引进指南（2019年版）》《甘肃省十大生态产业省内技术信息服务指南（2019年版）》的基础上，认真吸纳意见建议，结合十大生态产业发展新动向，编制了《甘肃省十大生态产业技术引进指南（2020年版）》和《甘肃省十大生态产业省内技术信息服务指南（2020年版）》（以下简称2020年版〈指南〉）。2020年版《指南》以国内外技术前沿动态为主，凝练甘肃技术需求，梳理甘肃省各产业技术发展情况。

与2019年版《指南》相比，一是2020年版《指南》统一了全国和甘肃在核心关键技术专利检索方面的时间跨度，提高了情报分析的针对性与对比性，突出了技术服务的靶向精准度。二是2020年版《指南》仍按照83项核心关键技术进行梳理，其中节能环保产业15项、清洁生产产业5项、清洁能源产业13项、循环农业12项、中医中药产业3项、文化旅游产业4项、通道物流产业3项、数据信息产业10项、军民融合产业8项、先进制造产业10项。

一、技术需求情况

结合相关技术和信息的最新发展状况，分析研究了每项技术的国内外技术前沿和知识产权分布，凝练出了354项甘肃技术需求，比2019年多出31项。技术需求主要集中在节能环保产业、清洁生产产业和清洁能源产业。其中，节能环保产业技术需求占18.64%，清洁生产产业技术需求占14.69%，清洁能源产业技术需求占14.41%，这三个产业的技术需求接近技术需求总数的一半。

二、知识产权分布情况

借助Incopat专利数据库，对83项核心关键技术的相关内容进行检索，共检索到2016—2019年国内相关专利341.74万件，我省相关专利1.76万件。

（一）专利申请人方面

2020年版《指南》对专利申请量排名前十的省（直辖市自治区）进行了梳理，专利申请人主要分布在江苏、北京、广东、浙江和山东等沿海发达省份，西部省份专利申请量相对较少。对专利申请量排名前十的省内申请人进行了梳理，发现省内专利申请人主要集中在企业，占总数的49.49%，高等院校占25.93%，科研机构占10.34%，其他占

14.24%。

（二）产业技术分布方面

不同产业专利申请量差异较大。从全国范围看，清洁生产产业达到 258.90 万件，占 75.76%；节能环保产业 28.78 万件，占 8.42%；军民融合产业 16.09 万件，占 4.71%；先进制造产业 14.08 万件，占 4.12%；清洁能源产业 10.85 万件，占 3.17%；数据信息产业 6.31 万件，占 1.85%；通道物流产业 37747 件，占 1.10%；循环农业 26255 件，占 0.77%；文化旅游产业 2631 件，占 0.08%；中医中药产业 684 件，占 0.02%。

从全省范围来看，专利申请量排在第一位的同样是清洁生产产业，达到 1.02 万件，占 58.11%，占比低于全国水平；数据信息产业 0.22 万件排在第二位，占 12.69%，占比远高于全国水平；节能环保产业 0.14 万件排在第三位，占 8.09%，占比与全国水平基本相同。通道物流产业、文化旅游产业和中医中药产业领域的专利申请量在全国和省内都普遍较少。

从专利申请量占全国同类专利的比重来看，甘肃省部分技术领域在国内具有竞争优势，主要为文化遗产保护（6.93%）、中药材人工驯养及栽培（5.25%）、农田废弃物回收利用（4.78%）、扬尘治理设备关键（4.71%）、太阳能热发电（3.89%）、有色冶金材料高值利用（3.58%）、特种固体润滑和防护材料等新材料（3.38%）、光伏农业关键（3.22%）、中药配方颗粒生产质量控制（3%）等技术领域。

三、优势机构分布情况

依据 83 项核心关键技术，2020 年版《指南》在全国范围筛选出十大生态产业行业优势团队和平台 746 个，优势企业 363 家，在全省范围筛选出优势团队和平台 341 个，优势企业 354 家。

（一）全国优势机构分布

从全国优势团队和平台、优势企业的分布看，北京（占 35.26%）、江苏（占 9.38%）、广东（占 8.48%）、上海（占 8.39%）、浙江（占 4.69%）居前五位。甘肃省在全国范围具有技术优势的机构主要分布在地热资源勘探及利用、乏燃料后处理、空间电推进系统生产、石化通用装备智能化、石油化工行业关键技术、预防用疫苗关键技术、重大文化遗产数字化、特种固体润滑和防护材料等新材料、有机营养枕、自动飞行控制系统及部件、自然文化遗产等技术领域。

（二）省内优势机构分布

从全省优势团队和平台、优势企业的分布看，兰州市优势机构占全省总数的71.65%，其余13个市州共占全省总数的28.35%。从各市州优势机构所属的产业领域来看，兰州涉及全部10个产业领域，天水涉及9个产业领域，酒泉、平凉涉及6个产业领域，白银、武威涉及5个产业领域，定西、嘉峪关、金昌、临夏、张掖涉及4个产业领域，甘南和陇南涉及3个产业领域，庆阳涉及2个产业领域。

四、发挥优势补短板

通过上述研究发现，甘肃十大类生态产业呈现出以下三个特征：一是从专利申请量和优势机构分布分析来看，甘肃省文化遗产保护、特种固体润滑和防护材料等新材料、预防用疫苗关键技术、有机营养枕、乏燃料后处理、重大文化遗产数字化、石化通用装备、自动飞行控制系统等8个技术领域在国内具有一定的竞争优势。在2019年甘肃省优势技术领域的基础上，新增了有机营养枕和乏燃料后处理2个技术领域。二是甘肃省70%左右的优势团队、平台、企业集中在兰州市，30%左右分布在其他13个市州，与2019年情况基本相似。三是30%的产业为传统产业改造升级，70%的产业为新兴产业培育，与2019年情况基本相似。

“十四五”时期，甘肃省应充分发挥科技创新对十大生态产业的支撑作用，选择一批面对国家重大战略需求、着眼于甘肃经济社会长远发展的重大科技项目，跨区域借力借势，结合重大工程、重大项目、重点平台，着力攻克一批关键共性技术和成套装备，力争在生物产业、新材料、先进装备制造、节能环保、电子信息、新能源、现代农业、现代服务业、公共安全产业、新型基础设施建设等重点产业领域有所突破，促进传统产业向智能化、信息化、绿色化发展，开发高附加值、高技术含量新产品，推进各领域技术跨界创新，引领十大生态产业突破发展，推进产业基础高级化、产业链现代化。

（撰稿人：李建伟　　《科技决策参考》2019年第21期）

科技创新赋能文化产业

以VR（虚拟现实）、AR（增强现实）、MR（混合现实）等为代表的仿真技术带来了沉浸式的文化体验，以人工智能为代表的深度学习技术为传统文化新生提供机遇，以数字编码、数字压缩、数字传输等为代表的数字技术改变了文化资源存储与传播的方式。推进文化创意与科技深度融合，培育壮大文化产业新业态，已成为区域转换发展动力、优化经济结构的新抓手。

一、科技文化融合创新模式

（一）创意引领

以内容创新为核心，以技术创新为手段，将文化、科技、知识和创意等无形资源融合物化，提供高技术含量、高文化附加值的创新型产品和服务，提升文化产业的创意能力。如迪士尼乐园，主题内容的创意通过数字影像、声光电多媒体、虚拟展示等技术来呈现，提升了内容的表现力和感染力。

（二）技术支撑

以技术创新、技术引进为核心，从文化产品的生产前端介入先进技术和设备，形成具有科技特征的文化产品，提升文化产业的制作能力。如环球数码依托先进的CG（电脑数码图像）创作及制作技术，成为国内三维动画制作的先行者。

（三）平台创新

以数字技术、信息技术为支撑，打造文化内容数字化平台，全面提升文化产业的表现力、传播力，创新交易模式。如字节跳动依托人工智能、音视频等核心技术，研发今日头条、抖音、西瓜视频等多媒体平台，成为在线媒体平台领域的独角兽。

（四）集聚协同

通过科技文化相关园区、基地等载体，集聚文化企业、科技企业、科研机构等协同创新，促进文化产业链和科技创新链有机衔接。如上海张江国家科技文化和融合示范基地，集聚盛大网络、分众传媒、巨人网络、网之易、征途信息等企业集聚形成了数字出版的高地。

二、甘肃科技文化融合开展情况

甘肃具有得天独厚的文化底蕴和文化资源，历史文化遗产、民族特色文化等优势明显，在科技文化融合领域拥有兰州和敦煌研究院 2 个国家级文化和科技融合示范基地，拥有国家级工程技术研究中心 1 家，省级工程技术研究中心 2 家。近年来，省科技厅通过省级重大科技项目等，对石窟保护、历史遗迹修复、砖雕文物保护、民族语言保护等方面进行支持，推动文化产业技术创新发展。同时，以科技企业孵化器、双创等培育和孵化文化创新企业，积极构建科技文化创新平台和数字甘肃文化产业平台数据库。依托敦煌研究院建设“丝绸之路文化遗产保护国际科技合作基地”“敦煌研究院国家引才引智示范基地”以及“甘肃省敦煌文物保护研究中心”，推动国际合作与交流，科技文化融合取得良好进展。

三、下一步发展建议

先进文化理念是科技创新的思想源泉，科技创新是推动文化产业转型升级、实现高质量发展的有力杠杆。目前，甘肃省科技文化融合创新还处在起步阶段，还需提升科技文化创新理念，统筹多方协作共同推进。

（一）促科技文化融合创新联动发展

一是优化科技文化创新空间布局，围绕甘肃丝路文化、黄河文化、始祖文化、红色文化等多元特色文化，明确区域发展重点，构建复合型网状科技文化融合创新体系。二是发挥科技文化融合创新的渗透性，推动文化创意和科技创新充分融入各行业的研发、生产、管理、营销和服务环节，促进产业间的互补合作。三是健全科技文化融合创新主体统筹协调机制，将市场需求与科技需求对接，加强文化创新主体间的协作与沟通。

（二）培育科技文化融合发展载体

一是壮大科技文化企业主体，加大中小科技型文化企业培育力度，形成大型骨干文化企业引领中小科技型文化企业配套补充的科技文化融合创新企业梯队。二是打造省级科技文化融合创新示范基地，聚集一批科技文化融合创新领域的企业、高校、科研院所，加强产学研协同创新机制。三是构建科技文化企业孵化体系，搭建科技文化资源数字化平台、技术服务平台、成果转化平台，布局新型文化业态科技孵化器、加速器。

（三）完善科技文化融合创新保障体系

一是继续加强对科技文化重点项目的扶持力度，以及共性关键技术和产品研发的支持力度。二是拓宽科技文化创新投融资渠道，构建财政资金、信贷资金、资本市场融资和域外融资等多种渠道有机结合的融资机制。三是加大科技文化创新复合型人才培育，把文化产业需求与学科教育结合，在专业实践方面强化创意性以及应用性培养力度。

（撰稿人：张雅洁　　《科技决策参考》2020 年第 28 期）

“十二五”以来中国体育产业发展热点追踪——基于文献计量的分析

摘 要：文章探讨了“十二五”以来体育产业学科领域的发展特点。应用文献计量的分析方法，以CNKI数据库平台中的核心期刊库为统计源，对2008—2019年期间有关“体育产业”为主题发表的论文进行了统计分析，并从6个方面简述了“十二五”以来中国体育产业比较受关注的主题。

关键词：体育产业　发展热点　文献计量分析

一、概　述

随着经济的发展，人民生活水平的提高，中国体育产业得到了国家的大力支持，迎来了极大的发展空间。从1995年6月国家体育总局出台《1995—2010年体育产业发展纲要》、2010年《关于加快发展体育产业的指导意见》2014年《关于加快发展体育产业促进体育消费的若干意见》，到2016年，国务院办公厅印发的《关于加快发展健身休闲产业的指导意见》要求优化健身休闲产业结构和布局，健身休闲产业总规模达到3万亿元，打造地区特色[1]，2018年《关于加快发展体育竞赛表演产业的指导意见》指出：发展体育竞赛表演产业，对挖掘和释放消费潜力、保障和改善民生、打造经济增长新动能具有重要意义[2]，2019年《关于促进全民健身和体育消费推动体育产业高质量发展的意见》等，这一系列的政策保障，标志着中国体育产业发展已经上升到了国家战略高度，发展体育产业、促进体育消费对经济发展的意义更加远大。

本文从学科领域发展的特点出发，应用文献计量的分析方法，以CNKI数据库平台中的核心期刊库为统计源，对2008—2019年期间有关“体育产业”为主题发表的论文进行了统计分析。从论文的年际产出变化、年均增长率、研究机构的时空分布以及研究热点等方面[3]，探讨了中国体育产业的发展情况，旨在为中国有关科研管理部门规划学科布局，优化科技投入，制定相关政策，提供基础信息。

二、数据的选取和检索

使用CNKI（中国知网）中的核心期刊数据库为数据统计源，检索字段为“体育产业”；检索时间范围选取2008—2019年，检索时间截至2019年12月。在此基础上再剔除掉有关人物介绍、消息、会议介绍等资讯类文献，经过筛选过滤，最终确定有关国内体育产业方面的文献有效数据12 402条，其中包含在核心期刊发表论文的2997条记录。由于核心期刊是刊载各类学科中最前沿、最能够代表专业学科发展水平，质量相对较高的研究论文，所以本研究主要以核心期刊刊载的论文数据为样本进行统计分析。

三、结果分析

（一）论文产出变化

2008—2019 年，全国共计发表了 12402 篇与体育产业相关的论文，其中在国内核心期刊发表的有 2999 篇，约占总量的 25%。说明绝大部分的论文都分散在一般类的期刊上，但也基本符合著名文献学家布拉德福首先揭示的文献集中与分散规律——发现某时期某学科 1/3 的论文刊登在 3.2%的期刊上[4]。其论文产出数量的年度变化趋势如图 1～2 所示。从图 1～2 可以看出，10 多年来，国内有关体育产业的研究论文，其产出数量整体上呈波动震荡上行的态势，大体可分为三个阶段，其中，2008—2012 年，有关体育产业论文产出数量变化不大，呈震荡态势，此可为第一阶段；2013—2018 年间，论文数量基本呈稳步增长态势，此可为第二阶段；但在 2019 年，论文数量呈骤减趋势，此可为第三阶段。核心期刊发文量的变化在第一阶段中增幅较大，达到最高峰后，2013 年处于最低点，整体呈逐年波动震荡态势。

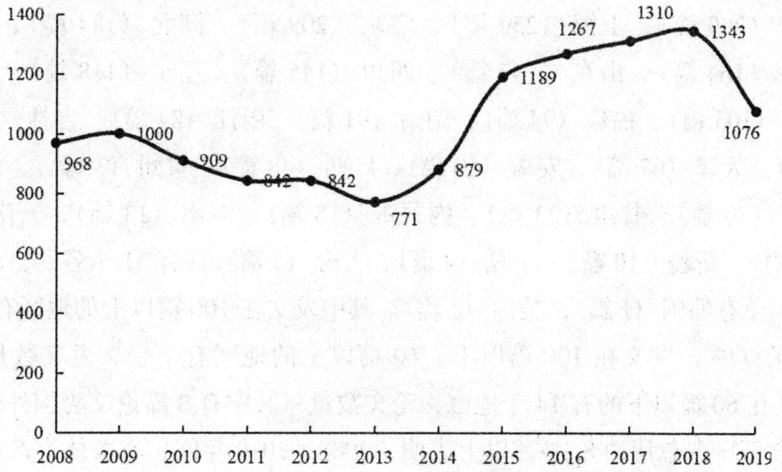

图 1　2008—2019 年全部期刊论文数量年度趋势图

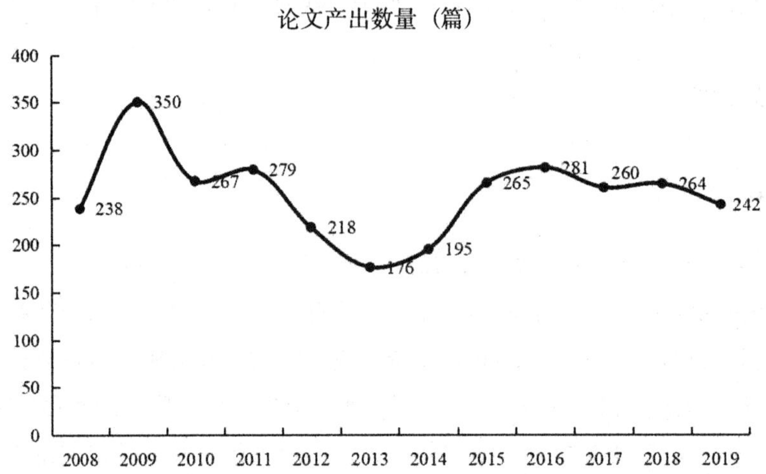

图 2 2008—2019 年核心期刊论文数量趋势图

（二）体育产业研究机构的时空分布

1.主要地区

按核心期刊发文的第一著者各自所属研究机构的地区统计表明：2008—2019 年间在核心期刊以体育产业为主题发文的国内有关研究机构的地区分布依次为：北京（321 篇）、江苏（269 篇）、上海（259 篇）、广东（209 篇）、湖北（184 篇）、河北（172 篇）、河南（164 篇）、山东（147 篇）、四川（145 篇）、辽宁（118 篇）、陕西（117 篇）、江西（103 篇）、福建（94 篇）、湖南（91 篇）、浙江（84 篇）、吉林（75 篇）、重庆（70 篇）、天津（67 篇）、安徽（60 篇）、广西（48 篇）、贵州（39 篇）、黑龙江（38 篇）、山西（30 篇）、甘肃（23 篇）、内蒙古（15 篇）、海南（13 篇）、云南（12 篇）、西藏（11 篇）、新疆（10 篇）、宁夏（4 篇）、青海（3 篇）共有 31 个省、自治区、直辖市和国家。还有韩国（1 篇），美国（2 篇）。其中发文在 100 篇以上的地区有 12 个，占发文总量的 74%，发文在 100 篇以下、60 篇以上的地区有 7 个，发文数量占总量的 18%，发文在 60 篇以下的有 14 个地区，论文数量（其中有 3 篇论文为国外研究机构与国内学者合著）占总量的 8.3%。以上表明，2008—2019 年间，有关体育产业的研究主要集中在北京、江苏、上海等 12 个地区，特别是北京、江苏、上海，其论文数量为 849 篇。可见，北京、江苏、上海，尤其是北京地区是体育产业研究最活跃区域，具有绝对优势。

2.主要研究机构

2008—2019 年间发文在 10 篇及以上的机构有 56 家，发文约占总量的 43.33%，主要是各类大学。科研院所只有 1 家（国家体育总局及其下属的研究机构）发文在 10 篇以上，为 49 篇，排名第 4。前 20 个机构的发文量都在 20 篇以上，平均每年在核心期刊发文约 2 篇。进一步分析可以看出，这 20 个机构中，发文在 100 篇以上的只有 1 家，为上海体育学院，发文在 60 篇以上的有 2 家机构，分别为北京体育大学和武汉体育学院。三家机构发文量分别占总发文量的 4.64%、2.57%、2.47%，其余机构的占比均在 2%以下。具体如图 3（a、b）所示。

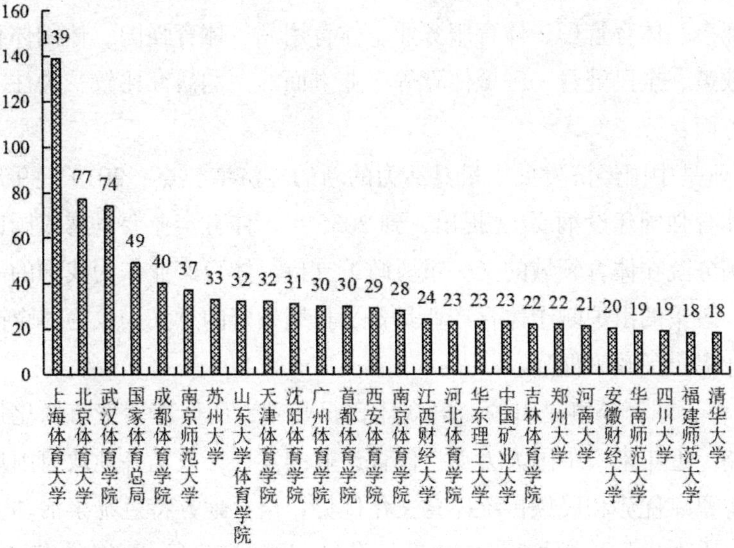

图 3（a） 2008—2019 年发文在 10 篇以上的机构

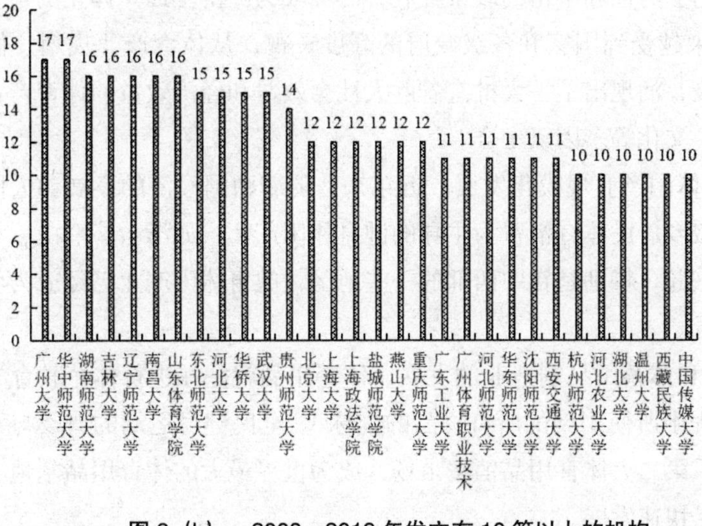

图 3（b） 2008—2019 年发文在 10 篇以上的机构

统计表明，有关体育产业领域的研究，发文 10 篇以上的机构论文占比为 43.33%，略低于 50%，基本符合普赖斯定律——在同一主题中，半数的论文为一群高生产能力作者所撰[5]。说明体育产业这一主题的核心作者群基本形成，即主要的科研力量是以高等院校的科研人员为主。这也符合中国的国情，大学是中国科研实力较强的机构之一。

（三）体育产业研究热点

关键词直接体现了学科研究的主题。本文通过关键词共现和词频统计，分析了国内体育产业领域的发展现状和热点变化。2008—2019 年，有关体育经济、竞技体育、体育消费、体育赛事、体育管理、体育服务业、体育用品、体育强国、休闲体育、体育旅游、体育产业政策、全民健身、区域体育等产业方面的主题研究比较受关注。具体可概括为以下 6 个方面：

（1）体育产业是中国经济发展中最具活力的新的经济增长点。2019 年 9 月 2 日，国务院印发的《体育强国建设纲要》[6]提出，到 2035 年，体育产业要发展成国民经济支柱性产业。这是国务院在体育领域的又一重要政策支持。体育产业作为我国的一个新兴产业、绿色产业，政策的出炉赋予体育产业具备了长期投资的意义，也为体育产业成为国民经济支柱产业提供了政策保障。

（2）竞技体育、体育赛事是引领，群众体育是基础，而体育消费市场化是发展体育产业的必由之路。近年来，中国大力支持体育产业的发展，鼓励各地政府因地制宜，充分发挥自身资源禀赋优势和民族传统体育文化优势，培育地方特色赛事活动。从竞技体育到体育用品，从体育彩票到体育设施建设，正在全国迅速发展，迎来良好的发展前景。

（3）体育产业多角度深度融合发展。在经济融合发展的过程中，体育产业以其极强的互动性、公众的参与性和丰富的政策红利，已经成为经济全局一体化的重要一环。体育产业的发展越来越受到国家和各级政府的高度重视，从体育产业规划、体育小镇建设、体育品牌升级，涌现出了一大批有着巨大社会效益和经济效益的体育产业项目，实现了体育、旅游、文化等多因素融合。

（4）体育健身休闲产业规模化发展。近年来，随着中国经济的发展和人民生活水平的提高，以满足城乡居民体育消费为主导的健身休闲产业，如滑雪、登山、马拉松、自行车等运动蓬勃兴起，特别是在中西部的一些地区，健身休闲产业已经成为引领地方经济发展的重要力量。

（5）体育用品和体育用品制造业的发展。体育用品就是在进行体育教育、竞技运动和身体锻炼的过程中所使用到的所有物品的统称[7]。全民健身运动的普及与开展，中国已成为继美国之后第二大体育用品消费市场，成为世界最大的体育用品基地，体育用品及制造行业得到了快速发展。

（6）体育管理制度化，服务质量标准化。规范化的管理，优质的体育服务，高质量的体育用品，对中国体育用品制造业、健身休闲服务业、体育竞赛等产业结构优化升级有巨大作用；探索“互联网 + 体育”发展新路径，大力运用以云计算、物联网、大数据为代表的新一代信息技术与体育产业融合创新，是发展壮大新兴业态，打造新的产业增长点的新趋势。

四、结语

综上所述，2008—2019 年，有关以“体育产业”为主题的研究论文，2009 年产出最多，达到最高峰，2013 年处于最低点，整体呈逐年波动震荡态势；体育产业的研究和发展，区域特征明显；研究的主要力量是各高等院校的科研人员，占主导地位；国家政策的保障和扶持贯穿于体育产业发展的每一个阶段，引领着中国体育产业健康、有序、快速的发展。

参考文献：

[1]国务院办公厅.关于加快发展健身休闲产业的指导意见[EB/OL].新华社，2016-10-28.

[2]国务院办公厅.关于加快发展体育竞赛表演产业的指导意见[Z].2018-12-21.

[3]杨金凤，马巧丽.基于共词分析的甘肃省种植业热点领域分析[J].甘肃农业大学学报，2013,48(4)：170-175.

[4]邱均平.文献计量学[M].北京：科学技术文献出版社，1988.

（撰稿人：卫路兵　杨金凤　　《甘肃科技》2020 年 16 期）

非物质文化遗产视角下民族传统体育传承与发展研究——以甘肃省为例

摘　要：文化是各民族智慧积累的结晶，非物质文化遗产是历史长河中留下的不可再生资源，承载着人类的精神与意志，同时也见证着时代的兴衰、发展与演变。此研究以国情发展和思想政治方针路线为指引，以中国特色社会主义理论为推手，从甘肃省民族传统体育实际出发，通过分析甘肃省民族传统体育的分布、分类、面临的困境，提出甘肃省民族传统体育保护、传承、发展的对策与措施。

关键词：非物质文化遗产　民族传统体育　保护　传承　甘肃

一、民族传统体育传承与发展的重要性

（一）丰富传承我国非物质文化遗产

从古至今，中国一直是一个幅员辽阔、历史悠久的多民族国家，拥有着灿烂的文化和悠久的文明史，积淀了许许多多丰富的文化遗产，如世界文明的故宫、神秘的敦煌壁画等物质文化遗产，也有象征东方文化的二胡艺术、传统戏剧等非物质文化遗产。民族传统体育作为非物质文化遗产中重要的组织部分，为中国非物质文化遗产的传承与发展的丰富性起着重要的作用。

（二）促进我国特色体育文化的局面形成

甘肃省民族体育文化作为中华体育精神组成部分，体现出中国区域体育的特色。在思想意识上，其目的能更好地去提升全民的素养，尤其是在全民精神文明建设上有所提升。在体育文化建设上，能增添中国特色的体育文化精神内涵，能弘扬体育中平等客观、遵守纪律、团结进取的体育精神。

（三）有利于扩大和推进我国传统民族体育文化内涵建设

通过查阅相关文献，可以看出，目前大多数体育产类文献的研究成果始终围绕体育精神、体育学科、体育内涵、体育路径等方面来进行研究，并形成了海量的理论性成果，但由于研究的局限性，使得对于传统民族体育传承和发展的研究成果相对较少。因此，笔者以国情发展和思想政治方针路线为指引，以中国特色社会主义理论为推手，从当代中国体育和社会发展实际出发，遵循“文化是一个国家、一个民族的灵魂”为原则，分析区域体育文化特性差异，将中国体育文化的特有内涵推广和扩大到各省份民族体育文化的战略布局中。

（四）有利于推进我国体育文化的发展

从政策导向来看，此次选题是站在国家提倡文化强国思想的指引下进行的选题工作。从研究方向看，是建立在探索区域传统民族体育从过去的发展到如今现状反应的问题进行再次深入研究，以及现如今到未来发展的一个定位和战略发展的一个谋划。因此，立足于当前探索传统与现代、现代与未来的传统民族体育发展走向、创新模式，可以推动中国特色社会主义体育文化的繁荣，为体育事业的发展更好地提供支持和助力。

二、甘肃省民族传统体育的现状分析

（一）甘肃省民族传统体育分布、分类情况

地域性是研究非物质文化遗产起源、文化、背景、形式等的重要因素，不同地域文化创造和传承了独有的文化遗产。甘肃省体育非物质文化遗产根据地域划分：兰州市10项，甘南州9项，天水市8项，张掖市7项，酒泉市7项，定西市5项，白银市5项，陇南市5项，平凉市4项，临夏州3项，武威市2项，庆阳市2项，嘉峪关市1项，金昌市1项，此数据参考甘肃省四批省级体育非物质文化遗产名录（见表1—4）。

表1　甘肃省第一批省级体育非物质文化遗产名录

序列号	项目名称	分布地区
1	高跷	兰州市(苦水镇)
2	兰州太平鼓舞	兰州市郊区农村
3	攻鼓子舞	武威市(四坝镇)
4	旋鼓舞	天水市武山县(泉州城乡、晋江、石狮、下南安)
5	巴当舞	定西市岷县(中寨镇、维新乡)
6	荷花舞	庆阳市西峰区
7	甘地蹦子	酒泉市
8	巴郎鼓舞	甘南州卓尼县(藏巴哇、洮砚、柏林)
9	多地舞	甘南州舟曲县
10	尕巴舞	甘南州迭部县
11	文县傩舞池歌昼	陇南市文县
12	锅庄舞	甘南州
13	高抬	平凉市庄浪县
14	万人扯绳赛	甘南州临潭县

表 2 甘肃省第二批省级体育非物质文化遗产名录

序列号	项目名称	申报地区
1	庆城徒手秧歌	庆阳市庆城县
2	酒泉“福禄车”	酒泉市肃州区
3	宕昌羌傩舞	陇南市市宕昌县
4	民乐顶碗舞	张掖市民东县
5	天祝土族安召	武威市天祝县
6	道台狮子	兰州市榆中县
7	马啣山秧歌	兰州市榆中县
8	太符灯舞	兰州市榆中县
9	和政秧歌	临夏州和政县
10	河州北乡秧歌	临夏州永靖县
11	节子舞	金昌市永昌县
12	“哈钦木”	天水市合作市
13	拉卜楞民间舞	甘南州夏河县
14	秦州夹板舞	天水市秦州区
15	临洮傩舞	定西市临洮县
16	秦州鞭杆舞	天水市秦州区
17	黄河战鼓	白银市白银区
18	崆峒派武术	平凉市
19	秦控制獠牙特技表演	张掖市高台县

表 3 甘肃省第三批省级体育非物质文化遗产名录

序列号	项目名称	申报地区
1	摆阵舞	甘南州舟曲县
2	永登硬狮子舞	兰州市永登县
3	何家营滚灯	兰州市永登县
4	秦安蜡花舞	天水市秦安县
5	陇西云阳板	定西市陇西县
6	嘉峪关地蹦子	嘉峪关市
7	羌蕃鼓舞	定西市渭源县
8	背鼓子舞	白银市
9	跳鼓舞	白银市
10	太平鼓(五穷鼓)	白银市
11	打花鞭	平凉市静宁县
12	赶驴	酒泉市肃州区

序列号	项目名称	申报地区
13	山丹县耍龙	张掖市山丹县
14	甘州社火	张掖市甘州区
15	叼羊	酒泉市阿克塞县
16	姑娘追	酒泉市阿克塞县
17	二鬼打架	酒泉市肃州区
18	高台通背捶、八虎棍	张掖市高台县
19	秦安壳子棍	天水市秦安县
20	天启棍	临夏州临夏市

表 4 甘肃省第四批省级体育非物质文化遗产名录

序列号	项目名称	申报地区
1	乌江镇狮子舞	张掖市甘州区
2	哈萨克族舞蹈黑走马	酒泉市阿克塞哈萨克族自治县
3	景泰滚灯	白银市景泰县
4	羊皮扇鼓舞	定西市岷县、天水市秦安县、陇南市西和县
5	"文县"麻昼舞	陇南市文县
6	大身子舞	陇南市武都区
7	康县梅园神舞	陇南市康县
8	泾川仙鹤舞	平凉市泾川县
9	通备劈挂拳	兰州市榆中县
10	鞭杆(兰州缠海鞭杆、孙氏鞭杆)	兰州市城关区,白银市靖远县
11	兰州八门拳	兰州市西固区
12	四家武术	张掖市民乐县
13	博洛	甘南藏族自治州玛曲县
14	八卦养生掌	天水市
15	秦安蔡安拳	天水市秦安县
16	清水木人摔跤	天水市清水县

（二）甘肃省进入国家非物质文化遗产名录的传统体育项目

国家非物质文化遗产共计统计了 5 次，分别是 2007 年、2008 年、2009 年、2012 年、2018 年。甘肃省体育非物质文化遗产进入国家级体育非物质文化遗产名录共的有 5 项，分别是永登县的苦水高跷、兰州市的兰州太平鼓、武威市的凉州攻鼓子舞、武山县的武山旋鼓舞、岷县的巴当舞。

（三）甘肃省民族传统体育所面临的困境

1.民族传统体育逐渐在遗失原生态体育的文化内涵

历史长河中的体育文化随着时间的推移越来越多的民族传统体育已经渐渐遗失原有的文化内涵。就兰州太平鼓而言，近几年兰州太平鼓在很多方面都有了不错的创新，如步伐、打法、队形等。但实质上根据“鼓经”记载，太平鼓表演形式不仅要有“棋盘击”的特点，还要具备古战的阵法和太平歌等遗失部分，兰州太平鼓原有的表演形式已经失传，在传承中原有的生态体育文化遗产开始呈现不对称性。

2.参与者的认知度不够

非物质文化遗产从申报单位情况来看，很大一部分是来自县城、农村。从 2013 年调查数据中可以看出，在国家贫困县名单中，甘肃省的 58 个县中 43 个县是贫困县，贫困率达 74%，贫困县经济的落后导致农村在交通便利、义务教育、文化认知等方面存在诸多问题，而这些问题的存在对民族文化发展影响很大。

3.外部文化对我省体育的冲击

体育强国不仅仅是一个口号，更是国家综合实力的象征。近些年，甘肃省信息技术不断提升，国际交流频繁，国外的体育文化进入甘肃省，竞技教育与国际接轨，篮球、田径、台球等体育项目已成为了民间运动的一部分，国外领先的体育极限文化冲击着甘肃省传统体育，如极限单车、攀岩、空中冲浪、极限轮滑等新体育元素受到年轻人追捧。

三、甘肃省民族传统体育保护、传承、发展的对策

（一）重视体育非物质文化遗传保护意识

遗传保护强调的是对体育非物质文化遗产的原生态保护。非物质文化遗产则是存在于民间，并散发浓烈乡土气息的传统文化表演形态，这种原生态文化是需要政府提倡并政策性扶持，社会群体在保护意识上需遵循原生态环境和原生态文化，应自发性从内容、形式、种类上进行保护。

（二）鼓励学校引进体育非物质文化遗产课程

对于体育非物质文化遗产与教育平台的紧密结合是体育非物质文化遗产保护工作可持续发展的重要保障。文化需要传承与保护，体育文化也同样需要我们去重视，只有传播与传承完美衔接，才是文化遗产代代相传经久不衰的原动力。学校体育非物质文化遗产课程资源的引进能对该项课程本身的起源、背景、形式、器材、文化内涵等进行科学系统的教学。目前，只有很少一部分的学校引进了体育非物质文化遗产的相关课程，多为选修课而非必修课，在推广力度上始终跟不上时代的发展，如此下去千百年传承下来

的非物质文化遗产将随着时间的流逝而消失在历史的舞台。因此，政府的相关部门作为学校的强大后盾应给予大力的支持，需在相关条例、制度和资金上重点落实，政府引导学校，学校引导学生，鼓励学生接触、了解、学习我国的非物质文化。

（三）拓展体育非物质文化遗产在全民运动中的介入

全民运动最大的特性就是健身，锻炼。而体育非物质文化遗产也具有健身的特性，把民族传统体育的非物质文化遗产拓展到全民运动项目中有两方面的好处。一方面发挥了民族传统体育非物质文化遗产的号召力。近年来国家对非物质文化遗产的重视程度不断提升，引来了很多热爱运动和健身的群众，他们的参与传播了文化，身体也得到了锻炼。另一方面热爱参与民族传统体育非物质文化遗产的人群具有终身性和积极性，传播和锻炼中可以得到双重的发挥。

参考文献：

[1]陈辉.我国民族传统体育非物质文化遗产保护现状与对策研究[J].曲吉林省教育学院学报,2011(01):132-133.

（撰稿人：张靖庚　卫路兵　　《甘肃科技》2020年13期）

甘肃省智慧旅游发展现状与对策研究

摘　要： 智慧旅游是旅游在信息时代的高阶产物，是从传统的旅游消费方式向现代的旅游消费方式转变的"推手"。文章基于当下的新时代，结合甘肃省智慧旅游的发展现状，提出了甘肃智慧旅游发展对策建议。

关键词： 甘肃省智慧旅游　对策

一、引　言

智慧旅游是旅游信息化的最新发展，利用云计算、物联网等现代互联网技术，借助便携的终端上网设备，主动感知旅游资源、旅游经济、旅游活动、旅游者等方面的信息，及时发布，让人们能够及时了解这些信息，及时安排和调整工作与旅游计划，不断改善和优化旅游体验、旅游管理、旅游服务和旅游营销的一种新业态。

国家旅游局于 2015 年 1 月 10 日印发《关于促进智慧旅游发展的指导意见》，指出："智慧旅游是游客市场需求与现代信息技术驱动旅游业创新发展的新动力和新趋势，是全面提升旅游业发展水平、促进旅游业转型升级、提高旅游满意度的重要抓手，对于把旅游业建设成为人民群众更加满意的现代化服务业，具有十分重要的意义。"简单来讲，通过智慧旅游建设，游客可获得门票预订、信息查询、停车缴费、景区导航、语音导游、景点介绍、照片视频共享、商品购买、旅游投诉等一系列智能化、专业化、精准化的服务；旅游管理部门和景区管理者可通过对游客数据的分析，实时做好客流引导、应急管理，不断改进游客体验，提升服务水平，真正实现"游前预测预警、游中引导分流、游后精准营销"。

智慧旅游的实施，将提升游客在食、住、行、游、购、娱每个旅游消费环节中的附加值；旅游者在旅游前、旅游中、旅游后，都能够轻松地获取资讯、规划出行、预订票务、安排食宿、消费支出等，极大改善旅游体验。智慧旅游是一个系统概念，涉及到旅游管理者、景区、旅行社、酒店等多个旅游相关主体。

二、甘肃省智慧旅游现状

2016 年以来，甘肃省把智慧旅游建设作为适应大众旅游时代需求、转变旅游发展方式的重要举措，制定下发了《甘肃省智慧旅游建设总体方案》，提出了"通过 1~2 年努力，完成一个中心（甘肃旅游大数据中心）、三大体系（智慧旅游管理体系、服务体系和营销体系）建设"的总体目标，明确了建设甘肃旅游大数据中心、甘肃旅游资讯网、微信公众平台、旅游产业运行监测与应急指挥平台等具体建设任务，并在全国率先成立了智慧旅游促进处，全力以赴推进智慧旅游建设。

2017年，甘肃省研究出台了《关于加快全省智慧旅游建设的意见》，启动了《甘肃智慧旅游三年行动计划（2018—2020）》编制工作，全省旅游智能化管理、全网化营销和链条化服务建设成效显著。

（一）甘肃旅游大数据中心建设步伐加快

横向完成旅游与公安、交通、移动、气象、环保、气候等9类数据接入，纵向完成所有4A级以上旅游景区数据接入，日均处理数据7亿条，占用空间40G，相当于12套《中国大百科全书》。目前，大数据中心建成数据分析模型40个，基本能够准确掌握各省份入甘游客人次和驻留时间、各市州接待游客人次和驻留时间，以及游客性别、年龄、喜好、住宿、交通等分布情况，对分析旅游客源市场、实施精准营销具有十分重要的意义。省旅发委与省公安厅联合推进涉旅数据共享，为精准化掌握游客大数据奠定了坚实基础。

（二）甘肃智慧旅游管理体系逐步完善

建成了全省旅游产业运行监测与应急指挥平台，全省4个5A级景区、85个4A级景区视频监控系统已完成与国家平台、省级平台的对接，实现了对每个景区的实时监控和立体管理。实施景区公共服务平台建设40个，竭力为游客提供门票预订、电子导航、商品订购等服务。全面启动“一部手机游甘肃”，重点围绕游客行前、行中、行后服务，设计了信息查询、产品预订、行中体验、便捷服务和分享评论五大功能模块，2020年，国内一流的智慧游将成为甘肃旅游最鲜明的标志。在“微游甘肃”、甘肃旅游资讯网开设乡村旅游专栏，借助携程网电商平台等搭建在线农产品销售平台，旅游业网络扶贫功能进一步提升。

（三）甘肃旅游营销体系初见成效

在人民网、腾讯、新浪、网易、今日头条、百度、中国搜索、携程、去哪儿、途牛、乐途、马蜂窝、爱奇艺、Facebook等多家大型网络媒体和旅游电商平台全方位开展甘肃旅游网络宣传，通过热词搜索、图文推送、视频直播、自驾游、沙龙对话等线上线下活动，累计完成甘肃旅游核心信息网络曝光量18.2亿次，平均每天762万次。与移动、电信协调推送游客落地短信7亿多条。在腾讯视频百部热播剧前、全省350万有线电视用户开机画面均播放甘肃旅游宣传视频，每天1亿多网民和电视用户观看，收到了良好宣传效果。

（四）服务体系不断优化

建立了微信矩阵，完成了与14个市州、86个县区旅游部门、78个4A级以上旅游景区微信公众号的链接；腾讯“企鹅号”、今日头条“头条号”、百度“百家号”、马蜂窝网“马蜂窝号”矩阵也完成与全省近200家旅游部门和景区的链接，形成了甘肃旅游自媒体平台。通过两个类别的矩阵，对全省重大旅游讯息当日同步发布、集中推介，为游客入甘发挥了重要引流作用。2017年，“微游甘肃”微信公众号新增粉丝4.6万人，达到6.7万人，累计发布信息1783条，阅读量超过148万人，分享、转发超过5万人，单篇文章最高阅读量达到10万次以上。通过通信运营商累计推送甘肃旅游服务短信7.58亿条，平均每天约207万条。

甘肃先后入围《孤独星球》“2017亚洲最佳旅行目的地”榜首和《纽约时报》“2018全球必去的52个目的地”中国唯一入选省份，被评选为百度“最具影响力旅游省份”、第二届博鳌国际旅游传播论坛宣传“贡献奖”和全国唯一的途牛旅游口碑甄选“最佳智慧旅游奖”。“微游甘肃”被评为百度·百家号年度杰出影响力政务号“优秀新媒体运营奖”。

三、存在问题

（一）智慧旅游平台信息分散

当前时代是信息化的时代，相关信息“爆炸式”地展示在旅游者面前，旅游者无法快速有效地分析自己想要的信息状况，尤其是个性化强的自由行、自驾游信息，游客获取信息的可靠性没办法保证，会导致旅游者的旅游活动达不到预期。目前网络资源较为丰富，旅游者有更多获取城市旅游信息的途径，虽然很多网站可以为旅游者提供相关信息，但更深层地被旅游者利用的信息，人们往往需要在更多的社区、微博中搜索咨询，而且有些网站的信息更新较慢，也增加了查询的辨别难度，无端增加了工作量。

（二）智慧旅游软件同质化

多数的“智慧旅游”平台偏重为用户提供产品介绍，提升便捷度，或为景区提供监控支撑，宣传内容大同小异，缺少新意，平面化，不能使游客对景点有充分的了解，而在如何为游客提供优质旅游体验方面却显不足，缺乏具体的实际体验效果，宣传效果较差。

（三）人才是甘肃智慧旅游发展的关键因素

智慧旅游改变了传统的旅游活动，而目前旅游行业人才都是按照传统旅游方式培养的，他们普遍缺乏前瞻性的理念，现代的旅游行业人员除了必须掌握旅游管理方面的知识，还需要精通大数据、“互联网 +”等相关知识。

四、对策建议

（一）构建完善的智慧旅游体系

由于旅游行业主管部门和从业人员对旅游信息服务认识不够全面，没有形成一个健全的体系，不能将旅游服务、管理、营销、体验通过智慧旅游体系有效地结合起来。发展智慧旅游，景区规划必须从建立完整运营体系入手，利用物联网技术、移动通信技术、地理信息技术、云技术、智能分析技术等新一代信息技术布局景区，通过数据资源归集和分析共享机制，通过大数据体系和综合服务平台，提升旅游智慧管理、智慧服务、智慧营销水平，从出行前、出行中到出行后服务不脱节，全方位地为旅游者提供安全可靠的信息。

（二）增强智慧旅游平台的个性化服务能力

旅游是体验经济，随着旅游需求量和需求结构的变化，标准化和程序化的服务模式已经难以满足旅游市场的需求。但目前大多的智慧旅游信息门户平台仅能提供旅游动态、旅游新闻、旅游设施、旅游景点、旅游环境等相关的资讯信息，还要针对不同旅游者的兴趣爱好和个人需求，通过智慧旅游平台提供“当地向导”“旅行定制师”“私家团”等个性化、定制化服务以及旅游小说、旅游故事、旅游日记、旅游景点点评、旅游购物经历等在内的个性体验描述性信息等服务。因此，增强智慧旅游平台应当更加关注游玩体验，能够迅速提供具有针对性的旅游攻略，满足消费者便捷性及自主性需求。

（三）建立发展智慧旅游人才培养体系

构建完善的智旅游体系，增强智慧旅游整体水平，需要建立发展智慧旅游需求的人才培养体系，要求从业人员不仅要全面掌握旅游课程体系理论，还要熟练运用互联网、大数据、云计算、人工智能等信息网络技术。因此，对于智慧旅游人才的培养，也应当从行业的实际需求出发，确立符合行业需求人才培养目标，制定切实可行的人才培养方案，建立发展智慧旅游人才培养体系，充分地培养符合智慧旅游需求的专门人才。

（撰稿人：朱晓蕾　《中国建材科技》2019 年 6 期）

甘肃科技创新水平亟待提升
——解读《2020 中国区域科技创新评价报告》之一

一、全国科技创新情况

《报告》显示，全国综合科技创新水平进一步提升，指数达到 72.19%，比上年提高 1.48 个百分点。根据综合科技创新水平指数，全国 31 个地区可划分为 3 个梯队，第一梯队包括上海、北京、广东、天津、江苏和浙江 6 个地区，第二梯队包括重庆、湖北、陕西、甘肃等 17 个地区，第三梯队为内蒙古、广西、云南等 8 个地区。

从综合科技创新水平指数来看，与上年相比，全国有 27 个地区的综合科技创新水平指数提高，17 个地区高于全国平均增幅（1.48 个百分点），其中江西、河南和宁夏指数提高均在 4 个百分点以上。

从全国排位来看，与上年相比，全国有 8 个地区的综合科技创新水平位次提升，其中宁夏位次提升最多，从第 22 位上升至第 18 位；其次是江西和河南，均提升 2 位。有 6 个地区的位次有所下降，其中黑龙江位次下降最大，从第 17 位降至第 21 位；其次是吉林，从第 16 位降至第 19 位；山西和青海均比上年下降 2 位。

可以看出，北京、上海和广东作为我国创新水平最高的三大创新中心，辐射带动京津冀、长三角、珠三角等区域创新能力进一步提升。长江经济带沿江 11 个省市创新集群表现突出，带动中上游地区创新发展。“一带一路”倡议推进西部地区高质量发展，宁夏、云南、贵州科技实力快速提升。中国区域协同创新发展成效进一步显现，多层次、各具特色的区域创新体系更加完善，有力支撑了创新型国家建设。

二、甘肃科技创新情况

（一）区域综合科技创新水平

甘肃省综合科技创新水平指数为 51.63%，比上年提高 0.91 个百分点，排在全国第 23 位，与上年持平，保持在全国综合科技创新水平第二梯队。在西部地区 12 个地区中，排名第 5 位，名次未发生变化，落后于重庆（69.97%）、陕西（68.39%）、四川（65.79%）和宁夏（56.11%）。近十年来，甘肃省综合科技创新水平指数从 46.48%提升到 51.63%，累计提高 5.15 个百分点，排名处于 17~23 位。

（二）评价指标变化情况

全国区域科技创新评价指标体系从科技创新环境、科技活动投入、科技活动产出、高新技术产业化和科技促进经济社会发展五大方面综合反映我国各地区科技创新发展水平及变化。甘肃在这五个方面的评价位次均处于18位以后，且有2项指标位次下降，2项指标指数下降。

1.科技创新环境指标位次下降，指数上升。在科技创新环境评价中甘肃省排在全国第20位，位次比上年下降1位，指数为54.84%，提高了2个百分点，表明甘肃科技创新环境水平有所提高，但进步较慢。在二级指标中，科技人力资源和科技意识排名均呈下降态势，分别由第16位降至第19位、第21位降至第24位。科研物质条件呈上升态势，由第13位升至第10位。

2.科技活动投入指标位次不变，指数下降。在科技活动投入评价中甘肃省排在全国第24位，位次与上年相同，指数为38.99%，下降了1.52个百分点，表明科技活动投入水平有所下降。在二级指标中，科技活动人力投入排名第25位，科技活动财力投入排名第23位，排名均下降1位。

3.科技活动产出指标位次不变，指数上升。在科技活动产出评价中甘肃省排在全国第18位，位次与上年相同，指数为50.44%，提高了1.8个百分点，表明甘肃科技活动产出水平有所提高，但提升幅度低于其他地区。在二级指标中，科技活动产生水平排名第18位，位次未发生变化。技术成果市场化排名第21位，排名下降5位。

4.高新技术产业化指标位次与指数均下降。在高新技术产业化评价中甘肃省排在全国第22位，位次比上年下降4位，指数为56.50%，下降2.16个百分点，表明甘肃高技术产业化水平有所下降，且下降幅度较大。在二级指标中，高新技术产业化水平指标表现较弱，由第20位降至第22位，高新技术产业化效益指标排在全国第11位，且近三年表现突出，累计提升7位。

5.科技促进经济社会发展指标位次不变，指数上升。在科技促进经济社会发展评价中甘肃省排在全国第27位，位次与上年相同，指数为60.37%，提高3.8个百分点，表明甘肃科技促进经济社会发展能力略有上升。在二级指标中，社会生活信息化指标排名由第17位升至第12位，环境改善指标由第23位降至第24位，经济发展方式转变排名保持不变。

（撰稿人：荣良骥　靳亚妮　　《科技决策参考》2020年第45期）

瑕瑜互见，甘肃科技创新能力分析
——解读《2020 中国区域科技创新评价报告》之二

一、甘肃科技创新能力优势指标分析

（一）科技活动物质基础改善明显

科研仪器设备是开展科技创新活动的必要物质技术条件。甘肃省加快推进重大科研基础设施和大型科研仪器的开放共享，出台《甘肃省重大科研基础设施和大型科研仪器开放共享管理办法》，科研设施与仪器的规模与覆盖领域不断拓展。《报告》显示，甘肃省科研物质条件指数为 62.65%，与上年相比提高了 8.3 个百分点，高于全国平均增幅（2.74 个百分点），排在全国第 10 位，较上年提升 3 位。主要原因是每名 R&D 人员研发仪器和设备支出增加了 2.12 万元，位次上升至全国第 3 位，增幅排在全国第 2 位；十万人累计孵化企业数增加了 1.47 个，位居全国第 20 位，较上年提升 1 位；研发仪器和设备支出比上年增长了 37.62%。

（二）社会生活信息化水平有所提高

信息传输、软件和信息技术服务业是新兴产业发展的重要载体。为加快信息化发展，甘肃省制定“十三五”信息化发展规划，建设中国移动兰州新区集团级数据中心、甘肃电信兰州新区数据中心、金昌“紫金云”大数据产业园等信息基础设施。《报告》显示，甘肃省社会生活信息化指数为 78.63%，与上年相比提高了 8.7 个百分点，高于全国平均增幅（2.82 个百分点），排在全国第 12 位，较上年提升 5 位。主要原因是万人移动互联网用户数增加了 689.46 户，较上年提升 3 位；信息传输、软件和信息技术服务业增加值增长了 31.08%，占生产总值比重提高了 0.58 个百分点，位次上升至全国第 9 位。

（三）科技活动产出水平较高

科技活动产出是科技创新水平的直接体现，科技论文和获国家级科技成果奖系数是反映科技活动产出水平的主要指标。在中央在甘科研院所、兰州大学等的引领下，甘肃省科技论文产出情况良好。《报告》显示，甘肃省万人科技论文数 2.68 篇，连续两年居全国第 13 位，SCI 收录科技论文数 4782 篇，同比增长 13.72%，EI 收录科技论文数 3047 篇，同比增长 13.52%。在科技成果奖励方面，甘肃省出台《深化科技奖励制度改革》，修订了《甘肃省科学技术奖励办法》，调整奖励对象、奖励类别、奖励数量和奖金标准，获国家级科技成果奖系数保持了较强竞争力。《报告》显示，甘肃省获国家级科技成果奖系数为 19.26 项当量 / 万人，同比增长 310.66%，居全国第 2 位，较上年提升 6 位，增幅排在全国第 1 位。

二、甘肃科技创新能力劣势指标分析

（一）科技人力资源供给不足

科技人才资源已成为推动科技进步和经济社会发展的重要资源。从科技人力资源指数来看，甘肃省科技人力资源指数为 59.56%，低于全国科技人力资源平均指数(89.43%)，排在全国 24 位，较上年下降 3 位。主要原因在于受高等教育人数大幅减少，万人大专以上学历人数减少了 130.75 人，较上年下降 5 位。其次是 R&D 人员数量减少，尤其是企业 R&D 人员下降幅度较大。与上年相比，万人研究与发展（R&D）人员数减少了 0.60，位次下降至全国第 27 位；企业 R&D 研究人员数下降了 22.73%，企业 R&D 研究人员占比下降了 6.27 个百分点，位次下降至全国第 26 位。

（二）科技活动财力投入下降

科技活动财力投入是开展科技活动的基础，也一直是甘肃科技创新发展的短板。《报告》显示，甘肃省科技活动财力投入指数连续下降，主要是因为地方财政科技支出较上年下降了 0.36%，占地方财政支出比重下降至全国第 29 位。在 R&D 经费支出中，R&D 经费支出与 GDP 比值较上年下降 1 位，企业 R&D 经费支出占主营业务收入比重仍然排在全国第 25 位。

（三）高技术产业化水平滞后

高技术产业发展是衡量地区科技发展水平的重要方面。甘肃省高技术产业发展起点低、规模小，产品竞争力不强，对全省产业结构的优化升级推动能力有限。《报告》显示，甘肃高技术产品出口额占商品出口额比重较上年下降 4.02 个百分点，居全国第 19 位，位次下降 3 位；新产品销售收入下降 20.51%，占主营业务收入比重位次下降至全国第 31 位，高技术产业营业收入占工业营业收入比重为 2.62%，位次下降至全国第 30 位。

（四）技术成果市场化程度较低

技术市场的发展对推动技术成果迅速转化为生产力具有重要意义。甘肃省技术成果市场发展较弱，从技术成果市场化指数来看，甘肃省技术成果市场化指数为 50.73%，居全国第 21 位，较上年下降 5 位。主要原因在于技术国际收入方面下降较快，万元生产总值技术国际收入为 0.15 美元，同比下降 60.53%，居全国第 27 位，较上年下降 7 位。在技术成交额方面，万人输出技术成交额 690.68 万元，居全国第 14 位，较上年下降 3 位。

（撰稿人：倪志敏 荣良骥 《科技决策参考》2020 年第 46 期）

甘肃科技创新水平降至全国第23位
——解读《2019中国区域科技创新评价报告》之一

《2019中国区域科技创新评价报告》（以下简称《报告》）采用2017年度统计数据，从科技创新环境、科技活动投入、科技活动产出、高新技术产业化、科技促进经济社会发展等五个方面构建三级指标体系，综合评价中国及各省市科技创新发展水平。

一、总体情况

《报告》显示，甘肃省综合科技创新水平指数50.72%，居全国第23位，处于全国综合科技创新水平第二梯队。在西部十二个省市区中居第5位，低于重庆、陕西、四川和宁夏。与上年比较，甘肃综合科技创新水平下降5位，被“两河两西”（河南、河北、江西、山西）以及西部的宁夏超越。

在评价指标体系的5个一级指标中，甘肃省科技活动产出和高新技术产业化均排全国第18位、科技创新环境排全国第19位、科技活动投入排全国第24位、科技促进经济社会发展排全国第27位。

从《报告》中的12个二级指标进行分析，甘肃省表现具体可分为三个层面：一是处于中上游指标，即知识密集型服务业水平大幅提升、高新技术产业化效益快速增长、科研物质条件改善明显、环境质量明显提升，排名4~13位。二是处于全国中等略偏下水平，即科技意识、技术成果市场化、社会信息化和科技活动产出水平4个方面，排名16~18位。三是处于全国下游水平，即科技活动财力投入、经济发展方式转变、高新技术产业化水平、科技人力资源、环境改善和科技活动人力投入六个方面，排名20~27位。

二、影响甘肃综合科技创新水平的关键指标

国家在对指标进行排名时，一是按照重要性设定了高权重指标，二是比较指标绝对值变化，三是比较指标的增减幅度。影响甘肃省综合科技创新水平排名下降的权重较大的关键指标表现在以下五个方面。

（一）科技活动财力投入的指标下降，由上年第18位降至第22位，下降4位，在全国降幅最大

R&D经费支出与GDP比值、地方财政科技支出占地方财政支出比重、企业R&D

经费支出占主营业务收入比重、企业技术获取和技术改造经费支出占企业主营业务收入比重4项反映科技活动财力投入的指标全部下降，其中前3项为高权重指标，加剧了下降程度。R&D经费支出与GDP比值位次由上年的第17位下降至第19位，R&D经费支出全国第26位，同时低于GDP增长速度。地方财政收入自2005年起全国第27位，地方财政科技支出占地方财政支出比重全国第28位。企业R&D经费支出占主营业务收入比重下降6位，企业技术获取和技术改造经费支出占企业主营业务收入比重下降5位，两个指标的降幅最大。

（二）经济社会发展的指标排名靠后，持续排在低位（第27位）

甘肃省就业人员劳动生产效率偏低，仅为5.30万元/人，低于全国平均水平3.44万元/人，全国第29位。装备制造业区位熵（反映装备制造业在全国的竞争优势）比上年下降了4.14个百分点，位次由上年的第28位下降到第30位。环境污染治理指数下降5位（反映废水、废气和固体废弃物的治理效果），降幅全国倒数第2位。

（三）科技意识的指标下降，虽只下降1位，但降幅大

影响指标主要是企业科技意识薄弱，有R&D活动的企业数量不足400家，且还在不断减少，比上年下降12.36%。有R&D活动的企业占规模以上工业企业数比重下降0.76个百分点，全国第18位，比上年下降9位，在全国位次下降最多。技术市场吸纳技术成交额比上年下降了14.72%，万人吸纳技术成交额减少101.22万元，全国第20位，比上年下降8位。

（四）高新技术产业化水平的指标下降，虽然下降1位，但是降幅全国最大

影响指标主要是高技术产业主营业务收入占工业主营业务收入的比重、新产品销售收入占主营业务收入的比重这2项指标排名基本垫底，分别为第29位和第30位。高技术产品出口额占商品出口额比重下降3位，降幅全国最大。

（五）科技活动产出的指标下降，下降1位

影响指标主要是万人发明专利拥有量排名靠后。技术成果市场转移转化不理想，技术市场输出技术成交额增长相对缓慢，增速只有8.16%，低于全国平均增速9.54个百分点，万人输出技术成交额比上年下降1位。知识产出成果有所减少，国内科技论文数比上年下降了6.38%。国家级科技成果奖主要获奖项（即甘肃省为第一获奖单位）比上年减少3项，影响到获国家级科技成果奖系数位次下降4位，降幅全国倒数第3。

（撰稿人：荣良骥　刘晓荣　　《科技决策参考》2020年第4期）

全面发力，提升甘肃省科技创新水平
——解读《2019 中国区域科技创新评价报告》之二

全面分析甘肃省综合科技创新水平在全国位次下降的原因，坚持问题导向，找准问题根源和原因，采取针对性强的务实举措，有效提升甘肃省科技创新水平。

一、原因分析

甘肃省综合科技创新水平在全国位次下降的主要原因在于经济发展滞后、企业竞争力不足、财政投入的引导作用发挥不够、研发统计和加计扣除政策落实不到位等方面。

（一）经济发展滞后，产业结构转型升级不畅

经济发展和科技创新互为因果联系。甘肃省经济规模小、水平低，自 2005 年起，甘肃省经济总量长期位于全国下游水平，人均 GDP 自 2014 年起为全国最低水平。产业结构转型升级不畅，高技术产业、装备制造业较为薄弱。2017 年，甘肃省高技术产业主营业务收入为 235.22 亿元，仅占全国比重的 0.15%。高技术产业主营业务收入占工业主营业务收入的比重为 2.79%，低于 14.06%的全国水平。

（二）企业数量和创新效能降低，竞争能力下降

实体经济面临内需基础弱化、外需力度下降、生产成本上涨、投资收益率降低以及去产能等结构性调整问题，企业数量下降，甘肃省规模以上企业减少 202 家，有 R&D 活动的企业数减少 56 家。企业对经济转向高质量发展出现了转型困难问题，企业投资方向不明、投资意愿不强、投资动力不足。规模以上企业研发投入下降，产品创新能力薄弱，2017 年，甘肃省新产品销售收入占主营业务收入的比重为 4.10%，低于 16.91%的全国水平。高技术产品竞争力不足。2017 年，甘肃省高技术产品出口额为 3.07 亿美元，仅占全国 0.05%。高技术产品出口额占商品出口额比重下降 8.11 个百分点，是全国下降幅度最大的地区。

（三）财政投入的引导作用发挥不够

全省财政科技投入不增反降、市州投入乏力，政府资金对全社会研发经费投入的引导和拉动作用持续减弱，导致研发经费投入强度这一关键指标持续下滑。“十三五”以

来，甘肃省地方财政科技支出持续减少，地方财政科技支出占地方财政支出比重也逐年下降，从2016年的0.83%降至2018年的0.68%，低于2.76%的全国水平和1.23%的西部水平。R&D经费支出中的政府资金有1/3来自地方政府，据此测算，到2020年要实现全省R&D经费投入强度达到1.5%的目标，全省财政科技支出需到达68亿元，且其中用于R&D活动的财政投入需达到21亿元。市州财政投入“到位率”不高，比如《甘肃省支持科技创新若干措施》（“创新30条”）奖补资金有的市州由于地区财政资金紧张无法兑现，有的从市级科技专项经费中支出，挤占科技专项经费，有的存在择优选择性和“打折扣”兑现。

（四）全社会未形成科技创新的强大合力

2018年，甘肃省的研发经费中社会资金仅占4.2%。高科技成果转化投入不足、创业投资运作管理经验不足以及市场化程度不高等缺陷，导致创业投资不活跃，缺乏创新型金融产品及风险投资，科技保险服务机构不健全，科技担保、科技保险、知识产权质押、创业投资、天使基金等科技融资规模不大，金融机构贷款占科技经费筹集额的比重不足5%。甘肃在“创新30条”实施中，个别部门和行业领域，未能结合实际进行具体细化和精准对接，并及时出台相应的实施细则和落实举措，导致《措施》在具体实施中出现“中梗阻”。

（五）研发统计和加计扣除政策落实不到位

2018年，国家统计局对企业研发统计年报进行改革，由原“项目归集法”改为“财务支出法”，制度规定研发统计以会计账目和财务报表为填报依据，有则填报，无则不得上报，并做到统计执法可查。甘肃省部分企业在使用新会计制度中，对研究开发支出会计科目使用不规范，或没有使用此科目，企业对研发支出是否纳入会计账目或财务报表不重视。另外，财政部、税务总局和科技部于2017年5月联合出台新政策，将企业研发费用税前加计扣除比例由50%提升至75%，但是2018年甘肃省企业享受该政策的仅为12.7%，而全国企业惠及面已达到56.1%。甘肃省很多研发企业对相关政策的知晓不高、理解不深，或简单认为申报有难度且繁琐，对政策的利用程度较低。

二、对策建议

（一）加大财政科技投入

力争2年内实现全省及省本级财政用于创新投入的科技经费翻番、甘肃省研发投入强度达到1.5%。加大省、市、县各级财政科技投入预算，建立财政科技支出的稳定增长机制。发挥财政投入基石作用和对市场技术资本的引导作用，加快绿色生态产业发展基金、兰白科技创新驱动基金子基金的设立和运作，积极鼓励政府性投资基金按照市场化运作模式入股投资等方式，逐步减少对竞争性领域项目直接投入。扩大科技担保、科技保险、知识产权质押、创业投资、天使基金等科技融资规模，争取境外政府资金、民间非营利机构资助和个人捐赠的研发经费。

（二）加大科技创新考核力度

省科技领导小组全面加强对全省科技工作的指导和协调，建立科技创新考核督查和问责机制，对R&D经费投入占GDP的比重和财政科技支出占财政支出的比重两个指标进行重点考核，对研究与试验发展（R&D）经费的统计范围内的所有企事业单位开展考核。国资部门在国有企业考核评价中加大研发投入的考核权重。强化财政科技资金绩效管理，开展创新奖补资金考核，让企业获得的财政奖补资金真正用于开展相应的科技创新活动。完善省级考核激励措施，对年度财政科技投入增量和增幅排名前三的市州和前十的企事业单位进行奖励，对年度财政科技投入下降的予以财力处罚，引导市、县政府增加财政科技投入。

（三）培养企业群激发企业创新潜能

启动“扩规计划”，培育壮大规模以上企业，力争每年扩充规模以上工业企业100户，高新技术企业每年增长100家。到2020年要实现全省R&D经费投入强度达到1.5%的目标，全省R&D经费需达到144亿元，且全省规上企业R&D经费需达到86亿元，才能实现规上企业R&D经费60%的占比。以工信部评选的制造业单项冠军企业、待培育的单项冠军企业〔天水风动机械股份有限公司、海默科技（集团）股份有限公司〕以及单项冠军产品（金属镍）为范例，培育生产“专精特优”产品的中小微企业，通过高品质和专业化服务，拓展全球市场。对研发投入占企业总收入达到一定比例的科技型中小企业给予补贴。各类政府资金优先支持具有研发能力和工程化基地、研发投入强度高的企业，倾斜支持企业牵头的产学研结合研发项目。加大培训力度，扩大企业享受研发费用加计扣除政策的覆盖面，持续推广应用科技创新券。对中小微企业建立的国家级、省级技术中心等平台，给予一次性奖励，对符合条件的新型研发机构和项目给予支持。税收、金融、商事政策更透明、可预期、可问责，精准服务企业更好地跨界融合发展。

（四）多部门协调加强研发统计工作

积极对接国家科技统计体系，完善甘肃省科技统计口径，实现由原来的“项目归集法”到“财务支出法”的转变，加大对研发企业的培训力度，通过培训，督促企业规范新会计制度核算办法，正确使用“研究开发”会计科目，保证企业研发项目不重不漏，全部入账，并计入正确的会计科目，做到应报尽报。充分利用好国家加计减免税收政策，让企业尽快享受到政策红利，调动研发投入的积极性。建立研发统计联席工作机制，健全各部门归口管理、统计渠道的工作督导和责任落实，做到口径统一、入统合规、应统尽统。加强科技研发政策宣传，开展多形式、多渠道、多层次政策宣传，让相关政策真正发挥激励企业研究开发活动的作用。

（撰稿人：荣良骥　刘晓荣　　《科技决策参考》2020 年第 5 期）

市州科技创新发展态势评价与监测
——解读《2018 甘肃省区域科技进步评价报告》之一

近期，甘肃省科技厅和省统计局联合发布了《2018 甘肃省区域科技进步评价报告》(以下简称《报告》)。报告自 2010 年以来已连续发布 9 年，始终坚持在继承中发展、在发展中创新。报告采用 2017 年度统计基础数据，在保持“科技进步环境、科技活动投入、科技活动产出、高新技术产业化、科技促进经济社会发展”5 个一级指标、12 个二级指标相对稳定的前提下，结合市州和行业部门意见建议，对原有的 36 个三级指标调整优化为 32 个三级指标。其中，剔除了“科研仪器设备购置费占新增固定资产比重”“万人科技活动人员数”“高技术出口交货值占企业出口交货值比重”“综合能耗产出率”4 个指标；新增“科学研究和技术服务业城镇单位就业人员占比”；将“万人 R&D 研究人员数”替换为“万人 R&D 人员数”，将“企业 R&D 研究人员占比重”替换为“企业 R&D 人员占全社会 R&D 人员的比重”，将“百名 R&D 人员技术转让合同交易金额”替换为“技术成交额占 GDP 比重”。

一、科技进步水平总体情况

《报告》显示，全省综合科技进步水平指数为 58.05%，较上年提高了 1.06 个百分点。从全省 14 个市州综合科技进步水平指数来看，除酒泉、庆阳、平凉、甘南 4 个市州外，其余市州综合科技进步水平指数较上年均有上升。其中，张掖提升最多，超过 10 个百分点；其次金昌、定西、武威、临夏和白银提升幅度也较高，均超过 5 个百分点；陇南、嘉峪关、天水、兰州 4 市提升幅度略高于全省平均水平。

从横向来看，根据综合科技进步水平指数，可将全省 14 个市州划分为 5 类，兰州和张掖综合指数高于全省水平（58.05%），居全省前 2 位，张掖首次进入全省第一梯队；金昌、天水、嘉峪关和酒泉 4 市综合指数低于全省水平，但高于 50%，处于全省第二梯队；武威和白银 2 市综合指数介于 40%~50%，处于全省第三梯队；定西、陇南、庆阳等 3 市综合指数介于 30%~40%，处于全省第四梯队；临夏、平凉、甘南 3 个市州综合指数在 30%以下，处于全省第五梯队。

从纵向来看，对比上年位次，各市州变化波动较大。报告显示，位次上升的市州有 5 个，分别是金昌（上升 3 位）、定西（上升 3 位）、张掖（上升 2 位）、武威（上升 1 位）和临夏（上升 1 位）。位次下降的市州也有 5 个，分别是酒泉（下降 3 位）、天水（下降 2 位）、庆阳（下降 2 位）、平凉（下降 2 位）和白银（下降 1 位）。兰州、甘南位次依旧分别处于甘肃省领先和垫底；嘉峪关和陇南保持原位。

二、市州科技进步亮点纷呈

（一）兰州科技创新领先优势明显

兰州市作为甘肃省创新要素集聚之地，其知识创造、科技意识、科研物质条件、人力资源、创新投入以及技术成果转移转化等能力均遥遥领先于全省其他市州。据统计，兰州拥有全省 90%的科技论文发表量，70%的研发仪器设备、高校人力资源和发明专利拥有量，60%的研发人力和孵化毕业企业，50%的研发经费投入、高新技术企业和装备制造业增加值的创造，技术输出和吸纳的增幅稳居全省第一，成为全省科技创新的“龙头”。

（二）河西地区科技创新迅速崛起

近年来，甘肃省河西 5 市不断加快科技创新的步伐，全部进入全省前 7 位。其中，张掖率先进入全省第一梯队，科技活动产出和高新技术产业化位次分别提高 4 位和 3 位；金昌、嘉峪关、酒泉稳居全省第二梯队，金昌跃升至全省第 3 位，高技术产业实现零的突破；武威紧随其后，处于全省第三梯队。据统计，全省近 80%的企业技改来自河西 5 市，规上企业数及企业 R&D 经费支出占全省的 60%，技术交易额占全省的 40%，专利申请量、高新技术企业数占全省的 30%，科技创新突飞猛进。

（三）定西科技创新步伐明显加快

报告显示，定西市在本次评价中进步相对较快，在全省的位次提升 3 位，综合指数提高的幅度仅次于张掖、金昌，增幅居全省第 3 位，提升 8.03 个百分点。据统计，定西市近 4 成的三级指标数据均有提升，尤其在科技活动投入、技术交易等方面表现极为活跃，其企业新产品销售收入是上年的 5 倍，企业 R&D 人员和经费的投入增幅近 60%，全社会 R&D 经费投入增长 45%，技术输出与吸纳的增幅分别达到了 50%和 40%，全社会 R&D 人力投入增幅近 30%。可见，定西市作为后发地区，不断突破科技创新的困境，增强经济社会发展的内生动力。

（四）临夏州科技进步水平稳步提升

近三年，临夏州综合科技进步水平每年提升 1 位。在《2018 甘肃省区域科技进步评价报告》监测中，实现历史性突破，综合指数排名首次进入全省第 12 位，综合指数提高的幅度位居全省第 5 位，提升 6.67 个百分点。其中，“科技进步环境”“科技活动投入”和“科技促进经济社会发展” 3 个一级指标在全省的位次分别提高了 3 位、3 位和 5 位；在 12 个二级指标中有 8 个指标位次提升，其中“环境改善”提高 7 位，“科研物质条件”和“科技意识”均提高 2 位。评价所用数据中，临夏州 50%的指标均有不同程度的增长，尤其是“用于研发的科研仪器设备支出”“有 R&D 活动的企业数”“企业 R&D 人员与经费支出”等增幅均超过 100%，高校学生数增幅近 80%，新产品销售收入、专利申请量和技术交易等增速超过了 40%。可见，近年来临夏州作为少数民族贫困地区，不断依靠科技创新提升区域创新能力和水平。

三、评价集中反映出的问题

报告显示，各市州科技创新工作在取得进步的同时，也反映出一些值得重视的问题，部分市州在 R&D 经费投入强度、财政科技支出、企业 R&D 经费支出、企业技术改造、高技术产业等方面存在明显短板。

（一）各市州 R&D 经费投入强度普遍较低

据统计，全省有 10 个市州的 R&D 经费投入强度低于全省水平（1.19%），7 个市州 R&D 经费投入强度呈现下降，尤其是嘉峪关、金昌和酒泉 3 市下降较多，分别减少 1.99%、0.62%和 0.57%；庆阳、平凉、甘南和武威等 4 个市州近三年呈现连续下降趋势。

（二）各市州财政科技支出比重下降

据统计，全省除兰州市外，其余 13 个市州财政科技支出占财政支出比重低于全省水平（0.78%），尤其是嘉峪关、金昌、武威、平凉、陇南和甘南 6 个市州均不足 0.4%。同时，全省有 6 个市州财政科技支出占财政支出比重下降，尤其是张掖、庆阳和白银 3 市下降较多，分别减少 0.17%、0.1%和 0.06%，平凉和临夏近三年呈现连续下降趋势。

（三）企业研发投入强度呈现下降

据统计，全省除张掖、武威、天水和嘉峪关外，其余 10 个市州企业 R&D 经费支出占主营业务收入比重低于全省水平（0.56%）。有 6 个市州企业 R&D 经费支出占主营业务收入比重下降，其中酒泉、庆阳和嘉峪关下降较多，分别减少 0.83%、0.29%和 0.12%；庆阳和平凉连续三年呈现下降趋势。

（四）全省企业技术获取和技术改造经费支出大幅下降，比上年下降 21.7%

全省有 8 个市州企业购买国内技术经费支出为 0 元，武威和庆阳经费支出下降。全省有 9 个市州企业技术改造经费支出下降，甘南为 0 元。全省有 11 个市州企业技术引进经费支出为 0 元，兰州和嘉峪关下降。全省 14 个市州企业消化吸收经费支出均为 0元。

（五）高技术产业地域分布不平衡

据统计，兰州和天水 2 市的高技术产业增加值占到了全省近八成，嘉峪关、临夏和甘南 3 个市州均无高技术产业；全省有 5 个市州高技术产业增加值下降，尤其是平凉和庆阳下降幅度最大，分别比上年减少 84.5%和 77.0%。

（撰稿人：荣良骥　　《科技决策参考》2019 年第 47 期）

酒泉，科技突围之路任重道远
——解读《2018 甘肃省区域科技进步评价报告》之二

《2018 甘肃省区域科技进步评价报告》（以下简称“报告”）显示，酒泉市综合科技进步水平指数为 50.65%，较上年下降 1.51 个百分点，综合排名位次从上年第 3 位下降到第 6 位，低于全省平均水平 7.4 个百分点，居全省第二梯队。从 5 个一级指标来看，“科技进步环境”表现最好，比上年上升 1 位，居全省第 4 位；“科技活动投入”排名下降较大，比上年下降 4 位，居全省第 8 位；“科技活动产出”和“科技促进经济社会发展”小幅下降，分别比上年下降 1 位和 2 位，居全省第 4 位和第 10 位；“高新技术产业化”发展相对落后，维持在全省第 8 位。整体来看，酒泉市以全省第 8 位的科技投入，创造出了全省第 4 位的科技产出，颠覆了上年“投入—产出”持平的态势，在科技创新领域实现了“低投入、高产出”，但在科技意识、R&D 投入、人力和科研设施投入等方面的支持力度逐渐减弱，科技支撑经济社会高质量发展严重滞后。

一、酒泉市科技进步主要特点

（一）科技活动产出稳步发展

2017 年，酒泉市万人科技论文为 0.61 篇，连续三年科技论文产出居全省第 4 位。万名专业技术人员获省级科技奖励数达到 1.64 项，较上年增长 47.75%，居全省第 5 位，比上年提升 3 位。万人发明专利拥有量达到 1.63 件，较上年增长 30.4%，居全省第 5 位，比上年提升 1 位。

（二）财政科技投入不断提高

2017 年，酒泉市地方财政科技支出为 8738 万元，居全省第 5 位，较上年增长 17.4%，位次提升 3 位。地方财政科技支出占财政支出比重为 0.62%，较上年增长 6.9%，居全省第 2 位，比上年提升 2 位。

（三）技术市场交易活跃

2017 年，酒泉市万人输出技术成交额达到 2164.21 万元，较上年增长 6.04%，连续两年居全省第 1 位。技术成交额占 GDP 的比重为 4.41%，居全省第 2 位，技术交易势头强劲。

二、存在的主要问题

（一）科研人力和物力投入减弱

报告显示，酒泉市“每名 R&D 人员研发仪器和设备支出”排名居全省第 11 位，较上年下降 6 位。2017 年，每名 R&D 人员研发仪器和设备支出为 2.48 万元，较上年下降 40.67%，居全省第 11 位，比上年下降 6 位。从专业技术人员看，2017 年酒泉市万人专业技术人员数为 163.13 人，连续三年居全省第 11 位。

（二）R&D 投入增幅回落

报告显示，酒泉市“科技活动人力投入”“科技活动财力投入”分别居全省第 9 位和第 8 位，较上年均有下降。2017 年，R&D 经费支出为 26872 万元，较上年下降 55.86%，居全省第 7 位，比上年下降 4 位；R&D 经费投入强度为 0.49%，较上年下降 53.33%，居全省第 8 位，比上年下降 3 位；企业 R&D 经费支出占主营业务收入比重的 0.56%，较上年下降 59.73%，居全省第 5 位，比上年下降 3 位。从 R&D 人员情况看，2017 年万人 R&D 人员数为 10.03 人年，较上年下降 39.4%，居全省第 4 位；企业 R&D 人员占全社会 R&D 人员的比重为 57.8%，居全省第 9 位。

（三）科技意识下降明显

报告显示，酒泉市“科技意识”排名居全省第 7 位，较上年下降 4 位。2017 年，万人吸纳技术成交额为 312.31 万元，较上年下降 51.17%，居全省第 8 位，比上年下降 3 位；有 R&D 活动的企业占比重仅为 15.18%，较上年下降 39.95%，居全省第 7 位，比上年下降 4 位。

三、下一步发展建议

（一）持续改善科研物质条件

酒泉市应加大科研物质条件改善力度，在抓好现有的省级重点实验室、工程研究中心、技术创新中心等创新平台的前提下，不断提高地区优势学科的科研仪器设备的装备水平，制定相关政策，盘活现有科研设施存量，推进大型科研仪器共享开放。

（二）加大科技研发投入

建立并完善高素质科研人员的引进机制、培养机制、激励机制，不断壮大科技人才队伍。完善政府投入为引导，企业投入为主体，银行贷款为支撑，以社会集资和引进外资为补充的多元参与的创新投入体系。合理配置资源，促进高校、科研院所与企业合作，增强科技创新对高质量发展的支撑作用。

（三）提升科技创新意识

建议整合科技中介服务资源，根据创新成果转化和商业化的全程服务链条，创建和发展技术交易机构、技术转移中心、科技开发中心、科技成果转化中心、科技评估机构等为主的技术市场服务机制。同时，加强科技人员业务知识和技能培训，为科技创新发展提供源源不断的新生力量。

（撰稿人：倪志敏　　《科技决策参考》2019 年第 48 期）

金昌，高技术产业发展有所突破
——解读《2018 甘肃省区域科技进步评价报告》之三

一、金昌市科技进步总体情况

《2018 甘肃省区域科技进步评价报告》（以下简称“报告”）显示，金昌市综合科技进步水平指数为 56.77%，比上年上升 8.48 个百分点，综合排名位次从上年第 6 位跃升到第 3 位，略低于全省平均水平 1.28 个百分点，居全省第二梯队。从 5 个一级指标来看，“科技活动投入”指数远高于全省平均水平 33.97 个百分点，居全省第 1 位；“科技活动产出”指数略高于全省平均水平 4.49 个百分点，仍居全省第 5 位；“高新技术产业化”指数进步最大，比上年上升 21.98 个百分点，全省排名比上年上升 4 位，居全省第 9 位；“科技进步环境”和“科技促进经济社会发展”指数低于全省平均水平，均居全省第 6 位，分别比上年下降 3 位和 2 位。整体来看，金昌市在上年科技创新的基础上，保持了较高的科技活动投入和稳定的科技活动产出，尤其是高新技术产业化方面，近 7 年来“高技术产业增加值占工业增加值比重”“百万人高新技术企业数”“高技术产业劳动生产率”“高技术产业增加值率”4 个指标值实现了“零”的突破。

二、存在的主要问题

（一）地方财政投入和企业 R&D 投入略显不足

报告显示，金昌市科技活动财力投入仅次于兰州，居全省第 2 位，远高于全省平均水平 12.81 个百分点，但是地方财政科技支出占地方财政支出比重仅为 0.3%，居全省第 12 位。近三年监测显示，该指标一直排在全省第 10 位左右，政府科技经费投入的缺乏成为影响科技进步的关键因素。企业 R&D 经费支出占主营业务收入比重为 0.4%，居全省第 9 位，较上年下降 2 位，近三年排名一直居全省中下水平。

（二）高技术产业发展水平依旧滞后

报告显示，金昌市高新技术产业化效益实现了“零”突破，初步呈现好转态势。但需要说明的是，金昌市“高新技术产业化”指标监测，近五年持续徘徊在全省第 10 位，总体上看依然存在“弱而不强”“慢而不优”的问题。

（三）科技进步环境整体改善不足

报告显示，金昌市科技进步环境指数比全省平均水平低19.99个百分点，排名比上年下降3位，居全省第6位。二级指标“科技人力资源”排名下降幅度较大，由上年第5位降至第10位，主要原因是在三级指标中新增的“科学研究和技术服务业城镇单位就业人员占比”位于全省倒数第1位。“科研物质条件”波动不大，居全省第4位，较上年下降1位。另外，二级指标“科技意识”虽较上年上升1位，但其三级指标中“有R&D活动的企业占比重”排名居全省第11位，略高于庆阳、平凉和甘南3个市州。

三、下一步发展建议

（一）加大财政科技投入，引导企业提高研发投入

一要加大政府财政科技投入，强化政府研发投入引导作用。二要研究制定有针对性的技术创新鼓励政策，落实企业研发加计扣除、后补助、政府购买服务、财政奖补、税收优惠等普惠性财税支持政策。三要地方政府引导并激励企业加大R&D经费投入强度，切实将经费精准投放在高技术含量、高附加值的技术或产品的研发上，推动金昌市经济高质量发展。

（二）加快传统产业改造，推动高技术产业发展

一要利用高技术产业改造传统产业和基础产业，迅速提升产业结构，全面提高传统产业发展水平，围绕传统产业的技术进步来加快发展高技术产业，推动信息化、工业化和现代化三者的良性互动发展。二要创新技术研发组织模式，加快构建以科技创新为核心，多领域互动、多要素联动的综合创新生态体系。三要有效提升相关政策的协调性和连贯性，厘清各方关切的问题，做好政府层面的规划和政策引导，优化产业发展的政策供给，完善评价体系，开展制度建设，积极创造有利于高技术产业创新发展的体制政策环境。

（三）优化科技创新环境，促进经济社会高质量发展

一要优化创新生态环境，强化开放与共享，加强企业与科研机构、高校的合作与交流，建立开放的科研机制。二要坚持需求导向，让科研与产业发展、企业需求有效衔接，在科技成果转化上再发力。三要打造科技人才高地，用有温度的政策提升创新型科技人才的安全感和归属感，营造良好的用人环境，识别、培育、凝聚人才。

（撰稿人：樊红梅　　《科技决策参考》2019年第49期）

从统计数据看兰白试验区建设成效

兰白科技创新改革试验区（以下简称“兰白试验区”）在省委、省政府坚强领导下，在科技部大力支持和上海张江鼎力相助下，持续推进“六个一百”技术创新工程，聚力推进重大项目平台引进落地，加速技术突破、成果转化和市场运作，引领新产业、新动能快速成长，促进绿色生态产业发展壮大，创新创业服务载体功能显著提升，拉动甘肃省产业转型升级的“龙头效应”更加明显。

一、经济体量持续增长

2017 年，兰白试验区深化“创新驱动 + 改革试验”双轮驱动发展，生产总值达到 782.87 亿元，较上年增长 7.88%，占全省的 10.49%。固定资产投资 702.04 亿元，占全省的 12.32%。其中，基本建设投资 440.74 亿元，占总投资的 62.78%。年末就业人口 37.46 万人，较上年增长 22.92%，占全省的 2.41%。共有二级子园区 20 个，实际管理面积 1433.09 平方千米。实际引进内资 676.62 亿元，外商实际投资 4830 万美元。

二、财政资金的引导力度显著加强

积极发挥财政资金的引导作用，不断加大投融资力度。2017 年，兰白试验区财政科学技术支出达到 4.88 亿元，是上年的 2.29 倍，占试验区财政总支出的 6.22%，高出全省平均水平 5.44 个百分点。全社会 R&D 经费支出 18.86 亿元，较上年增长 9.39%，R&D 经费支出占 GDP 比重 2.41%，较上年提升 0.03 个百分点，高出全省平均水平 1.22 个百分点。企业 R&D 经费支出 10.36 亿元，占主营业务收入比重为 0.57%。创新资金投入 3.33 亿元，创投资金（含引导基金）9.32 亿元，担保资金 21.61 亿元。

三、高新技术产业发展迅速

深入推动实施“三大计划”“五大工程”和“十项创新改革举措”。2017 年，兰白试验区规模以上企业实现工业增加值 434.02 亿元，较上年增长 21.72%，在全省占比 27.06%。战略性新兴产业增加值 8.34 亿元。有研发机构的规模以上企业 39 家。高新技术企业 302 家，较上年增加 68 家，在全省占比 49.35%，实现营业收入 699.45 亿元，在全省占比 62.03%，出口 39.6 亿元，在全省占比 59.36%。发展亿元产值以上的产业创新集群 107 个，较上年增加 9 个。

四、科技成果转化落地成效显著

加强支撑经济社会发展的关键共性技术研发应用，率先落实成果转移转化直通机制，2017 年，兰白试验区技术合同成交额共计 36.27 亿元，较上年增长 32.84%，在全省占比 22.26%。发明专利拥有量 2829 件，较上年增长 31.4%，在全省占比 46.8%。万人发明专利拥有量 32.84 件 / 万人，是全省平均水平的 14 倍。开发新产品、新技术 480 项，实现新产品销售收入 70.03 亿元，新产品销售收入占主营业务收入比重 3.89%。

五、人才的集聚效应更加明显

坚持把人才作为创新第一资源，汇聚省内外高端人才深度参与试验区重大项目建设。2017 年，兰白试验区拥有 R&D 人员 9245 人，较上年增长 23.58%，占全省的 22.56%。万人 R&D 人员 107.3 人，是全省平均水平的近 7 倍。企业创新团队 103 个，创新型企业 143 个，留学生创办企业 152 家，人才服务机构 27 个。拥有长江学者 4 人，国家和省级杰出青年基金获得者 20 人，甘肃省领军人才 47 人。建有技工学校 21 所，博士后科研工作站 6 个，协同创新中心 3 个。

六、各类创新平台载体持续增加

各类创新创业平台联动，“双创”服务载体功能不断提升。2017 年，兰白试验区建有研发创新、创新创业、科技服务、金融服务等各类服务机构 722 个，较上年增加 184 家。其中，国家（省）级工程技术研究中心 75 个，国家（省部）级重点实验室 93 个，国家（省）级工程研究中心（实验室）88 个，国家（省）级众创空间 38 个，国家（省）级科技企业孵化器 12 个，国家级大学科技园 2 个，国家（省）级技术转移示范机构 7 个，国家国际科技合作基地 10 个。拥有科技金融服务机构 57 家，科技融资租赁公司 5 家，创业风险投资机构 24 家，科技支行 7 家，保险代理机构 19 家，证券机构 11 家，知识产权服务机构 8 家。

七、创新扶持政策继续推动落实

着力推进国家优惠政策和甘肃省创新政策的全面落实，科技补助和奖励力度不断加码。享受高新技术企业税收优惠政策的企业 178 家，较上年增加 40 家，享受研发费用税前加计扣除政策的企业 98 家，较上年增加 37 家。科学研究与技术服务业企业发展到 27 家，较上年增加 11 家，实现营业收入 22.84 亿元，较上年增长 21.63%。

八、园区管理不断释放创新活力

各园区积极推进“放管服”改革，释放管理活力，持续增强了园区发展的动力和后劲。兰州新区加强产业链精准招商，对优势产业进行延链、补链、强链，加快建设成果转化基地、企业研究院、检测平台、创新创业园、产业基地、新区智库等各类平台；兰州高新区在发展理念上更加注重产城融合、军民融合和生态文明，推动协同创新、成果转化、科技孵化和科技金融，一批高成长“瞪羚企业”相继入驻；白银高新区提出了企业孵化和科技输出的方向，确定了产业优化创新计划，明确发展“四新经济”战略目标；兰州经开区提出突出生物医药产业，打造机场北高新园区和甘肃（兰州）国际陆港，专项资金支持奖励科技创新主体认定、创新创业人才队伍建设、优秀成果转化和创新创业环境营造，举办了大学生创新创业大赛和科技创新成果展。

（撰稿人：统计中心　　《科技决策参考》2019 年第 7 期）

兰州市技术交易发展现状及对策研究

摘　要：技术市场作为科技创新的生产要素市场，既是科技创新的重要支撑，也是科技创新成果转化应用的前沿阵地，"十二五"以来，兰州市技术市场交易日益活跃。本文对2018年兰州市技术交易发展现状及特点进行了分析，针对技术交易中存在的问题提出了对策建议，以期促进兰州市技术交易和技术转移转化。

关键词：技术交易　特点　问题　对策

引　言

近年来，随着加快落实《中华人民共和国促进科技成果转化法》《甘肃省促进科技成果转移转化行动方案》《"十三五"技术市场发展专项规划》等，促进成果转化和技术市场发展的政策措施，兰州市技术市场日益繁荣，在促进技术转移过程中发挥了显著作用，开创了以市场化推动科技创新的新局面，但也存在着一些问题和不足，应积极采取措施来促进技术转移工作的开展。

一、兰州市技术交易发展现状

（一）技术交易总体情况

"十二五"以来，兰州市技术合同成交额持续、健康发展。2018年，甘肃省成交技术合同5072项，成交金额180.88亿元，兰州市共登记技术合同4011项，占比79.1%，成交金额达到62.86亿元，占比34.8%，是2011年技术成交额的3倍，年均增长17.1%。2018年，兰州市技术交易额占全市生产总值的比重为2.3%，较2011年增长0.77个百分点，技术交易对兰州市经济增长的贡献作用进一步增强。

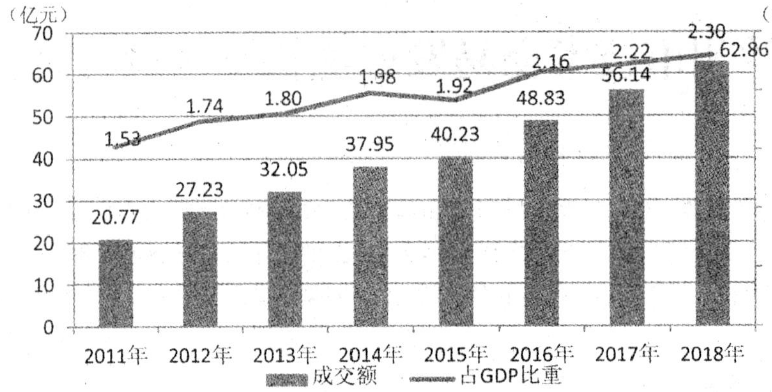

图 1 2011—2018 年兰州市技术合同成交额及占 GDP 比重情况

（二）技术开发和技术转让合同增幅明显

技术交易“四技合同”（具体指技术开发合同、技术转让合同、技术咨询合同、技术服务合同）中，技术服务合同一直以来占据主体地位，2018 年，兰州市技术服务合同 2871 项，成交额 41.35 亿元，占总成交额的 65.8%，同比减少 2.5%；技术开发合同 806 项，成交额 17.78 亿元，占总成交额的 28.3%，同比增长 102.3%；技术转让合同 39 项，成交额 2.39 亿元，占总成交额的 3.8%，同比增长 57.7%；技术咨询合同 295 项，成交额 1.34 亿元，占总成交额的 2.1%，同比减少 61.1%。

（三）重大技术交易继续增长,技术交易聚焦战略性新兴产业领域

2018 年，兰州市 1000 万元以上的重大技术合同交易 71 项，成交额 39.37 亿元，同比增长 34.1%，占总成交额的 62.6%。同时，兰州市技术交易向 6 大战略性新兴产业领域集聚更加明显，相关领域技术成交额 35.62 亿元，占总成交额 56.7%。核应用领域迅速发展，技术成交额由 2017 年的 1.57 万元增至 74.91 万元，电子信息、生物、医药和医疗器械领域增长也非常快，技术成交额分别超过 2017 年的 3.1 倍、2.9 倍。

（四）技术流向地域不断扩大

从输出地域来看，2018 年，兰州市流向省内技术合同共 3123 项，成交额 28.77 亿元，同比增长 13.7%，占总成交额的 45.8%。流向国内其他省（市区）技术合同 886 项，成交金额 33.77 亿元，同比增长 9.5%。其中，贵州省对兰州市的技术需求最高，技术成交额达 7.45 亿元，兰州市技术输出成交额在 1 亿元以上的省（市区）还有黑龙江省、山东省、陕西省、青海省、广东省、北京市、内蒙古自治区、湖北省，这些省（市区）成为了兰州市对外技术输出的重地，技术成交额达 28.50 亿元，占总成交额的 45.3%。2018 年，兰州市技术流向国外 2 项，成交额 0.32 亿元，占总成交额的 0.5%，其中，流向欧洲 1 项，成交额 0.29 亿元，流向大洋洲 1 项，成交额 0.03 亿元。

（五）吸纳技术增幅超过输出技术，技术需求进一步扩展

从技术吸纳的角度来看，2018 年，兰州市共吸纳各类技术 3041 项，成交额 77.86 亿元，高出输出成交额 23.9%；与上年对比，增幅达到 25.1%，高出输出技术增幅 13.1 个百分点。从吸纳技术的地域分布来看，吸纳省内技术 1871 项，成交额 23.46 亿元，占吸纳技术总成交额的 30.1%；吸纳省外技术 1170 项，成交额 54.41 亿元，占吸纳技术总成交额的 69.9%。兰州市从 25 个省（市区）吸纳了各类技术，吸纳技术成交额上亿元的地区有 6 个，排名前三的分别为北京、浙江和陕西，且成交额均超过 5 亿元。

（六）科研机构创新活力持续增强，技术交易质量不断提升

2018 年，兰州市事业法人单位输出技术合同 1826 项，成交额 35.28 亿元，其中科研机构技术输出 32.74 亿元，同比增长 7.8%，占总成交额的五成以上，科研机构的主体地位更加凸显。具有自主知识产权的技术秘密、计算机软件著作权、设计著作权、专利、生物、医药新品种六类技术合同 1113 项，成交额 13.69 亿元，占总成交额的 21.8%，分别同比增长 31.6%、29.2%。计算机软件著作权类技术交易增长迅速，成交额由 2017 年的 5.94 万元增至 1.75 亿元，专利、设计著作权类增长也非常快，技术成交额分别是 2017 年的 4 倍和 3 倍。

（七）城市发展、社会服务等相关技术成为技术交易的重点领域

2018 年，兰州市输出技术主要服务于基础设施以及城市和农村规划、社会发展和社会服务这两大领域，其中，基础设施以及城市和农村规划技术交易居于首位，成交金额达 31.81 亿元，同比增长 24.8%，占总成交额的二分之一以上；社会发展和社会服务成交额居第二位，成交额 10.06 亿元，超过 2017 年的 2 倍多，占总成交额的 16.0%。另外，卫生事业发展领域技术交易增长迅速，成交额 4.78 亿元，将近 2017 年交易额的 4 倍。

二、存在的问题

兰州市技术合同成交额持续增长的背后，与科技体制改革向纵深推进、一系列成果转化相关的法律、政策出台，以及技术市场环境不断优化密切相关。2018 年，兰州市制定出台了《关于促进在兰高校院所科技成果转化实施方案》，修订完善《兰州市科技计划项目管理办法》和《兰州市科技计划项目经费管理办法》，从决策评价机制、产学研合作机制、创新科技成果转化机制等四个方面多措并举，坚持“大兰州、大科技”工作理念，打通科技成果转化渠道，为全市高质量发展提供有力支撑。尽管成效显著，但兰州市技术市场发展中仍存在以下问题：

（一）技术转让、技术咨询类合同还比较薄弱，有待进一步发展和提升

技术转让合同在四类技术合同中的占比较少，2018 年，技术转让合同 39 项，同比减少 48.7%，成交额仅占到总成交额的 3.8%；技术咨询合同 295 项，同比减少 46.8%，无论是合同数还是成交额在四类合同中占比都比较少。技术转让是产学研合作的一种重要衡量指标，技术转让指标较低，说明当前产学研合作程度较低。从产业角度上看，不利于技术成果的推广普及。

（二）技术合同成交额增速放缓，区域经济发展内生动力有所减弱

技术交易作为经济发展的动力和源泉之一，对于区域经济发展具有重要的推动作用。但是，“十三五”以来，兰州市技术合同成交额总量呈上升态势，增速却持续下降，2018 年降至 12%，即其未能充分发挥对于区域经济发展的驱动作用。此外，近年来，经济增长动力不足，作为推动经济增长的重要内生动力，兰州市技术市场存在的技术合同成交额增速放缓问题亟需解决，为加快地区经济发展方式转变，实现社会经济高质量发展助力。

（三）企业、高校创新活力有待重视与激发

2018 年，甘肃省拥有高等院校（包含高职高专与独立院校）45 家，其中，坐落于兰州市的有 28 家，而仅 7 家有技术合同交易，占比 25%，成交技术合同 367 项，成交额 1.42 亿元，占总成交额的 2.3%；兰州市企业法人单位技术合同成交额 27.50 亿元，占总成交额的 43.8%，兰州市拥有全省二分之一以上的高新技术企业，仅有 50 家有技术合同交易，成交额不足全市的六分之一。高校是知识创新或基础研究的“供给端”，企业是“需求端”，企业、高校是区域创新体系中重要的创新主体，而兰州市未能充分发挥创新优势，体现了其产学研合作的广度及深度尚显不足，有待进一步拓展。

（四）新能源以及环境保护领域有待进一步加强

2018 年，兰州市环境保护与资源综合利用领域技术合同成交额 5.79 亿元，占总成交额 9.2%，同比减少 54.9%；新能源与高效节能领域技术合同成交额 2.22 亿元，占比 3.5%，同比减少 25.8%。能源的利用与环境保护是社会可持续发展的一个重要影响因素，兰州作为一个省会城市和甘肃省重要的经济发展增长极，更应该加快新能源与环境保护领域成果转化与应用，促进产业结构调整。

三、大力推进兰州市技术市场发展的建议

（一）产学研高效对接，加速成果转化

针对目前产学研用各自为营的问题，加强科技服务业产学研合作平台建设，鼓励和引导企业尤其是中小企业积极主动地与高校、科研院所共同建立产学研战略联盟或产业技术创新战略联盟；引导高校、科研院所的科技人员带技术、带成果深入企业一线，特别是对接中小企业，破解发展难题，加快先进适用技术、成果，在企业的推广应用和产业化步伐。坚持整合资源、规范运作、大力吸引政、产、学、研、金、中介、贸易等要素或力量，发挥各自优势，多种形式全面合作，加大科技成果转化。同时，可在现有的资金主渠道的基础上来发展风险投资，逐步扩大创业投资和国外科技贷款等科技投入渠道，使科技投入渠道进一步扩宽，既有政府拨款，又有自筹资金，形成全社会多渠道、多形式的科技投入体系，从而使得科技成果的转化获得比较充裕的资金保证。

（二）发现和培育新的产业爆发点，扶持新兴业态

瞄准产业新兴业态，发现新的产业“引爆点”和增长点，积极培育以食品、交通、信息、国家安全、生态安全为主要领域的公共安全产业，与生物学原理、互联网技术、工体化设计密切结合的新硬件制造产业，以及新型生态服务业和医药保健、营养食品、休闲健身、健康养老等健康产业。发挥军工颠覆性创新汇聚之地的作用，推进军民融合深度发展，积极培育智能机器人、卫星应用、航天高端制导技术、高温气冷堆和低温供热堆新型核能技术与装备等新兴产业领域。前瞻布局新兴产业前沿技术研发，开发移动互联技术、量子信息技术、燃料电池等新一代能源技术，重视基因组、干细胞、合成生物、再生医学等技术对生命科学、生物育种、工业生物领域的深刻影响。

（三）不断完善技术转移体系建设

坚持市场需求导向，遵循技术转移规律，壮大技术市场，加速创新要素的流动与融合，以市场机制有效调动技术成果供需双方的积极性。强化政府在抓战略、抓规划、抓政策、抓服务等方面的职能，发挥财政资金引导作用，降低政策门槛和准入成本，为技术转移营造良好环境。聚焦技术转移薄弱环节和成果转化关键症结，落实和完善政策措施，补齐技术转移短板，打通政策落实的“最后一公里”。加强省、市、县三级上下联动、部门之间协同、军民之间融合、省外省内联通，整合各方资源，实现各部门、行业技术转移工作的衔接配套。

（四）加快科技服务中介机构发展

加强对技术中介服务机构的人员培训，壮大技术经纪人队伍，积极引进高素质、复

合型的科技中介服务人才，加强与国内外知名的科技中介服务机构的人才交流与合作。研究制定技术经纪人评价管理办法。从资格认证、注册到税收优惠、金融信贷优惠等方面采取切实的鼓励措施，引导技术中介服务机构向市场化、专业化、规模化发展。积极推进科技服务业标准化试点示范工作，加强对从事公益性技术中介服务的机构认定，在政策上给予鼓励。

参考文献：

[1]李霞，杨勇，韩淑霞，等.任育杰.郑州市技术交易发展现状及对策分析[J].创新科技，2018，18(05)：63-65.

[2]林春波，许可.我国技术经纪人市场发展问题与对策[J].甘肃科技，2019，35(17)：5-7.

[3]董丽英，刘巍.京津冀技术市场建设的政策分析[J].中国内部审计，2019(07)：91-93.

[4]孙琴，刘振宇，刘瑾，等.2017年青岛区市技术交易分析及对策研究[J].特区经济，2019(01)：93-95.

[5]杨兵，姜向荣.山东省技术市场发展现状及对策研究[J].科学与管理，2017，37(03)：68-73.

[6]张蕴.辽宁省技术市场发展现状浅析[J].现代经济信息，2016(01)：487.

[7]兰州市统计局，国家统计兰州调查队.兰州市统计年鉴[M].北京：中国统计出版社，2019.

（撰稿人：杨亚妮　荣康骥　刘晓荣　　《甘肃科技》2020年6期）

黄河流域甘肃段绿色高质发展的认识与思考

摘　要：黄河流域生态保护和高质量发展战略是重大国家战略。黄河流域甘肃段在中国生态安全方面和经济社会发展方面具有十分重要的地位，区域内生态保护和经济发展问题交织。实现黄河流域甘肃段生态保护和高质量发展，需要分区分类开展生态保护和治理，并推实施产业生态化和生态产业化，强化各类要素支撑，提升区域科技创新整体效能，探索绿色资产资本化途径，加强黄河流域高质量发展协同研究，助推生态保护和高质量发展双赢。

关键词：黄河流域甘肃段　生态保护　高质量发展

黄河流域是连接青藏高原、黄土高原、华北平原的生态廊道，拥有三江源、祁连山等多个国家公园和国家重点生态功能区，构成我国重要的生态屏障。黄河流域也是中国重要的经济地带，是粮食、能源、工业等聚集区。由于历史、自然条件等原因，黄河流域经济社会发展相对滞后，全国14个集中连片特困地区有5个涉及黄河流域，是打赢脱贫攻坚战的重要区域。2019年9月18日，习近平总书记在黄河流域生态保护和高质量发展座谈会上，做出了加强黄河治理保护、推动黄河流域高质量发展的重大部署。由此，黄河流域将迈入生态保护和高质量发展的新阶段。

甘肃作为黄河上游重要的生态安全屏障和发展不充分的地区之一，在推动黄河流域生态保护治理、高质量发展等方面具有重要战略地位。党的十八大以来，甘肃省着眼于生态文明建设，坚持走生态优先、绿色发展之路，环境效益与经济效益正在逐步显现。但是，黄河流域甘肃段生态环境依然脆弱，局部地区仍存在生态系统退化、水源涵养功能降低等问题。同时，甘肃省的发展质量与黄河中下游省份和东部省份相比存在明显差距，内生动力不足，需要进一步加快创新驱动新旧动能转换，探索富有地域特色的高质量发展新路子。

一、黄河流域甘肃段基本情况

黄河流域甘肃段位于甘肃省内中东部地区，属于黄河流域上游地区，东与陕西省交界，西与青海省接壤，北与宁夏回族自治区相邻，南以秦岭为界，流域内有甘南高原区、陇中黄土高原丘陵沟壑区、陇东黄土高原区三大地貌单元。甘肃黄河流域分为黄河干流、渭河、泾河、洮河、湟水、北洛河6个水系，干流长913千米，占黄河干流全长的16.7%，流经甘南、临夏、兰州、白银4个市（州），其他五大水系流经平凉、庆阳、天水、定西、武威等地区。流域总面积超过14万平方千米，占甘肃省国土面积的30%以上，流域内人口约1835万，占全省70%以上[1-2]。

黄河流域甘肃段不仅是全黄河干流重要的水源涵养补给调蓄区，贡献了黄河60%的水资源量，也是全省政治、经济、文化发展的核心区，工业布局相对集中，集中了全省3/4的耕地、工业与城镇经济比重。由于泥沙入黄、废污水排放量较大等原因，甘肃省黄河流域水质整体评价结果居省内三大流域末位，资源开发、经济发展与生态保护的矛盾较突出，流域内生态安全、居民饮水安全、工农业生产发展等将直接影响到全省及下游地区经济社会可持续发展。

二、黄河流域甘肃段生态保护和经济发展问题交织

（一）生态环境与水资源问题突出

由于气候变化、生态退化等原因，作为重要水源涵养区的甘南高原草场、湿地的涵养功能正在加速退化，河流补给量急剧减少，已经威胁到黄河上游水量的汇集和生态系统的安全。黄河流域甘肃段多年人均水资源量较低，2018年黄河流域甘肃段水资源量为222.9亿立方米，人均水资源量约为全国平均水平的1/2[3]；全流域多年（1956—2000年）平均输沙总量为49201万吨，其中黄河干流、渭河及马莲河年均输沙量超过1亿吨，流域含沙量的分布各地差异较大，呈上游向下游增加的趋势[4]。整体上看，黄河流域兰州段以上，以草地退化、土壤沙化等生态问题为主，而兰州段以下水质污染较重，并伴有较严重的水土流失问题。

（二）发展质量有待提高

黄河流域甘肃段缺乏强大的核心增长极，兰州作为中心城市的科技经济实力、辐射和带动功能还不强。2018年，黄河流域甘肃段9市（州）GDP达到千亿元的仅有兰州市，半数城市的经济总量不足500亿元。产业是经济发展的基础，2017年，甘肃省农林牧渔总产值为1559.6亿元，占到黄土高原7个省（区）（青海、甘肃、宁夏、内蒙古、陕西、山西和河南）10%，次于河南、陕西和内蒙古，排名第4；第二产业增加值为1733.31亿元，占到黄土高原7省区的5.29%，排名第6，第三产业增加值为4038.36亿元，占黄土高原7省区的7.84%，排名第5。从产业与人口的匹配度来看，2017年甘肃省一二三产融合各行业与人口的匹配度均小于1，说明产业支撑明显不足[5]。创新引领产业发展、培育发展新动能作用需加快提升。由于产业支撑不足，黄河流域甘肃段工业化与城镇化发展的总体协调度较低，突出表现为工业化滞后于城镇化[5]。

（三）生态资产缺乏资本化的有效途径

“绿水青山就是金山银山”，生态资源已成为经济发展的成本之一。要将生态优势转化为经济优势，一方面需要加大生态保护力度，另一方面必须将其转为资本进行增值。甘肃省生态资产资本化的途径主要是对生态资产直接加以利用，或者对某个生态生产要

素进行深度开发，生产出生态产品，进入市场获取经济利益，以经济利益带动生态资产的保护。黄河流域甘肃段部分区域既是重要的生态功能区也是贫困区，在很大程度上处于低水平利用当地自然资源维持生计的状态，没有实现生态资源的价值最大化，同时陷入“生态脆弱—贫困”的恶性循环中，生态资产难以得到保护。

（四）生态环境与区域贫困的耦合关系不清

黄河流域甘肃段的贫困地区多集中于生态脆弱区，尤其是陇东和陇中黄土高原区，水土流失严重，贫困问题突出。区域贫困与生态环境之间相互作用、相互影响，存在复杂的交互耦合关系，是当前生态扶贫问题研究和实践的热点、难点。目前尚没有一套完备清晰的理论阐明生态脆弱性与贫困的关联性以及两者的互动机理，进而理顺贫困地区生态环境脆弱性与贫困之间的客观关系，为实现乡村振兴背景下，贫困地区资源环境与社会经济绿色健康可持续发展提供科学支撑。

三、黄河流域甘肃段高质量发展的建议

（一）分区分类开展生态保护和治理

充分认识黄河流域甘肃段生态大保护大治理的系统性、整体性和协同效益，坚持分区分类，系统修复，全力推进生态屏障建设、水土保持、饮用水水源地保护、水污染治理等方面的技术研究与示范，开展黄河上游甘南地区水源涵养能力提升与生态保护、陇东陇中黄土高原地区水土流失治理和生态重建工程，构建中部沿黄地区水—经济—土地—生态联合调控和绿色发展模式。强化黄河流域干流与支流、水域与陆域的统一管理保护，加快构建黄河流域污染防治基础理论库、政策库、技术库、项目库，加强大气、水、土壤污染防治关键共性技术攻关，通过推动科技成果产业化、商业化、市场化抢占生态保护技术制高点。

（二）并推实施产业生态化和生态产业化

坚持生态产业化和产业生态化的大方向，将十大生态产业作为推动高质量发展的推手，运用互联网、大数据、人工智能等新技术，推动石油化工、有色冶金等传统优势产业从生产、经营、管理和销售等多维度实现智能化、清洁化转变。同时，依托和发挥贫困地区生态资源禀赋，发展与生态保护紧密结合、市场相对稳定的特色产业，将资源优势有效转化为产业优势、经济优势。把绿色化融入新型工业化、城镇化、信息化、农业现代化，发展生态农业、生态工业、生态服务业和环保产业等；转变传统旅游业发展模式，大力发展生态旅游业，提供生态旅游体验、生态科考、生态康养等生态旅游产品，形成具有规模优势又布局合理的现代绿色产业体系。

（三）提升区域科技创新整体效能

全面推进创新型省份建设，以兰白国家自主创新示范区和兰白科技创新改革试验区为载体，集聚高层次创新型人才、国内外先进科研成果、具有国际竞争力的创新型企业，抢占关键核心技术制高点，构建多层次创新平台体系，推动创新资源和人力资本向高端产业集聚，推动新技术、新产业、新业态蓬勃发展。推动兰州—西宁城市群协同创新，围绕甘青两省新能源、新材料、有色冶金等优势产业，打造兰西城市群竞争优势产业集群，在生态环境建设、生物医药、现代农业、新能源开发利用等方面加强合作，进一步推进省际联合共建实验室。鼓励和支持兰白地区创新要素向天水、陇东产业创新集群延伸扩散，放大产业集聚效应，辐射带动区域创新协调发展。

（四）探索绿色资产资本化途径

探索新型的“绿色”“生态”资产转化为资本的途径，加大对生态产业以及传统产业进行“绿色改造”的投融资支持力度，为相关项目提供运营和风险管理的金融服务。开展自然资源资产确权，明确各类资源的存量、流量，划分资源的所有权、使用权、收益权等权属，试点自然资源有偿使用制度，拓展生态资产向金融资产转化的有效途径。开展绿色认证、绿色证券和绿色保险服务，建立多种绿色金融信息交流平台，为生态产品的生产和销售提供渠道和支撑，为缺乏市场的生态服务提供交易平台。

（五）加强黄河流域高质量发展协同研究

黄河流域的高质量发展问题涉及生态保护问题、流域经济问题、空间布局问题、贫困问题、民族问题等，需要开展多学科、多角度、多层次的协同研究。要充分发挥我省高校、科研院所的特色优势和智库作用，深化与中科院兰州分院、兰州大学等中央在甘研究机构的交流合作，集中优势资源和力量，全方位开展黄河流域甘肃段高质量发展重大理论和现实问题研究，努力推出一批高水平的标志性成果，为决策部门解读现状、研判问题和推动我省迈入生态保护和高质量发展新阶段提供理论支撑和智力支持。

参考文献：

[1]赵映东.黄河甘肃段干支流输沙情况及治理保护建议[J].河湖管理,2019,23:56–58.

[2]邵鹏,刘旻霞,赵瑞东,等.黄河甘肃段流域生态环境需水量探究[J].安徽农业科学,2018,46(4):53–56.

[3]马翔堃,陈发斌.甘肃省黄河流域现状用水及存在问题浅析[J].地下水,2018,40(6):186–188.

[4]安树伟,李瑞鹏.黄河流域高质量发展的内涵与推进方略[J].改革,2020,1,76–86.

（撰稿人：王星星　邓晓红　　《甘肃科技》2020 年 23 期）

甘肃省科普场馆现状分析及发展对策研究

摘　要：文章通过调查分析甘肃科普场馆现状，找出甘肃科普场馆存在的问题，提出发展思路及对策，为管理部门制定合理、科学的科普发展规划和政策提供决策依据。

关键词：科普场馆　问题　发展思路　对策建议　甘肃省

科普场馆是科普事业的设施支撑，在科学技术普及宣传中具有主阵地地位。科普场馆包括科技馆（以科技馆、科学中心、科学宫等命名的，以展示教育为主，传播、普及科学的科普场馆）、科学技术类博物馆（包括科技类博物馆、天文馆、水族馆、标本馆及设有自然科学部的综合博物馆等）和青少年科技馆（站）三类场馆[1]。

一、甘肃省科普场馆现状

截至 2016 年，甘肃省共有科技馆 7 个，科学技术博物馆 21 个，青少年科技馆(站)6 个，详见表 1。

表 1　甘肃省科普场馆情况（2016 年）

指标名称	计量单位	数量
1.科技馆	个	7
建筑面积	平方米	19 116
展厅面积	平方米	6551
参观人次	人次	112 093
常设展品	件	911
年累计免费开放天数	天	842
2.科学技术博物馆	个	21
建筑面积	平方米	98 481
展厅面积	平方米	51 751
参观人次	人次	1 889 868
常设展品	件	22 389
年累计免费开放天数	天	5413
3.青少年科技馆站	个	6
建筑面积	平方米	10 710
展厅面积	平方米	6125
参观人次	人次	75 305
常设展品	件	1362
年累计免费开放天数	天	75 305

数据来源：2017 年甘肃科技统计年鉴

2016 年，全国共有科技馆 473 个，科学技术类博物馆 920 个，青少年科技馆站 596 个，甘肃省分别占全国总数的 1.48%，2.28%和 1.00%。由此可见，甘肃省的科技场馆建设薄弱。

政府拨款为主要经费来源。2016 年，甘肃省科普投入中政府拨款占 74.01%。与科普投入状况相似，科技馆的经费来源仍然以政府拨款为主。2016 年甘肃省科普场馆经费筹集额共计 5192.11 万元，政府拨款占全部投入的 85.76%。

科普活动丰富，在科普工作中作用突出。2016 年甘肃省科普场馆举办科普讲座 240 次，共有 2.8 万人次参加；共举办科普（技）展览 56 次，观众达到 12.3 万人次；举办了 26 次科普（技）竞赛活动，共有 1.7 万人次参加。举办科技夏（冬）令营 17 次，近万人参加。在全国科技活动周期间，举办各类科普专题活动 102 次，3.2 万人参加。尤为突出的是，科普场馆在“双创”活动中发挥了积极作用，2016 年举办各类型创新创业培训 21 次，近 5 千人参加了培训。

二、甘肃省科普场馆的主要运行模式

（一）以政府为主体

由省委、省政府、市委、市政府、党委宣传部门、科技管理部门、科协组织各相关单位组织开展科普工作，主要进行科普场馆、科普基地、科普示范区等的规划建设，并利用这些设施向公众进行科学知识的普及教育[2]，在政策组织方面，甘肃省专门成立了全民科学素质工作领导小组和办公室，召开全民科学素质行动计划纲要落实工作推进会，制定了开展科普活动及科普场馆建设的相关文件和方案，对甘肃省各地区科普事业和产业的发展进行宏观指导。

（二）以学校为主体

由高校采用在各高校科技（学）馆举办专题讲座、宣传展览、专家对外讲学等科普教育的方式，进行科普知识的教育和宣传；同时，高校采取与科研机构、政府合作、高校和高校的合作联盟等方式，在高校建设科普基地、各类科学馆、科普人才培训基地、实习基地、举办科普活动周、创办科普刊物等，进行科学知识的培训、学习和交流。近年来，甘肃省各高校开展了一系列的“科技馆活动进校园”活动，利用科普夏令营、科普讲座、科技展览宣传等活动，更好地发挥了科技馆的科普主阵地的作用。

（三）以企业为主体

以促进企业自身文化和科技发展为目的，展示企业现有的科技成果和产品，科技类场馆建设展示了企业相关标准，推广了企业新技术新产品新工艺，向公众普及科技知识，演示技术原理、展示科技发展的专题性科技类场馆。自甘肃省科普教育基地联盟成立以来，智慧金昌电子商务科技有限公司等 29 个单位被甘肃省科学技术协会评为“甘肃省科普教育基地”。

三、甘肃省科普场馆发展存在主要问题

（一）数量偏少，区域发展不均衡

全国每省平均拥有科技馆 15 个，科学技术类博物馆 30 个，青少年科技馆站 19 个，甘肃省以上场馆分别为 7 个、21 个和 6 个，远远低于全国平均水平。甘肃科普场馆大部分集中在省会兰州，其他市州数量很少或为零。以科技馆为例，目前甘肃省拥有科技馆 7 家，其中兰州 3 家，金昌 2 家，张掖和甘南各 1 家。全省 14 个地州（市）中迄今有 10 个地州（市）尚未建设科技馆。

（二）科学技术类博物馆门类不全

目前，甘肃省科学技术类博物馆为多学科综合性场馆，面向公众的、工业性的科普场馆，卫生健康类、妇女儿童活动中心禁毒展览馆、天文博物馆、军事博物馆、生物博物馆等专业性或者专题类的科普场馆尚无一个。

（三）科普场馆持续建设经费缺乏

目前，甘肃省科普场馆经费主要来自各级政府的财政拨款，大部分科普场馆是在开始建设时，由财政向科普场馆一次性拨款建设经费，而科普场馆在运营阶段却得不到持续的经费支持，同时，科普场馆吸引社会资金的能力不足，影响科普场馆正常运营和科普教育功能的发挥。2016 年，甘肃省科普场馆基建支出共计 0.52 亿元，其中场馆建设支出 0.18 亿元，展品设施支出 0.26 亿元，基建支出仅占全部科普场馆经费支出的 33.13%。部分科普场馆既无基建支出又无展品支出，可以说场馆建设处于停滞状态。

（四）民间投入相关优惠政策不到位

甘肃省各类科普场馆的建设和运行，都是以各级政府部门、各类高等院校、科研机构和企业投入为组成部分，民间投入缺乏。2004 年甘肃省制定了《甘肃省科普税收优惠政策实施细则》，企事业单位、社会团体按照《捐赠法》的规定，通过中国境内非营利的社会团体、国家机关向科技馆、自然博物馆、对公众开放的天文馆（站、台）和气象台（站）、地震台（站）、高等院校和科研机构对公众开放的科普基地的捐赠，在年度应纳税所得额的 10%以内的部分，准予扣除。但是甘肃省人民政府关于印发全民科学素质行动计划纲要实施方案（2016—2020 年）的通知中却未将所得税减免政策和实施办法重点实施[3]。

（五）人才素质较落后

2016年甘肃省共有科普人员5.77万人，低于全国平均投入5.98万人。其中科普专职人员数8287人，略高于全国平均专职7211人。2016年，甘肃科普人员中中级职称及以上或大学本科及以上学历人员的比例为48.27%，低于全国53.96%平均水平，位列全国第24位。另外，2016甘肃省注册科普志愿者仅3.76万人，远远低于全国各省平均7.47万人。科普人员、志愿者的数量不足以及科普人员素质较低，影响着科普场馆的展教，严重制约科普场馆的未来发展，无法满足甘肃省科普事业的持续发展需要。

（六）科普场馆发展目标定位不明确

由于受到历史的原因和经济条件的制约，早期甘肃省科普场馆建设思路和发展方向在定位上出现了一些偏差，没有充分认识到科普工作的重要性，科普场地挪用或将主要精力投入到与科普教育宣传工作相关的事务的情况比较严重，偏离了现代科普场馆的发展方向。今后，甘肃省科普场馆建设要打好特色牌，结合自身优势，建设具有地域特点的特色科普场馆，为甘肃省科普事业发展提供强有力的基础支撑。

（七）新媒体宣传能力不足

科普场馆已经成了城市形象的一个标志，是提升城市文化底蕴必不可少的名片。随着互联网快速发展，多数传统实体受到网络资源的冲击，科普场馆需要通过多种方法、多种途径将科学技术、文化及人文知识传播到公众，提高公众科学文化素质，促进社会物质文明和精神文明。目前，甘肃省科普场馆由于经费、人员资源配置落后，大部分科普场馆新媒体设备更新不能实现，同时新媒体软件、展品开发能力不足，制约了科普场馆新媒体宣传力度、形式和内容无法满足公众日益增长的科学知识需求。

四、甘肃省科普场馆发展思路及措施

（一）加快科普场馆建设步伐,优化科普场馆组合

科普场馆不仅是重要的科普场地也是一项重要的社会公益事业。科普场馆把最流行、最先进的科学文化知识以最快捷和简洁的方式传播给公众，弘扬科学精神，提高公众科学素养，科普场馆在科普事业最前沿扮演着重要的角色，是推动科普事业发展的先锋。未来甘肃省应大力推动科普场馆建设，加快甘肃科普场馆的升级改造，提升科普场馆的功能性建设。优化全省科普场馆分布平衡性及门类的齐全性，推动市（县）科普事业整体发展。因地制宜建设和发展一批具有地方、产业、专业特色的专题科普场馆，加快甘肃省农村和学校科普场地建设和科普宣传工作。

（二）让科普场馆在公众影响力下得到提升

各级政府应重视科普宣传教育，提升科普场馆对提高公民科学素质的作用，助推甘肃省科普场馆在公众中的社会影响力。甘肃省科普场馆应多开展市场调研，了解和掌握公众的心理需求，避免科学教育宣传脱离公众的需求，动员社会各级力量积极推介，助力甘肃省科普场馆在公众心目中的形象。近年来，甘肃民间博物馆悄然兴起，比如，兰州金城关文化博览园——兰州黄河桥梁博物馆、天庆博物馆、兰州彩陶馆、中国秦腔馆、兰州非物质文化遗产陈列馆等面向公众免费开放。这些场馆特色鲜明，运营成本低，为公众所接受，为传播科普知识提供很好的途径。由于缺乏宣传力度，社会知晓率不高。结合甘肃省实际，提出下列建议：第一，利用当地的媒体效应，特设科普栏目，用来报道宣传民间科普场馆；第二，推出“旅游一卡通”，实现“一卡在手，玩转甘肃科普场馆”，扩大民间科普场馆的社会知晓度；第三，整合甘肃省现有科普资源，面向公众推出科普旅游线路，利用科普旅游来提高科普场馆在公众的影响力。

（三）让三大创新主体成为科普活动的主体

促进科研院所、高校和企业各社会阶层的科技工作者履行向社会进行科学普及的责任，将甘肃省科技创新成果的科普成效作为试点，评价科技创新主体服务水平，增加科研院所、高校和企业的科普考核评价指标，在各高校新增研究生科普学分。企业应设立企业文化展厅，从科学普及和推广的角度来展示企业文化。同时，建立科普传播专家团队，打造科学传播交流平台。科研院所、高校和企业共同合作，共同推进科普社会化，促进甘肃省科普事业的发展。

（四）加大经费投入，切实贯彻政策法规

充足的经费投入，是科普场馆稳定持续发展的基础。政府在经济和社会事业发展的总体规划中应将科普场馆建设经费纳入各级政府财政的预算中[3]，并对科普经费的使用进行监管，以防挪用或浪费。同时，完善相关优惠奖励政策，对社会民间投入的优惠政策和条款实实在在贯彻执行，调动民间投入者的积极性。建立科普场馆运行效果的监测评估，以评估结果作为政府对科普场馆经费投入的依据。

（五）加强人员的专业化培养

加强科普场馆专业人员的培训和配置，提高专业科普人员的素质。建立专业人才培养体系，通过各类培训、正规教育、科普交流等方式培养科普场馆所需的各类专业人才。由于甘肃省科普创作人员极度缺乏，应加大科普场馆正式在编专职创作或展教人员的岗位比例。发展壮大科普兼职人员和科普志愿者队伍，同时对科普兼职人员和科普志愿者开展相关的专业知识培训，提高他们的科普工作水平。

（六）提升科普教育活动开展能力

科普场馆顺应科技发展的趋势，捕捉科技发展的热点，在科普活动上积极拓宽思路，调研并开发各类公众喜爱的科普活动项目[4]，还可以进行科普活动的引进项目，支持甘肃省科普活动的创新发展。加强科普展教资源的产业发展，提升展教项目和科普场馆的改建升级。加强甘肃省科普场馆的展教资源创新研究，重点扶持中小科普场馆。在甘肃省高水平科普场馆中成立展教资源研发中心，带动甘肃省科普展教研发与创新能力。

参考文献：

[1]中华人民共和国科学技术部.中国科普统计[M].北京:科学技术文献出版社,2017.

[2]陆少峰,曾志康,孔令孜,等.南宁市科普工作现状及发展对策[J].南方农业学报,2013(12):2113-2118.

[3]马曙.广州创新型城市建设中的科普公共政策研究[D].广州:华南理工大学硕士,2010.

[4]任福君,任伟宏,张义忠.促进科普产业发展的政策体系研究[J].科普研究,2013(1):5-12.

（撰稿人：樊红梅　倪志敏　　《生产力研究》2019 年 2 期）

科技成果转化“堵”点如何破

2016年以来，中国修订实施了《促进科技成果转化法》，出台了《促进科技成果转化法若干规定》《促进科技成果转移转化行动方案》，形成了从修订法律条款、制定配套细则到部署具体任务的科技成果转移转化工作“三部曲”。此外，还有《关于实行以增加知识价值为导向分配政策的若干意见》《关于加强高等学校科技成果转移转化工作的若干意见》《国有科技型企业股权和分红激励暂行办法》等一系列“协奏曲”，以及各地配套出台的政策“大礼包”，科技成果转移转化政策体系逐步健全。

一、各地叩响成果转移转化之门

科技成果能否顺利实现转移转化，成为“纸变钱”的关键一环。因此，全国各地纷纷展开新举措、新尝试，全力突破瓶颈。

（一）上海容智

以分析评议为核心的“1+4”精准转移转化模式。“1”是指分析评议，“4”是指技术搜索、技术完善、产业转化、资本对接4个阶段，将技术通过商业化呈现，以数据化的手段促进成果转移转化，有效地提升了精准性、价值性、投资性。如中山医院“CTC肿瘤筛查技术—全产业链转移转化模式”。

（二）四川省

探索成果权属混合所有制改革试点。率先出台《职务科技成果权属混合所有制改革试点实施方案》，将职务科技成果权属由纯粹的国有改变为国家、个人混合所有，将“先转化、后确权”改变为“先确权、后转化”，将奖励权转变为专利权，破解了有权利转化的没有能力和动力转化，有动力和能力转化的没有权利转化的难题。

（三）中关村天合转促中心

开发专业化评价工具。开发出了科技成果市场转化成熟度评价模型（T-CAM）、企业需求对接条件成熟度评价模型（B-NMM）、招商引资项目落地成熟度评价模型（I-PAM），企业创新升级能力成熟度评价模型（E-CUM）、地区产业创新发展成熟度评价模型（I-CUM）等5套评价工具，T-CAM、I-PAM已在市场广泛应用，累积评价项目1500项。

（四）甘肃省

开启科技成果转化“直通车”。出台《关于建立科技成果转移转化直通机制的实施意见》，从优化技术转移体系基础架构、拓宽全省技术转移通道、完善政策环境和支撑保障等方面优化科技成果转化工作，将有效供给及时提供给企业。

二、成果转化存在的“堵点”和“痛点”问题

2016 年以来，许多科技成果从实验室“搬”进了生产车间，完成了从“藏在深闺无人识”到被市场广泛接受认可的蜕变，但还有很多科技成果仍“锁在柜子里”。

（一）高校科研团队成果转化动力不足

部分高校和院所受过去保守的惯性思维影响，对成果转化的必要性和重要性认识不足。部分高校和院所制定的政策多偏向激励高水平论文发表、纵向项目申报、专利发明、奖励获取等，导致科研团队重学术轻转化。一些高校和科研院所在科技成果转化时，要求对成果先评估定价，如果成果定价高、转化风险大，企业望而却步；如果定价低，国有资产流失问题恐被问责，让科研团队产生顾虑。

（二）横向科研经费和成果评估管理程序复杂繁琐

部分高校和院所对横向经费的使用、报销、审计等管理过于严格和繁琐，成果评估过于注重形式。部分高校横向经费管理方式基本参照纵向经费，没有考虑横向项目市场化委托因素，财务报销手续繁琐、后续审计和巡视过于严格。

（三）产业内协同合作机制尚未形成

一是产业内合作机制不够明确，企业间缺乏有效的协同合作，对于共同承担的解决共性关键技术项目和课题，未明确具体的合作投入和利益分配机制。二是合作产出不够成熟，研发类项目取得的技术成果大多被搁置或需要“二次产业研发”，不具备“即时转化”的条件。

（四）成果转化服务体系不够完善

一是科技成果主要供给方没有专业的转化团队，很多挂靠科研管理部门，在供需对接、交易洽谈、合同签订等方面未形成常态化工作机制。二是成果转化服务机构总量小，人员素质能力参差不齐，普遍呈现“小、散、弱”的特点。三是科技金融服务支持力度不够，缺乏初期天使基金对初创企业的成果转化资金扶持。

三、对策建议

科技成果转化通常包括三个环节，源头上是科技成果的供给，后端是以企业为代表的市场需求，中间要依靠中介，如何把供求双方联系起来成为畅通成果转化直通机制的关键点。

（一）加强成果转化的政策指导

一是开展国家科技成果转化政策汇编，加大政策的宣贯力度，让政策执行部门、科研机构、高校等单位科研管理者、科研人员及财务人员知晓和了解政策，做到应知尽知。二是编写成果转化的全过程指南，从技术发明申请—成果评估—产权保护—商业规划—技术许可实施等不同阶段，编写操作流程和注意事项。三是加大政策执行督查力度，强化部门联动协作与执行机制，提高政策协同度、集成度和兑现率。

（二）完善国有资产管理、税收和人才评价政策

一是转变科技成果转化观念，提升科研团队成果转化的时效性和必要性。二是在科研人员的职称职务评审中，增加针对科技成果转化的考核权重，同时对从事成果转化服务的管理人员设定专门岗位和晋升考核机制。三是通过简化报销和审批程序、合理避税、转化收入不纳入工资总额等具体措施，释放科研人员成果转化活力。

（三）发挥产业联盟和技术转移平台的作用

发挥产业联盟的协调作用，在合作前期明确分工和利益分配机制，中期加强科研人员的交流，实现资本、技术等要素的流动，加速产业内部的合作。构建产业间技术转移平台，加强产业间技术供需对接和科技成果信息互通机制，在部分行业开展转移试点。

（四）打好成果转化“组合拳”

一是推动“政产学研用”深度融合，加强政府、企业、研究机构、中介服务组织、科研团队的合作交流。二是加大对科技成果转化的资金支持力度，让更多金融基金、风投基金、政府资金参与成果转化，构建系统完善的投融资平台。三是强化人才驱动成果转化，加强高端科技创新人才队伍建设，尤其是具备市场、管理、财务、法律等专业背景的科技成果转化复合型人才的引进与培养。

（撰稿人：付英　　《科技决策参考》2019 年第 6 期）

政策出击，抵御疫情
——应对新冠肺炎疫情中央及地方政策分析（一）

一、政策总体情况

自新冠肺炎疫情发生以来，国家和地方深入贯彻习近平总书记对新冠肺炎疫情作出的重要指示精神，为有效防控疫情，打好疫情阻击战，推动经济平稳运行密集出台一系列政策措施。甘肃省科学技术情报研究所梳理形成《应对新冠肺炎疫情中央及地方支持性政策汇编》。根据汇编统计，1 月 21 日至 2 月 19 日，中共中央、国务院及组成机构、31 个省（自治区、直辖市）共出台 505 项应对新型冠状病毒感染的肺炎疫情政策，其中国家层面 131 项，31 个省（自治区、直辖市）层面 374 项。

二、政策综合分析

对 505 项中央及地方应对新冠肺炎疫情支持性政策，从政策的发文机构、文本类型、政策主题等文本外部明显信息进行量化分析，研究政策工具组合与优化，共同应对疫情对经济的冲击。

（一）政策发文机构

中共中央印发《关于加强党的领导、为打赢疫情防控阻击战提供坚强政治保证的通知》，是全国上下打赢疫情防控阻击战的总方针。国务院应对新型冠状病毒肺炎疫情联防联控机制、办公厅、农民工工作领导小组办公室共出台 11 项政策。其他有关部门为国家卫生健康委 15 项、财政部 15 项、交通运输部 14 项、国家发展改革委 10 项、人力资源和社会保障部 10 项、工业和信息化部 8 项、商务部 8 项、市场监管总局 7 项、科学技术部 6 项、民政部 5 项、国家税务总局 3 项、文化和旅游部 3 项、教育部 2 项、生态环境部 2 项、住房和城乡建设部 2 项，自然资源部、中国人民银行、海关总署、中国银保监会、中央网络安全和信息化委员会办公室、国家能源局、国家外汇管理局、国家药监局、中央文明办各 1 项。

31 个省（自治区、直辖市）坚决贯彻落实中央决策部署，结合地区疫情形势和经济发展实际，制定适宜政策。分地区看，华北（北京、天津、河北、山西、内蒙古）出台 99 项；华东（山东、江苏、安徽、浙江、福建、上海）81 项；华中（湖北、湖南、河南、江西）51 项；西北（宁夏、新疆、青海、陕西、甘肃）45 项；西南（四川、云南、贵州、西藏、重庆）共41项；华南（广东、广西、海南）29项；东北（辽宁、吉林、黑龙江）28项。其中，华北、华东、华中地区省（自治区、直辖市）均出台政策分别为20项、14项、13项，高于全国平均水平（12项），展现了较强的政策保障力。甘肃虽地处西北，出台24项政策，并采取了严密、得力、有效的硬核防控措施，当前新冠肺炎治愈率稳居全国前列。

（二）政策文本类型

政策主要以通知、措施、意见等文件形式下发。505项政策有15种文本类型，具体为通知337项、措施48项、意见25项、通告23项、公告19项、提示18项、方案14项、细则8项、决定4项、流程2项、函2项、说明2项、办法1项、指南1项、指引1项。政策文本类型丰富多样，具有很强的指导性、针对性、约束性及可操作性。

（三）政策主题

政策主要集中在民生保障、疫情防控和财政金融支持方面。民生保障政策147项，占比29.11%，包括生活物资供应、市场监督、城乡社区安全管理、慈善捐助、社会救助、就业、殡葬服务、劳动关系管理、社会保障服务、医务人员保障、事业单位管理、法律服务、交通物流、教育等；疫情防控政策120项，占比23.76%，包括患者救治、医药卫生、物资保障、科研攻关、法治保障、监督检查等；财政金融支持政策107项，占比21.19%，包括经费支持、减税降费、利率信贷、金融服务、税费征收管理、政府采购、保险等；复工复产政策56项，占比11.09%；支持中小企业发展政策38项，占比7.52%，工业和信息化部及北京、上海、重庆、贵州、河南、黑龙江、湖北、湖南、吉林、江苏、辽宁、内蒙古、山东、山西、四川、浙江、陕西、甘肃、宁夏、海南等20个省（自治区、直辖市）专门出台，为缓解中小企业生产经营困境；支持经济稳定运行发展政策37项，占比7.33%，包括外贸外资稳定、招商引资、招投标保障、产业及企业健康创新发展、脱贫攻坚、稳定经济增长等。

（四）政策发布时间

1月21日，湖北省人民政府发布《关于加强新型冠状病毒感染的肺炎防控工作的通告》，随后全国上下相继出台各类政策，先行发布的主要是疫情防控、民生保障、财税金融支持等政策，复工复产政策自1月29日开始相继发布，支持中小企业发展及经济稳定运行发展政策自2月1日开始相继发布。2月1日是政策发布的高峰期，当天共发布56项，占政策总数的11.09%。

（撰稿人：滕雅琼　张小宁　　《科技决策参考》2020年第9期）

控疫情，稳经济
——应对新冠肺炎疫情中央及地方政策分析（二）

新冠肺炎疫情持续至今，各地防控隔离措施依然在继续，受此次疫情影响，餐饮、旅游、住宿等服务行业受到较为严重的冲击。在进行常态化疫情防控工作的同时，全国范围内不少地方政府纷纷出台企业复工、复产的激励举措，以稳定就业、提振投资及消费信心，降低疫情蔓延对各地区经济社会带来的负面效应。

一、政策亮点

（一）政府应急管理体系更加完备

疫情暴发以来，应对政策出台的频率、密集性及针对性，均高于过去10年间的任一阶段，说明我国政府的政策服务能力和响应效率达到历史新高，政府社会治理能力不断提升。

（二）坚持顶层设计和问题倒逼相结合

通过自上而下的途径推进制度建设，同时及时将可复制的地方经验纳入国家政策体系中，调动多元社会主体及其掌握的资源，提升国家应急工作效率。

（三）突出疫情防控和经济社会运行两手抓

在政策制定中，既有应对疫情的防控措施，也涉及着力恢复经济活动的支持性措施，兼顾了精准性与系统性。

（四）政策叠加增加含金量

在全面落实国家政策的基础上，各地方政府结合疫情防控和经济运行实际，细化政策措施，叠加政策含金量。

（五）短期应急与长期战略相结合

当前以鼓励支持现有防疫物资生产企业复工复产达产扩产和帮助中小企业渡难关为重点，长远以建立重要防疫物资战略储备制度、完善相关产业链生态圈、弥补公共卫生应急服务设施短板和加快培育新经济新业态为重点。

二、政策重点

（一）强化金融支持

各地政府出台的政策中，基本都涵盖加强金融支持这一方面，具体包括确保贷款延期不降额、限制断贷抽贷、担保费率补贴、成立专项项目贷款、贴息补助、产融对接等举措。财政部切实加大经费保障力度，加强国库库款调度。人民银行设立3000亿元专项再贷款，实施优惠贷款利率，加强对重要医用、生活物资重点企业的金融支持。上海、广州等地下调融资担保费率或加大对其补贴力度，对重点领域和资金困难的中小企业，下浮原有贷款利率10%以上。重庆提出确保小微企业信贷余额不下降。一些大行和股份制银行对湖北省内小微企业贷款利率在去年基础上再次下调0.5个百分点。

（二）加大税收优惠

在疫情防控期间，税务部门推动网上办税缴费，现场办税分批错峰，确保纳税人安全办理缴税缴费事项。各地提出加大减税和帮扶中小企业的政策力度，具体包括财政贴息、减免中小企业税费、延期缴纳税费、减免租金等举措。北京、重庆、河北、黑龙江、湖南、山东、海南、四川等地提出对疫情防控重点保障企业给予贷款贴息支持。湖南、浙江、海南等地政府减免中小企业税费。山东对承租国有企业经营性房产的中小企业，可以减免或减半征收房租。

（三）推进援企稳岗

由于疫情造成大量企业推迟开工、人员暂时无法返岗，因此多地提出了稳定用工队伍的政策举措，涵盖缓缴社会保险费、失业保险稳岗返还政策、支持鼓励各类灵活用工信息平台发挥作用等。广东提出“一企一策”帮助企业协调解决职工返岗特别是专业技术人员返岗。广州、上海等多地提出，对不裁员或少裁员的参保企业，可返还其上年度实际缴纳失业保险费的50%。

（四）加强科技支撑

北京、上海、重庆等地出台政策提出“发挥科技创新对疫情防控支撑作用”，在给予企业支持力量的同时也大力鼓励企业开展对抗疫情的相关研究。北京加强防疫药品研发和技术攻关；上海支持鼓励疫情防控相关科技创新企业在科创板上市；各地科技部门迅速行动，制定各项应急措施和工作方案，组织优势科研力量开展应急防治技术科研攻关。甘肃省也紧急启动应对新型冠状病毒感染的肺炎疫情科研攻关特别专项，开展疫情应急防治技术攻关。

（五）加快复工复产

2 月 8 日，国务院应对新型冠状病毒感染肺疫情联防联控机制印发《关于切实加强疫情科学防控 有序做好企业复工复产工作的通知》，要求切实加强疫情科学防控、有序做好企业复工复产工作。工业和信息化部、农业农村部、市场监管总局、交通运输部等部门出台政策极力做好保障，促进复工复产，保障经济发展。各地省级政府，先后推出了类似的经济战“疫”举措，透过财税、金融、社保等手段，致力于减轻企业各类制度性负担，以稳定就业、投资，挽救地方经济。

（撰稿人：李晥玲 张小宁 《科技决策参考》2020 年第 10 期）

政策端发力 精准施策战疫情
——应对新冠肺炎疫情中央及地方政策分析（三）

一、政策总体情况

为抗击新冠肺炎疫情，稳定经济发展，从中央到地方，正在加大宏观政策的调节力度，并密集出台包括减负降本在内的一系列针对性政策。根据甘肃省科学技术情报研究所梳理形成的《应对新冠肺炎疫情中央及地方支持性政策汇编及续篇》汇总统计，2020年1月21日至3月3日，中共中央、国务院及组成机构、31个省（自治区、直辖市）专门出台各类科技战“疫”、企业与产业抗“疫”政策共292项，占出台政策总数（879项）的33.22%。其中，国家层面60项，31个省（自治区、直辖市）层面232项。

二、防疫抗疫政策

当前，在全力抗击疫情的同时，要认真研究和用好用足各项有利政策，科学谋划、精准施策，统筹推进新冠肺炎疫情防控和经济社会发展。

（一）科技战“疫”政策

国务院应对新冠肺炎疫情联防联控机制、科学技术部、国家知识产权局及北京、上海、天津、河北、辽宁、江苏、浙江、江西、湖北、湖南、广东、广西、海南、四川、贵州、陕西、甘肃、青海、山东、河南、福建等21个地方政府结合实际，共出台科技战“疫”政策56项，充分发挥科技创新对疫情防控和经济社会发展的支撑作用。政策主要包括支持科技型企业发展17项、抵御疫情科技攻关15项、支持疫情防控、有效服务科技创新6项、外国专家管理6项、实验动物管理5项、完善优化科技服务4项、科技特派员助推农业生产3项。

（二）企业抗“疫”政策

国务院、国家发展改革委、工业和信息化部、民政部、财政部、人力资源和社会保障部、住房和城乡建设部、交通运输部、农业农村部、商务部、文化和旅游部、应急管理部、中国人民银行、国家税务总局、市场监管总局、国家粮食和物资储备局、国家铁路局及31个省（自治区、直辖市）共出台助力企业抗“疫”政策150项，旨在支持企业纾危解困、健康发展，稳定我国产业经济运行态势。按照政策适用企业范围分为普适性政策 53 项、重点企业支持政策 97 项。

1.普适性政策

普适性政策制定面向受疫情影响企业，注重政策的普遍统一支持，共出台 53 项，主要包括有序推动受疫情影响企业复工复产，推动企业平稳健康发展，保障企业安全生产，加大企业财政经费、税收、金融信贷、保险支持力度，阶段性降低企业用电用气成本、减免企业社会保险费，提供住房公积金阶段性支持，实施职工线上职业培训补贴，稳定企业劳动关系，提供信息技术支撑，加强企业法律服务保障等。

2.重点企业支持政策

重点企业支持政策制定注重分类指导，精准施策。支持疫情防控重点保障物资生产供应企业、中小微企业、个体工商户、劳动密集型企业、外资外贸企业，以财税扶持、金融服务、保障要素、支持创新、公共服务等多项措施协同联动，重点解决这些企业在复工复产及平稳发展过程中遇到的人员、资金、安全等突出问题，帮助企业减轻负担、减少损失，缓解后顾之忧，保障其正常运转，最大程度减少对整体经济的负面影响。在 97 项重点企业支持政策中，支持中小微企业政策 51 项、保障疫情防控重点保障物资生产企业政策 16 项、支持外资外贸企业政策 15 项、劳动密集型企业农民工返岗复工政策 11 项、支持个体工商户政策 4 项。

（三）产业抗“疫”政策

产业支持政策强化对受疫情影响较大产业领域的政策引导与精准支持，以保持产业链总体稳定，共出台 86 项。支持第一产业农业政策 24 项，主要包括“菜篮子”农产品稳产保供，畜牧养殖业复工复产，农业春耕生产，农机保障，化肥生产供应，农产品产销对接供应链体系完善，农业生产物资运输服务保障，高标准农田建设等。支持第二产业工业和建筑业政策 28 项，其中工业 14 项，建筑业及重点项目实施 14 项，支持工业企业、建设工程及重点项目安全有序开工复产。支持第三产业服务业政策 34 项，其中支持受疫情影响严重的生活服务业，主要涉及餐饮、批发、零售、酒店、商场超市、农贸市场、电影放映、展览、商贸、快递配送、中介租赁、体育等政策 20 项，支持旅游文化产业政策 14 项。

（撰稿人：滕雅琼　张小宁　　《科技决策参考》2020 年第 13 期）

推进职务科技成果权属改革　加快科技成果转化

权属和收益分配问题，一直是制约科技成果转移转化的难题，其主要焦点在于职务科技成果需按照国有资产管理，国有高校和科研院所对财政资金形成的科技成果在权利、责任和收益方面不相匹配，导致科研人员对于财政资金形成科技成果的转化不积极。其次按照国有资产管理程序要求，这类科技成果转化的程序，尤其是作价投资时的程序相对繁琐，影响成果转化的效率，也影响了科研人员进行成果转化的积极性。

近年来，国家出台了系列科技创新政策，均将“赋予科研人员职务科技成果所有权或长期使用权”作为政策着力点。2020 年 5 月，科技部等 9 部门颁发《赋予科研人员职务科技成果所有权或长期使用权试点实施方案》，提出分领域选择 40 家高等院校和科研机构开展试点，赋予科研人员职务科技成果所有权或长期使用权从政策层面进入实操阶段。

一、部分省市职务科技成果权属改革探索

中国部分省市积极探索科研人员职务科技成果所有权和长期使用权改革，其焦点都集中在将权利尽量多让渡给科研人员，由科研人员自主实施转化，最大程度激发科研人员的创新积极性。

（一）职务科技成果权属混合所有制改革

四川依托西南交通大学率先在全国开展职务科技成果权属混合所有制改革，《西南交通大学专利管理规定》中明确规定学校与职务发明人可以按照“三七开”的比例共同申请专利，也可以按同样的比例分割学校持有的职务发明专利。2019 年，四川省开展的以事前产权激励为核心的职务科技成果混合所有制改革试点作为第二批支持创新改革举措，在全国八个全面创新改革试验区推广。

（二）授予研发团队科技成果知识产权所有权

2014 年，湖北省出台《高校院所科技成果转化资产处置与收益分配实施细则》规定，按“荣誉权归高校院所，知识产权归研发团队”原则，授予研发团队科技成果知识产权。2017 年发布的《武汉东湖新技术开发区支持创新创业发展新经济的政策清单》提出，在武汉高校院所可以按职务成果发明人（含团队）占所有权 70%以上比例，共同申请新的知识产权或分割已有的职务成果所有权。

（三）职务科技成果权属全部或者部分给予成果完成人

2019年新修订的《北京市促进科技成果转化条例》，明确规定高校院所可以将其依法取得的职务科技成果的知识产权及相关权利，全部或者部分给予科技成果完成人，并约定双方成果转化收入的分配方式。2020年新修订的《重庆市促进科技成果转化条例》规定，在不变更研究开发机构和高等院校职务科技成果权属前提下，可以将职务科技成果部分或全部给予科技成果完成人使用、转让、投资等。

二、甘肃省职务科技成果权属制度现状

近年来，甘肃省全面贯彻落实国家相关法律政策精神，制定了一系列有利于科技进步和经济社会发展、推动科技成果转化的地方性法规政策，探索科技成果权属制度改革。

（一）下放科技成果使用权、处置权和收益权“三权”

2015年出台的《中共甘肃省委甘肃省人民政府贯彻落实 < 中共中央、国务院关于深化体制机制改革加快实施创新驱动发展战略若干意见 > 的实施意见》、2016年新修订的《甘肃省促进科技成果转化条例》、2017年印发的《甘肃省深化科技体制改革实施方案》等政策文件，均明确规定将财政资金支持形成的，不涉及国防、国家安全、国家利益、重大社会公共利益的科技成果的使用权、处置权和收益权，全部下放给符合条件的项目承担单位，单位主管部门和财政部门对科技成果在境内的使用、处置不再审批或备案，科技成果转移转化所得收入全部留归单位。新修订的《甘肃省促进科技成果转化条例》明确规定科技成果转化科技奖励比例不低于60%。

（二）依法落实科技成果转化收益权

2016年，甘肃省出台的《甘肃省支持科技创新若干措施》，进一步细化落实科技成果转化收益权。2017年，甘肃省印发《甘肃省科技创新股权激励暂行办法》，高校、科研机构对所持有的财政资金形成的科技成果，可自主决定采取转让、许可、作价入股等方式开展转化活动。2018年，甘肃省制定的《关于落实以增加知识价值为导向分配政策的实施意见》，支持科研机构、高校自主决定科技成果转化收益分配和奖励办法，依法对职务科技成果完成人和为成果转化做出重要贡献的其他人员给予股权、期权、分红激励等产权激励和现金奖励，最大限度释放了科技成果处置分配权，为高校、科研机构推动科技成果转化提供了有力的政策依据。

（三）在兰白地区开展赋予科研人员职务科技成果所有权或长期使用权试点

2019年，甘肃省出台的《关于优化科研管理提升科研绩效若干措施》指出，在兰州白银国家自主创新示范区和兰白科技创新改革试验区开展改革试点，赋予科研人员职务科技成果所有权或长期使用权，并对利用财政资金形成的，以及接受企业、其他社会组织委托项目形成的不同类型职务科技成果的所有权或长期使用权和收益权做出具体规定，在兰州白银国家自主创新示范区等重点区域创办企业或以技术入股进行转化的，科技成果完成人最高可享有持有技术股权90%的奖励。

从国内部分省市对科技成果权属的探索，到甘肃省科技成果权属的现状，可以看出，科技成果权属存在一定的特殊性和复杂性，还需要结合实际，进一步细化和完善对职务科技成果权属的政策细则，增强政策的全面性、完整性及可操作性。

三、探索甘肃省职务科技成果权属改革

目前，甘肃正处于转型升级、创新驱动发展的关键时期，应积极落实国家《赋予科研人员职务科技成果所有权或长期使用权试点实施方案》，以科技成果权属制度改革为突破口，完善科技成果资本化产业化制度，打通科技成果转化通道，营造科技成果转化良好环境。

（一）争取甘肃省高校、科研机构列入国家赋予科研人员职务科技成果所有权或长期使用权试点单位，探索建立赋予科研人员职务科技成果所有权或长期使用权的机制和模式，形成可复制、可推广的经验和做法

试点单位可以结合本单位实际，将本单位利用财政性资金形成或接受企业、其他社会组织委托形成的归单位所有的职务科技成果所有权赋予成果完成人（团队），试点单位与成果完成人（团队）成为共同所有权人。

（二）跟踪评价科技成果权属及成果转化政策落实情况，查找解决突出问题，总结推广先进经验和做法

近年来，国家层面和甘肃省均已出台赋予科研人员职务科技成果所有权或长期使用权政策，调查评价政策贯彻落实情况，切实解决政策执行过程中的难点、焦点问题，打通政策落实的“最先一公里”和“最后一公里”，消除政策“中梗阻”。

（三）提高科技成果转化奖励报酬比例

甘肃作为西部欠发达地区，需要政策的先行先试，更需要大力度政策支持。建议将“兰州白银国家自主创新示范区等重点区域创办企业或以技术入股进行转化的，科技成

果完成人最高可享有持有技术股权 90%的奖励”政策推广到全省范围，进一步激发甘肃省科研人员创新创造热情，促进科技成果转化。

（四）完善高校、科研机构科技成果管理内控机制

加快推进高校、科研院所管理制度改革，将科技成果转化、创新效益产出纳入单位绩效评价体系，加强绩效评价结果与科研管理机制的衔接，充分发挥绩效评价的激励约束作用。进一步深化细化实化科研成果管理政策措施，明确科技成果转化奖励和报酬标准，形成完善的内控机制和外部监督机制。

（撰稿人：谢艳艳　　《科技决策参考》2020 年第 27 期）

全球化背景下中国科技创新政策走向及转型研究

摘　要：科技创新政策是公共政策的重要组成部分，在当前制定新一轮国家中长期发展规划纲要和国家“十四五”科技创新规划的关键时期，中国科技政策制定要有新理念、新思路、新举措，适应国际竞争战略的变化，呼应国内外科技发展诉求，支撑、引领和激励世界科技强国建设。

关键词：全球化　科技创新　政策　转型

随着中国科技创新能力的不断提升，科技创新政策国际合作交流日趋紧密，中国科技创新政策引起了国际社会的高度关注。因此，在全球化背景下研究我国科技创新政策重点、方向及趋势显得尤为紧迫和重要。

一、我国科技创新政策的特点

党的十八大以来，中国把创新摆在国家发展全局的核心位置，为深入实施创新驱动发展战略，加快推进以科技创新为核心的全面创新，出台了一系列激励科技创新的政策措施，科技创新政策数量众多、内容全面、范围广泛，涵盖了科技工作的各个方面和科技创新链条的各个环节，初步形成了具有中国特色的科技创新政策体系框架[1]，政策叠加效应不断显现，为提升我国科技创新能力，优化科技创新环境，建设世界科技强国发挥了积极作用。

（一）以知识价值为导向的分配激励政策正在形成

科技创新政策更加重视知识价值的体现，科研人员在科研成果产业化的过程中能够获得合理回报，让科研人员更有成就感和获得感。《关于实行以增加知识价值为导向分配政策的若干意见》，突显知识价值，促进“知本”变成“资本”。《促进科技成果转化法》明确规定，职务科技成果转化后，由科技完成单位对完成、转化该项科技成果做出重要贡献的人员给予奖励和报酬，无论是成果转让的净收益或者许可净收入，还是作价投资形成的股份或者出资比例，用于科研人员的奖励额度都不能低于50%，甚至有些地方用于奖励科研人员的奖励或者报酬的比例达到80%。

（二）高校、科研院所以及科研人员自主权进一步扩大

从创新体系来看，高校和科研院所作为知识创新主体发挥了重要作用。近年来，国家密集出台扩大科研机构、高校以及科研人员自主权的政策措施。《关于扩大高校和科研院所科研相关自主权的若干意见》《国务院办公厅关于抓好赋予科研机构和人员更大

自主权有关文件贯彻落实工作的通知》《关于优化科研管理提升科研绩效若干措施的通知》《关于实行以增加知识价值为导向分配政策的若干意见》等政策，为科研机构、高校简政放权，为科研人员“松绑 + 激励”，激发人才及创新团队的创造性、积极性、主动性。

（三）科技创新政策向外部延伸，政策工具多元化

科技政策的重要功能就是对科技资源进行配置，即人、财、物以及科研环境。科技创新政策制定从科技本身的政策向科技关联的外部延伸，诸如科技银行、风险投资、质押等科技金融领域，如科技投入政策，政府对科技创新的投入工具从财政经费的单一投入模式，向创新投资基金、引导基金、创新券、后补助、后奖励等多元化投资工具转变。除了财税、金融、知识产权政策之外，政府还通过科学、技术、产业、教育、贸易等一系列政策，促进企业、高校、科研机构等创新主体开展科技创新，提升科技竞争力。

二、我国科技创新政策存在的主要问题

（一）科技创新政策分散化、碎片化

科技创新政策散落于纷繁的不同政策文件中，出现交叉、重复、低效等现象。据统计，自改革开放以来，国家及各部委颁布的相关企业创新政策大约 12500 项，其中，经过筛选、关联分析后，可从中选择与技术创新相关性较强的政策约 500 项[2]。针对上述研究结论，克服对创新政策概念界定不清、部门政策查找不全等问题，重新梳理后显示，截至 2016 年 12 月 31 日，国务院及各部委发布的现行有效的企业创新政策合计有 719 条[3]，中国已形成了多层次、多类别、多批次的庞大政策工具包，但亟政策落实和执行效率有待进一步提升。

（二）功能性科技创新政策匮乏

科技创新与产业变革的深度融合已成为当今时代经济发展最突出的特征之一。因此，科技创新政策要与产业政策高度契合。日本韩国等国家发展经验表明，在工业化中后期，逐步以功能性产业政策为主，而中国已进入工业化中后期，正在逐步调整产业政策，构建以弥补市场失灵为特征的功能性产业政策，需要与之相适应的功能性科技创新政策。主要发达国家扶持科技型中小企业的政策经历了从普适性支持到选择性支持的转变，注重制定与不同发展阶段或不同需求相适应的功能性政策[4]。现阶段，中国普适性科技创新政策数量增长速度加快，而针对种子期、初创期的科技型中小企业制定的政策长期处于匮乏状态[5]，中小企业科技创新政策与财政政策、产业政策结合不够紧密。

（三）科技创新政策面临“落地难”的困境

政策制定者往往将重点放在制定政策本身，而科技创新政策的重点、难点则在于落实落地的“最后一公里”，而“最先一公里”，即政策的顶层设计与“最后一公里”没有形成有机衔接，也就是说，政策的制定过程中很少考虑到政策的落实环节，责任主体不明确，在政策执行过程中出现敷衍性执行、替代性执行、附加性执行、粗暴性执行[6]，相互推诿扯皮、踢皮球、不作为现象时有发生，政策执行力不足。此外，科技政策涉及人才、技术、资源等多种创新要素，由于部门政策的阻隔，不能形成政策执行的合力，特别是国家政策在地方落地的过程中，面临来自地方利益、行业利益和部门利益的重重阻隔，很难达到政策的预期效果。

三、新时代我国科技创新政策转型研究

全球科技竞争日趋白热化的时代背景下，科技竞争态势已经发生重大改变，科技水平从量的增长向质的提升跨越，科技创新周期正在缩短，颠覆性技术不断涌现，带来商业模式、生产生活方式的重大变革，群体性突破和群体性重大技术变革，新的技术群和新的产业群的蓬勃发展。在新时代新形势下，中国要争取新一轮全球科技竞争的战略主动权，力争在重要科技领域实现跨越发展，跟上甚至引领世界科技发展新方向，从科技大国走向科技强国，必须要有与其相适应的科技创新政策，来引领支撑科技创新的时代需求，因此，新时代中国科技创新政策转型迫在眉睫。

（一）科技创新政策向规律性转型

中国创新政策演变呈现出重大创新政策的连续性、政策生命周期呈现缩短趋势，政策层级差异性[7]等特点。世界科学中心转移的平均周期约 80 年，科学兴隆的平均周期也大约是 80 年。“汤浅现象”，即科学活动的主要区域随时间变化而更迭的现象，揭示了世界科技发展的跳跃性和不平衡性。科技创新政策要遵循人类社会发展规律和科学技术发展规律，遵循建设创新型国家和世界科技强国规律，遵循中国特色自主创新道路和中国特色国家创新体系规律，把握中国特色社会主义国家创新体系的演变历程和发展脉络[8]，按照科技创新的规律来设计，引领中国科技体制改革趋势，适应新时代中国科技创新需求，理性分析科技体制改革的深层逻辑和政策机理，在吸纳借鉴中扬弃，在比较分析中鉴别，才能制定出切合中国实际的政策解决方案。

（二）科技创新政策向制度化转型

政策运行不畅是制约政策效率的主要因素，应坚持政策的制度化运行。政策的制度化是将政策规范长期化、稳定化、明确化和法治化[9]。科技创新政策的制度化旨在为政

府对科技创新公共政策的供给提供了必须遵循的长期稳定的制度模式，能够保持政策的稳定性、延续性和发展性，对于发挥科技政策效应，形成合理的政策预期，实现并巩固政策目标和价值意义重大。从长远看，颠覆性项目的产生、如何设置科研项目、智能化社会的技术与管理需求、解决“卡脖子”技术的治理模式等重大发展诉求，及科技政策的制定要紧跟中国制度改革趋势，回应社会合理诉求，要有先进的政策制度来支撑、引领和激励。此外，在全球化背景下，科技创新政策需要一个国际科技创新政策框架，来增强科技创新的双边和多边交流以及磋商，以引导政策理解、政策制定和冲突议题的解决[10]。

（三）科技创新政策向系统化转型

针对科技政策分散、碎片化、落地难等问题，制定科技政策要充分考虑政策的整体性、系统性、操作性。政策顶层设计首先要有系统性框架，围绕国家创新体系建设的目标，设计与之相适应的科技创新政策体系，建立包括要素、主体、关联、产业、区域、环境，以及快速响应和反馈的科技创新政策体系框架，促进普惠性政策与功能性政策相结合。其次，要整合散落于各个文件中的创新政策，及时清理不合时宜的政策，加强政策动态调整，完善配套政策，形成政策合力，提高政策效率。创新政策的发展从单向政策向组合政策转变，实现由单项被动政策向双向互动转变、由分散向整体转变、由管理向服务转变、由单个部门办理向多部门协同转变[11]。再次，要建立政策联动和反馈机制，政策要有“一竿子插到底”的贯彻和执行力。

（四）科技创新政策向“用户”转型

长期以来，中国科技创新政策面临着“落实落地难”困境，究其根源就在于缺乏用户体验，受众或者目标群体对政策难以及时回应和反馈，致使政策效应迟滞或者效率低下。科技体制改革主要是围绕“人”这个最核心的要素而展开，诸如科技人才评价、科研人员激励、科研人员有更好的科研环境、科研人员的获得感等方面，都要以科研人员的需求为导向，激发人的创新潜力。用户导向性科技创新政策设计，科研活动源于用户需求，并在企业生产中进行，不会产生闲置的科研成果，更不存在科研成果无法产业化的问题，从根本上消除了科技成果转化问题，最大限度发挥研发资金的使用效率。

（五）科技创新政策向国际化转型

在全球化背景下，科技政策是公开透明的，因此科技设计要符合国际规则，比如WTO规则、国际补贴规则等，塑造适应全球科技的创新竞争新格局的开放创新政策，营造公平、公正、开放、包容的创新环境[12]。随着中国科技实力的增强、国际技术竞争的加剧，要建立保护自己的知识产权政策，从保护别人的知识产权向保护自己的知识产权转型。除了知识产权外，对于所有可能涉及国际技术关系的科技创新政策，包括补贴和政府采购领域的政策，都要纳入世界贸易组织合规性审查范围，并开展政策合规性评估，确保我国科技创新符合国民待遇原则、知识产权保护期限、知识产权持有人的专有权利等重要条款的规定。

四、结论与展望

新时代，科技创新政策也要与时俱进，长期以来形成的政策模式需要创新，在全球化以及中美贸易摩擦不断升级的背景下，科技创新政策的制定要体现规律性、制度化、系统化、国际化，在政策的制度化框架下，体现系统性政策的优势，并要与国际社会接轨，特别是在知识产权、补贴等频繁受到别国指责的政策方面，要强化政策适应性调整，并建立政策对话机制。同时，科技创新政策的制定与落实更需要“用户”的参与，有政策受众的参与体验，才能永葆政策动力与活力。

当前，正值上一轮中国中长期科技发展规划纲要、国家“十三五”科技创新规划检查评估，以及新一轮中长期科技发展规划纲要、国家“十四五”科技创新规划制定的关键时期，中国科技政策要有新理念、新思路、新举措，呼应国内外科技创新需求，支撑、引领和激励世界科技强国建设，要从制度层面解决现代化经济体系建设的迫切需求与科技有效供给不足的主要矛盾，打通利益主体之间的壁垒，解决科技创新政策落实难的问题；要从管理层面激发创新主体的活力，增强科研人员的获得感，营造良好科技创新环境；要从技术层面科学布局国家重大战略技术，着力构建完备的技术创新体系，梳理出“卡脖子”技术清单，集中专门力量攻克技术难题。

参考文献：

[1]贺德方.对构建科技创新政策体系的几点思考[J].智库理论与实践,2016,1(4):1-4.

[2]张赤东.企业创新政策体系与使用指南[M].北京:知识产权出版社,2017.

[3]董京芬.我国地方政府政策执行问题的对策研究[D].河北:河北大学,2015.

[4]金世斌.新中国科技政策的演进路径与趋势展望[J].中国科技论坛,2015(10):5-9.

[5]樊春良.特朗普政府一年来的科技政策分析与展望[J].科学学与科技管理.2018(02):3-10.

[6]梁正.从科技政策到科技与创新政策——创新驱动发展战略下的政策范式转型与思考[J].科学学研究,2017(02):170-176.

（撰稿人：谢艳艳　张爱宁　　《甘肃科技》2020 年 1 期）

“十二五”以来甘肃财政科技支出动态演进分析

摘　要：本文分析了2011—2017年甘肃省财政科技支出规模、结构与财政R&D、地区分布的动态变化情况及存在的问题，并运用泰尔指数进一步分析了财政科技支出空间分布的非均衡性情况，进而提出对策建议。

关键词：财政科技支出　财政R&D　泰尔指数　空间分布

经济新常态背景下，坚持以科技创新为引领，推进供给侧结构性改革，深入实施创新驱动发展战略，是实现地区经济高质量发展的必然选择。由于科技创新的公共物品属性、正外部性、不确定性、信息不对称等特点，需要政府进行干预解决科技创新领域的失灵，财政科技支出作为最直接介入科技创新活动的方式，在科技发展战略布局、资源配置、技术创新方向引导、组织调控、区域创新环境营造等方面具有其他渠道科技投入无法替代的主导性和引导性双重作用[1]。地方政府的财政科技支出更是对本地区经济发展发挥着重要作用。故本文以2011—2017年为考察期，从规模、结构、空间分布等方面分析甘肃省财政科技支出的动态变化及存在的问题，进而有针对性地提出对策建议。

一、财政科技支出总体情况

2011—2017年，甘肃财政科技支出绝对规模不断扩大，从2011年的13.22亿元增加到2017年的25.83亿元，年均增速为11.81%，比全省各地生产总值年均增速(6.89%)高4.92%。但财政科技支出总量呈现出先增后减的变化趋势，2015年达到最大值29.85亿元后开始减少，且财政科技支出相对规模变化不大，财政科技支出占一般公共预算支出的比重也呈现出先增后减的变化趋势，但波动较小，基本在0.8%左右。同时，全省财政科技支出占全国地方政府财政科学技术支出的比重在下降，从2011年的0.7%下降到2017年的0.58%，财政科技支出的增速低于全国平均水平，对科技事业发展的支持力度有限，财政科技投入的总量仍然不足，增长缺乏相对的稳定性，绝对规模和相对规模均需进一步扩大（见图1）。

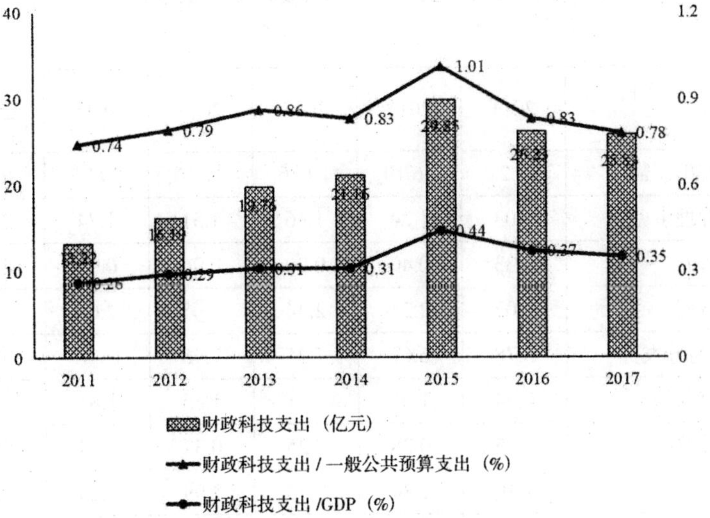

图 1　甘肃 2011—2017 年财政科技支出情况

数据来源：甘肃发展年鉴（2012—2018）

二、财政科技支出结构及财政 R&D 支出情况

（一）财政科技支出结构

政府收支分类科目将财政科技支出分为 10 类，根据《甘肃省一般公共预算支出决算表》可以看出，2017 年，全省财政科技支出中，技术研究与开发、科技条件与服务、应用研究 3 类支出处于前 3 位，占财政科技支出的比重分别为 27.71%、23.61%、15.29%，且 2011—2017 年，这 3 类支出也保持着一个较好的增速，年均增速分别为 3.62%、36.57%、11.83%。相比较，2017 年科技交流与合作及基础研究支出处于后 2 位，占财政科技支出的比重分别为 0%、0.62%，同时，这 2 类支出的年均增速为负，分别为 -100%、-11.37%（见图 2、表 1）。

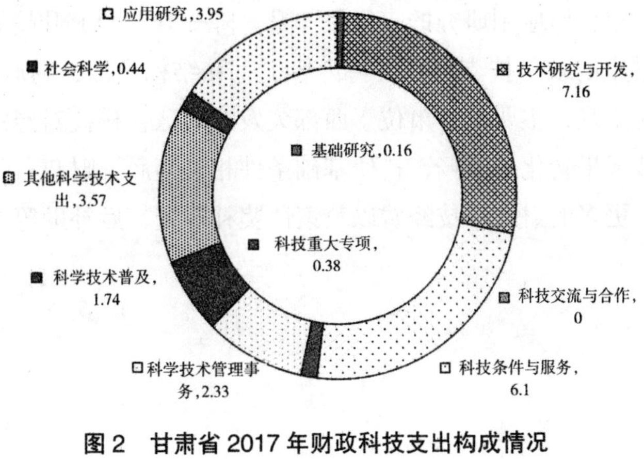

图 2　甘肃省 2017 年财政科技支出构成情况

表 1 甘肃 2011—2017 财政科技支出结构

单位：亿元

科目＼年份	2011	2012	2013	2014	2015	2016	2017
科学技术支出总额	13.22	16.19	19.76	21.16	29.85	26.23	25.83
科学技术管理事务	1.03	1.24	1.46	1.51	1.74	2.32	2.33
基础研究	0.33	0.40	0.90	0.96	0.92	0.45	0.16
应用研究	2.02	2.25	2.44	3.05	2.68	3.28	3.95
技术研究与开发	5.78	6.67	7.25	7.96	16.07	9.56	7.16
科技条件与服务	0.94	1.02	1.91	1.85	1.81	3.40	6.10
社会科学	0.25	0.28	0.25	0.37	0.34	0.41	0.44
科学技术普及	1.10	1.84	2.73	2.99	4.24	5.16	1.74
科技交流与合作	0.01	0.02	0.12	0.16	0.00	0.05	0.00
科技重大专项	—	0.01	0.02	0.01	0.01	0.01	0.38
其他科学技术支出	1.77	2.46	2.67	2.29	2.03	1.64	3.57

数据来源：《甘肃省一般公共预算支出决算表》（2011—2017）

（二）财政 R&D 支出情况

财政科技支出中用于 R&D 支出的经费即为财政 R&D 支出，是研究与试验发展（R&D）经费中政府资金的重要来源。财政 R&D 支出可以通过基础研究、应用研究、技术研究与开发三个科目的支出反映[2]。2011—2017 年，全省财政 R&D 支出总量不断增加，从 8.13 亿元增加到 11.27 亿元，年均增速为 5.59%，但政府财政科技支出中用于 R&D 支出的相对规模在减小，财政 R&D 支出占财政科技总支出的比重不断降低，从 2011 年的 61.5%下降到 2017 年的 43.62%，财政 R&D 支出年均增速 5.59%，比财政科技支出年均增速（11.81%）低 6.22%。分科目来看，财政 R&D 支出中，基础研究与技术研究与开发的支出均呈先上升后下降的变动趋势，与财政科技支出、财政 R&D 支出的变化趋势基本一致，而应用研究的支出呈“升—降—升”的上升趋势。

综上可知，甘肃财政科技支出在支持内容上存在结构失衡，财政 R&D 支出尤其是基础研究支出相对不足，主要是甘肃位于西部欠发达地区，科技对经济社会发展支撑引领还不够强，科技成果转化还不畅，科研基础条件相对落后，财政科技支出中用于推动产业化支出居多，更多的财政科技经费以政策性奖补资金、后补助等方式支出。

三、财政科技支出空间布局分析

（一）地区分布总体情况

2011—2017 年，全省 14 个市州财政科技支出规模除嘉峪关外均在不断扩大，但地区间呈现明显的不均衡性，兰州作为省会，财政科技支出稳居第一，财政科技支出规模从 2011 年的 2.3 亿元增加到 2017 年的 6.79 亿元，年均增速 19.77%，财政科技支出占财政总支出比重均保持在 1%以上。其他市州受经济实力、政府财力等影响，财政科技支出规模相对较小，均在 2 亿元以下，庆阳、天水分别在 2012、2013 年超过 1 亿元，其他市州基本在 1 亿元以下，且甘南、金昌、嘉峪关财政科技支出规模小于 0.5 亿元（见表 2）。财政科技支出年均增速，仅陇南（18.81%）、武威（15.74%）、临夏（13.4%）高于全省平均水平（11.81%），其余均在 10%以下，且嘉峪关为负增长 -3.32%。财政科技支出占财政总支出比重，仅酒泉市在 2014 年达到 1.11%，其余均在 1%以下，并低于全省平均水平 0.83%，且武威、平凉、陇南、临夏、甘南 5 个市州低于 0.5%。

表 2　甘肃 14 个市州 2011—2017 年财政科技支出情况

市州	财政科技支出规模(单位:亿元)							财政科技支出占财政总支出比重(单位:%)						
	2011	2012	2013	2014	2015	2016	2017	2011	2012	2013	2014	2015	2016	2017
兰州	2.30	2.80	3.05	3.16	4.14	4.52	6.79	1.31	1.38	1.26	1.13	1.20	1.06	1.58
嘉峪关	0.12	0.13	0.15	0.19	0.18	0.08	0.10	0.71	0.69	0.66	0.88	0.73	0.32	0.35
金昌	0.15	0.19	0.23	0.32	0.20	0.15	0.18	0.52	0.57	0.59	0.64	0.39	0.26	0.30
白银	0.54	0.67	0.66	0.83	0.64	0.87	0.77	0.64	0.59	0.56	0.72	0.49	0.54	0.48
天水	0.89	0.83	1.22	1.11	1.04	1.08	1.20	0.67	0.52	0.7	0.62	0.47	0.43	0.43
武威	0.31	0.29	0.43	0.47	0.60	0.65	0.75	0.32	0.24	0.32	0.31	0.35	0.37	0.37
张掖	0.46	0.49	0.62	0.74	0.53	0.85	0.68	0.61	0.57	0.64	0.68	0.43	0.59	0.41
平凉	0.47	0.64	0.65	0.59	0.51	0.49	0.54	0.46	0.52	0.48	0.43	0.32	0.28	0.28
酒泉	0.56	0.68	0.92	1.17	0.95	0.74	0.87	0.74	0.76	0.95	1.11	0.86	0.58	0.62
庆阳	0.85	1.40	1.58	1.67	1.37	1.50	1.39	0.63	0.88	0.86	0.90	0.66	0.70	0.60
定西	0.75	0.97	0.94	1.00	0.85	0.84	0.93	0.64	0.65	0.53	0.55	0.43	0.42	0.43
陇南	0.29	0.41	0.46	0.57	0.59	0.59	0.81	0.26	0.28	0.29	0.34	0.30	0.28	0.36
临夏	0.39	0.41	0.72	0.66	0.80	0.85	0.83	0.35	0.3	0.48	0.42	0.46	0.43	0.41
甘南	0.32	0.32	0.29	0.35	0.42	0.36	0.41	0.36	0.31	0.27	0.30	0.29	0.24	0.24

数据来源：《甘肃省科技统计数据》（2012—2018）

（二）基于人口分布的财政科技支出泰尔系数测算

对财政科技支出空间分布不均衡性进一步采用泰尔指数[3]测量，泰尔指数主要测度区域差异动态分布特征，且可将总体分解为组间差异和组内差异，并分析对总体差距形成的贡献程度。在分析中，将全省14个市州划分为兰白经济区（兰州、白银），河西经济区（武威、金昌、张掖、酒泉、嘉峪关），陇东经济区（天水、平凉、庆阳），陇中南经济区（定西、临夏、陇南、甘南）[4]。

泰尔指数总公式为：

$$TI=\sum_{i=1}^{n}(E_i/E)\ In\ ((E_i/E)\ /\ (P_i/P))$$

区域内和区域间泰尔指数公式为：

$$TI=TI_{区域内}+TI_{区域间}$$

$$TI_{区域内}=\sum_{j=1}^{n}(E_j/E)\ TI_j$$

$$TI_j=\sum_{i=1}^{n}(E_{ji}/E_j)\ In\ ((E_{ji}/E_j)\ /\ (P_{ji}/P_j))$$

$$TI_{区域间}=\sum_{i=1}^{n}(E_j/E)\ In\ ((E_j/E)\ /\ (P_j/P))$$

以上各公式中，TI表示基于人口分布的财政科技支出差异程度的总泰尔指数，包括$TI_{区域内}$和$TI_{区域间}$；i=1，2，…，14，表示14个市州；Ei表示各市州财政科技支出额，E表示14个市州财政科技支出总额；Pi表示各市州人口数；P表示14个市州人口数总和。j=1，2，3，4，表示划分的4个经济区，TI_j表示第j个经济区财政科技支出均等化程度的泰尔指数，E_{ji}、P_{ji}分别表示第j个经济区第i个市州的财政科技支出及人口数。E_j、P_j分别表示第j个经济区的财政科技支出总额及总人口。

泰尔指数值表示不同市州财政科技支出与其人口分布的协调匹配程度，TI=0，说明所考察地区基本达到了绝对均等化状态，即财政科技支出配置比重与人口比重实现了完全匹配。TI>0，说明所考察地区尚未达到均等化，即财政科技支出配置比重与人口比重不完全匹配，TI越接近于0，说明地区科技领域的资源配置均等化程度越高，反之，均等化程度较差。

根据计算结果，2011—2017年，甘肃财政科技支出与人口分布的匹配程度逐渐变弱，科技领域的财政支出与人口规模未实现协同提升，且差距呈增大趋势。基于人口分布的财政科技支出总泰尔指数与区域内、区域间泰尔指数均呈现出震荡起伏的上升趋势。相比较，2013年以后，区域间泰尔指数对总泰尔指数的贡献率由下降变为上升，区域内泰尔指数的贡献率由下降变为上升，说明四大经济区之间财政科技资源配置与人口分布的错配问题趋于严重，各经济区内市州间科技资源配置的不均衡性问题在得到改善。

表 3 甘肃财政科技支出泰尔指数分解值

年份	$TI_{区域内}$	$TI_{区域间}$	TI	贡献率	
				$TI_{区域内}$	$TI_{区域间}$
2011	0.0586	0.0544	0.1130	51.89	48.11
2012	0.0746	0.0554	0.1300	57.37	42.63
2013	0.0650	0.0444	0.1094	59.43	40.57
2014	0.0707	0.0503	0.1210	58.46	41.54
2015	0.0753	0.0800	0.1553	48.49	51.51
2016	0.0630	0.1019	0.1649	38.22	61.78
2017	0.0818	0.1705	0.2523	32.41	67.59

从四大经济区的泰尔指数均值来看，从大到小依次为河西经济区（0.624）、陇东经济区（0.4881）、兰白经济区（0.45）、陇中南经济区（0.3528），表明河西经济区区域内财政科技支出与其人口的整体错配程度最大，其次是陇东经济区、兰白经济区，陇中南经济区区域内财政科技支出错配程度最小。财政科技支出错配程度最大的河西经济区是最小的陇中南经济区的 1.77 倍。

从各经济区内的泰尔指数变化看，整体呈现出波动幅度相对较大的变化。其中，兰白经济区、陇东经济区泰尔指数呈现出波动的上升趋势，且兰白经济区变动幅度更大，表明这两个经济区内财政科技支出与人口分布的错配现象呈波动的扩张态势，相比较，河西经济区、陇中南经济区内呈现波动的下降趋势，且陇中南经济区下降幅度更大，表明河西经济区、陇中南经济区内财政科技支出与其人口分布的匹配程度得到提升，错配空间逐步缩小。

四、优化财政科技支出的对策建议

以上分析可知，“十二五”以来，甘肃财政科技支出规模在不断扩大，但还存在总量不足，增长欠稳定，支出结构不合理，地区分布不均衡、财政科技支出与人口分布的不均衡等问题，基于这些问题，提出如下建议：

（一）建立财政科技投入稳定增长机制

地区科技实力与科技支出规模密切相关，作为资金支持者的地方政府应加大财政科技投入，完善地方财政科技投入政策，健全财政科技投入管理机制，科学合理设置科技支出与财政支出的联动增长比例，确保财政科技投入的绝对规模与相对规模在适度范围内持续快速稳定增长。

（二）构建多元化科技投入体系

充分发挥财政科技支出的引导和杠杆作用，运用市场机制，积极引导激励企业和社会力量多方共同参与，加大科技投入，加快建立完善多元化、多层次、多渠道的科技投入体系。

（三）完善财政科技支出结构

进一步明确地方政府在科技领域的财政事权和支出责任，结合经济社会发展需求及地区科技发展实际，合理配置各类财政科技经费，明确功能定位，在重点支持技术开发和转化应用的同时，应注重加大对基础研究的支持力度，形成对基础研究投入的长期稳定增长机制。

（四）优化财政科技支出空间布局

发挥省级财政科技专项资金的统筹调控作用，逐步引导下级政府增加对科技投入力度，同时做到重点突出的同时向相对落后地区倾斜，缩小区域财政科技支出差异，逐步建立相对均衡的地方财政科技支出体系，推动全省整体科技水平提升。

参考文献：

[1]潘镇，金中坤，徐伟.财政分权背景下地方政府科技支出行为研究[J].上海经济研究.2013(01):34–45.

[2]王利政，高昌林.我国政府R&D资金来源分析及政策建议[J].中国科技论坛.2010(10):5–9.

[3]王小平，周维.地方财政科技支出的空间非均衡及其分布动态演进[J].华侨大学学报(哲学社会科学版).2018(03):25–38.

[4]高新雨，丁绪辉.甘肃省区域经济差异变化的空间差异[J].甘肃金融.2013(08):69–71.

（撰稿人：滕雅琼　黄可嘉　姜　玲　　《甘肃科技》2020年4期）

空间异质性视角下甘肃省 R&D 活动效率研究

摘　要：以经济增长理论和技术创新理论为指导,以数据包络分析方法为研究工具,从空间异质性视角出发,对甘肃省 R&D 投入产出效率进行分析,并进行 Malmquist 指数分解,分析了各地区 R&D 活动的 DEA 有效性、纯技术效率、规模效益情况。研究发现,甘肃省大部分地区的 R&D 活动效率为非 DEA 有效,存在科技投入产出冗余现象。

关键词：R&D 活动　DEA 方法　Malmquist 指数分解

党的十九大报告旗帜鲜明地提出了建设创新型国家的伟大目标，创新驱动是发展的第一动力已成为社会共识。近年来，中国在技术创新领域的投入不断增长，但与全面建成小康社会的重大需求相比，科技投入的总量和效率仍然不足。经济社会的持续稳定发展，仅仅依靠资本和劳动力的投入是无法实现的，需要通过科技进步的贡献因素提升全要素生产率。研发投入与经济增长是经济社会发展过程中相互作用的两个方面。科技进步能够快速促进经济社会的发展，而同时经济社会的快速发展又反过来增加了全社会对研发活动的投入，在良好的人力投入和资金投入的保障下，促进全社会各部门研发实力的提升，促进经济发展。

一、研究背景和文献综述

在一个多元化的市场结构中，各地区之间市场经济的竞争，与这个地区政府和企业在研发活动方面的投入息息相关。因此，通过对一个地区 R&D 投入产出活动效率进行分析，进而对投入的冗余及产出的不足进行分析是非常有必要的。

从目前的情况来看，欠发达的国家和地区正试图加大对 R&D 的投入,从发达的地区进口高科技产品、有熟练技艺的高技术工人、示范效应、调整供应商和客户之间的关系等途径来提高地区经济的发展水平（Cheung and Lin[1]，2004）。某一个经济单位（国家或地区，尤其是落后地区）对 R&D 投入要素的吸引能力，内部提升和知识的运用能力是提高 R&D 投入要素利用效率的关键因素（Ito et.al.[2]，2012）。然而某一个经济单位（国家或地区，尤其是落后地区）对 R&D 投入要素的吸引能力取决于其技术 / 效率水平，以及熟练的工人 / 人力资本。Zhang[3]（2014）调查了中国工业发展中影响 R&D 投入的因素，运用中国 2005—2010 年 31 个省市和地区的 21 个制造业系统相关的面板数据，并构建了适合衡量和评价影响制造业系统 R&D 投入要素的指标体系，利用工业总产值和人均工业产值作为衡量工业经济增长的指标，指出 R&D 投入对工业产值会产生非常明显的影响，随着 R&D 投入的不断增加，工业产值会稳定地增长。

研发支出、科学研究水平和熟练的技术人员已经成为一个国家和地区提高经济竞争力的最重要的决定因素（Hsu and Yu-En[4]，2015）。有些学者则认为一个国家和地区R&D投入要素的质量和一个更好的制度环境，能够提高R&D投入要素的使用效率，从而最终提高一个国家和地区经济增长的速度和质量。Crescenzi等强调积极的R&D投入环境会促进国内企业的创新能力，从而更好的为一个国家和地区的经济发展做出更大的贡献（Crescenzi et.al[5]，2015）。Kim等指出R&D投入对经济发展的积极影响远远大于对经济发展的消极影响（Kim et al，2015）。知识产权，由于跨国公司的保护，预计将对国家和地区投资的性质和行业分布产生的影响，技术转让，积极的研发支出以及其他一些因素的综合影响将会对一个国家和地区的经济增长产生深远的影响（Erdal和Tatoglu，2002；YASED，2008）。R&D投入活动的产业化和国际化趋势已经成为影响一个国家和地区经济持续增长和产品或工艺创新的成长和发展的重要因素。

二、甘肃省R&D经费投入效率分析

（一）研究方法

1.数据包络分析模型

为了更好地评价R&D投入和产出的效率问题，许多学者运用评价模型、经济模型、多目标决策模型、实物期权方法等多种实证分析方法研究了R&D投入产出效率问题，但是因为多种指标投入和多指标输出之间的关系比较模糊，这些方法在评价R&D效率方面仍然存在很多问题[6]。为解决这些方法的缺陷和不足，许多研究者提出使用数据包络分析模型来分析多输入和多输出指标之间关系，文中也使用此方法来评价R&D活动的效率。与计量分析中的回归、统计等参数评价方法相比，在评价R&D投入产出效率方面数据包络分析法具有许多优势[7]。数据包络分析不需要假设输入和输出之间的具体量化公式，可以在不满足太多假设的情况下对决策单元的相对有效性进行评价。它不需要使用变量的市场价值来说明R&D投入与产出之间的关系，不需要假设输入和输出之间的具体量化公式，也不需要事先解释研发投入与产出之间的任何函数关系，是一种比其他参数评价方法更好地评价R&D是否相对有效的方法。

2.Malmquist生产指数及其分解

Malmquist生产率指数又称PME，最早是由Sten Malmqiust提出的，他首先将其运用于分析消费者行为，后来陆续有学者将其运用于消费者投入产出的评价，用于分析他们之间的相对发展和变化。Fare（1994）提出了DEA-malmquist生产率指数模型，用于评价决策单元的相对有效性。DEA-Malmquist生产率指数模型主要用来衡量决策单元的生产率随着时间的变化会发生什么变化。Fare等（1992）将DEA-malmquist生产率指数模型分解为两个技术变化因素：一个用于度量效率的变化，即技术效率变化（Ech），另一个用于度量前沿技术的变化，即技术进步指数（Tch）。Malmquist生产率指数具有较强的实际操作性，它不需要要素价格等信息[8]。

（二）指标构建

数据包络分析评价 R&D 活动相对有效性的前提是建立合理、有效、全面、科学的投入产出评价指标体系。投入指标和产出指标分解成多个相互关联的子指标，在选择投入指标和产出指标的时候，要注意指标之间的相关关系，剔除掉和选定的投入或产出指标有强相关关系的指标。对于具体的效率评价而言，评价指标体系的构建往往并不是唯一的。可以考虑设计出多种方案，选择不同的输入指标和输出指标，从而找到对决策单元相对效率评价具有很大影响的评价指标。R&D 活动的投入指标选取人力资本投入指标和经费投入指标。选取的投入指标为：R&D 人员数、科技活动人员数、R&D 经费投入强度、R&D 经费支出占主营业务收入比重。产出指标选择知识产出和经济产出指标，分别为高技术产业增加值占工业增加值比重、技术市场成交额、专业技术人员科技论文数量。

（三）实证结果

对甘肃省 14 个市州 R&D 活动的效率进行综合评价。应用 DEAP2.1 软件进行分析计算，可以分析甘肃省以及下属的 14 个市州从 2012 年至 2016 年 R&D 活动投入和产出的相对有效性，分析结果如下：

2012 年，甘肃省 14 个市州中仅有兰州、武威和定西的 R&D 投入是 DEA 有效的，而其他 11 个市州的 R&D 投入是非 DEA 有效的。2016 年数据显示，只有兰州、天水、嘉峪关、定西等 4 个市州是 DEA 相对有效，其中兰州、定西两个市是完全 DEA 相对有效的，其他的 10 个市州都是 DEA 相对无效的。根据 DEA-CCR 模型可知，对于 DEA 相对有效的地区，这表明它同时具备具有技术效率和规模效率，除非添加一个或多个新的输入指标，否则无法增加现有的输出指标，或者说，除非需要减少某项指标的产出，否则无法减少现有的投入量。对于非 DEA 有效的地区，可以在不减少投入的情况下进一步扩大产出。

通过对甘肃省各区域 R&D 投入活动效率的分析，可以看出，2016 年有四个规模有效和规模收益稳定的区域。表示在此输入下，输出已达到最大值。其他地区的规模效率不高，规模效益下降，说明这些地区的研发投入管理非有效。DEA 相对无效的市州，在不减少科技投入的情况下，要加快提高技术产业增加值占工业增加值比重从而达到 DEA 相对有效。

（四）Malmquist 指数分解

Malmquist 指数由技术进步（TC）和综合技术效率变化（EC）的乘积表示。综合技术效率变化指数可以表示为规模效率变化指数和纯技术效率变化指数的乘积。对甘肃省

2010—2016年的R&D投入的全要素生产率指数、技术进步指数、技术效率变化指数、纯技术效率指数和规模效率变动指数进行了测算，如下表所示。

表1 甘肃省R&D投入的Malmquist指数及其分解（2010—2016年）

年份	技术效率指数	技术进步指数	纯技术效率指数	规模效率指数	全要素生产率(%)
2010—2011	1	1.087	1	1	1.079
2011—2012	1	1.018	1	1	1.056
2012—2013	1	1.024	1	1	1.036
2013—2014	1	1.086	1	1	1.042
2014—2015	1	1.016	1	1	1.018
2015—2016	1	1.014	1	1	1.089
平均值	1	1.288	1	1	1.356

技术效率表示为科技活动在最小投入下的最大产出。Koopmans（1951）提出技术效率低下的原因是管理层没有充分利用资源，导致投入要素的浪费，没有产生技术效率，没有发挥应有的效益。测算结果表明，自2010年以来，甘肃省科技活动的技术效率指数值一直为1，不存在技术效率低下的问题。全要素生产率指数表示科技活动总体生产率从S到t的变化程度。如果全要素生产率大于1，则说明这一时期科技活动生产率呈上升趋势。如果全要素生产率小于1，则当期生产率较参考期间下降。根据计算结果,自2010年以来， R&D活动的全要素生产率指数均大于1，表明甘肃省近年来科技活动的全要素生产率已显示出上升趋势。

三、结论与建议

通过对甘肃省各市州R&D活动效率的分析发现，甘肃省大多数地区的研发活动效率非DEA有效，主要表现一方面为研发活动冗余、管理非有效；另一方面是科技经济的协调发展程度不强，导致研发活动的原始性创新和后期的转化能力不足，科技产出不足。因此，R&D活动效率相对无效的区域，应该从以下几个方面加强科技创新能力：

（一）科技经费向重点产业和重大项目倾斜

尖端共性技术是增强自主创新能力的关键所在，是支撑产业链形成和发展的基石。由于基础研究自身的特点，决定了科技创新能力不是一朝一夕形成的，也不能像招商引资一样用政策和市场工具迅速达成目标。一般来说，很少企业有动力去主动开展这些领域的研发工作，费时费力且经济效益不确定。在这种情况下，政府就需要发挥其主导作用，增加对具有市场竞争能力、未来发展前景巨大的高新技术产品研究项目的投入力度，发展具有产业共性的创新技术。

（二）引导企业加强 R&D 投入

除了政府支持的研发主体，企业也是重要的研发活动的主体。要形成政府和企业在科研创新中的有效分工和良性合作格局。对于基础共性的研发能力培养，主要由政府来推动，而对于下游应用领域的研究和创新，应发挥企业贴近市场的优势，积极引导和激励引导企业去完成。为此需要继续完善相关优惠政策，鼓励企业积极主动开展 R&D 活动，破除高新技术企业在加计扣除政策上的掣肘，推进产学研协同发展，加速成果的转化升级。

（三）实施人才引进战略

人才资源是科技创新的基础性资源。随着各种制度限制的取消，人才流动的日益频繁，欠发达地区人才流失带来的严重问题日益凸显。这种情况下，各地方应积极对人才工作本身进行创新，一是在人才规划方面，细致分析和评估引智方案，确保人才类型与地方需求的精确匹配；在人才引进措施方面，需深入了解高端人才的真实需求，采取灵活主动的举措尽可能地解决重点人才的后顾之忧；此外，还继续加强和鼓励企业挖掘自有人才资源，搭建高效的人才培养和交流学习平台；对于落后地区来说，在给予物质激励的同时，还要积极探索事业留人和感情留人的举措。

（四）积极探索市场经济条件下产学研合作的模式

区域创新力的形成是个系统工程，从参与主体来看，有政府、企业、高校及科研院所、科技服务机构等；就互动场景而言有政策领域、学术研究领域、市场合作领域等；从分工角度来说，有政策支持、科技金融、研究开发、技术应用、市场推广等。因此，需要以复杂系统的视角去审视和分析现有的产学研合作模式，打造价值共创的创新生态。其中首要的工作就是模式创新，探讨适合自身情况的产学研用的有机结合模式。要以企业为龙头，以高校、科研院所为依托，借助中介机构服务平台的积极作用，加速传统产业的技术升级，推进高新技术产业的跨越发展和区域创新能力的持续提升。

参考文献：

[1]Cheung Kui-Yin and Lin Ping Spillover effects of FDI on innovation in China:Evidence from the provincial data[J].China Economic Review,2004,15,25-44.

[2]Ito Banri,Yashiro Naomitsu,Xu Zhaoyuan,Chen Xiao Hong and Wakasugi Ryuhei.How do Chinese industries benefit from FDIspillovers?[J].China Economic Review,2012,23:342-356.

[3]Zhang Kevin Honglin(2014).How does foreign direct investment affect industrial competitiveness? Ev idence from China[J].China Economic Review,2014,30:530-539.

[4]Hsu Judy and Tiao,Yu-En.Patent rights protection and foreign direct investment in Asiancountries[J].Economic Modelling,2015,44:1-6.

[5]Crescenzi Riccardo,Gagliardi Luisa and Iammarino Simona.Foreign multinationals and domestic innova

tion: Intra-industry effects andfirm heterogeneity[J].Research Policy,2015,44:596-609.
[6]甘肃省 R&D 投入的溢出效应与产出效率研究[D].兰州:兰州大学,2016.
[7]高新才,许瑞泉.甘肃省 R&D 投入对经济增长影响的差异性研究[J].兰州学刊,2016(09).
[8]王江.基于 Malmquist 模型的西部地区科技创新效率评价[J].工业技术经济,2014(11).

(撰稿人：李皖玲　杜英　　《生产力研究》2019 年 8 期)

生态适应性视角下企业技术开发影响因素研究

摘　要：从生态学视角出发，运用技术生态适应性多级因素研究企业技术创新开发绩效。对兰州新区出城入园的高技术产业技术密集型企业调研，实证分析了技术生态适应性视角下企业技术开发影响因素。研究结果显示，技术之间的共生关系、技术生态因子和技术生境因子对企业技术开发绩效有极其显著的正向影响，但技术间竞争关系对技术开发绩效的影响不显著，甚至还有负面影响。因此，建议企业在进行技术开发时，从技术生态适应性出发，综合分析影响技术开发的各方面因素，整体优化技术开发生态环境。

关键词：生态适应性　技术开发　企业　影响因素

当前，随着经济转型发展，技术的变革创新越来越发挥着不可替代的作用。但与发达国家相比，中国的创新力量还相对薄弱，尤其是在高技术产业领域，许多底层基层技术、基础工艺能力尚不足，关键核心技术受制于人的局面没有得到根本性改善，而现实中中国的技术创新实践尚缺乏本土化的创新理论的指导[1]。针对中国目前产业转型升级、新兴产业蓬勃发展、科技自主创新能力提升等宏观经济背景，许多研究运用生态学视角来分析企业技术创新系统，或构建起产业技术创新生态系统理论体系，还有部分研究结合具体的产业创新基础，提出了创新生态理论体系的研究框架和内容[2-3]。仔细审视技术个体及其技术的载体部件、存在的软硬环境，会发现技术的确如生物体一样，存在着个体与所处环境之间的物质流动、能量流动、信息流动[4]。那么某一项技术的开发是在怎样的环境下衍生出来的，或者说周围环境是如何影响某一项技术的发展的呢？这就要研究技术发展的规律。

一、文献综述

越来越多的研究结果表明：技术的“存在规律”与生物的“生存规律”有着非常类似的现象[5-6]。生存在一定生态环境中的生物，只有不断适应其环境才能开疆辟土、发展壮大。同样，技术也需要适应其所在的环境才能站住脚跟，追求发展，这就是技术的生态适应性。技术的生态适应性主要表现在两个方面：一是技术间的适应能力，是技术对相关技术的变化表现出来的协同演变能力，表现为技术间相互适应的现象；二是技术对其所在环境变化的适应能力，表示技术对环境变化的适应能力以及环境对该项技术的偏好程度和容纳能力[7]。

兰州新区作为国务院批复的第五个，西北地区第一个国家级新区，是国务院确定建设的西北地区重要的经济增长极、国家重要的产业基地、向西开放的重要战略平台、承接产业转移示范区[8]。作为甘肃发展高新技术产业的重要阵地和抓手，兰州新区是全省实现创新驱动、经济增长、产业转移的先行区，在培育和发展高技术产业中承担着重要的使命。就目前来看，兰州新区出城入园的高技术产业作为甘肃经济转型升级的支撑点，正处于建设初期。在技术引进过程中，要优先考虑科技创新、技术适应性等因素。一方面，技术的适应性同生物的适应性一样，也是动态变化的。在众多技术互相依存、互相制约的技术生态系统中，各项技术的适应能力不仅受到自身演变状况的影响，还受到相关技术变化的影响。因此，高技术产业要想在动态变化的环境中得以生存和发展，就必须适应技术生态环境的动态变化。

本文在前人研究技术存在的生态机制基础上，在认识到技术创新理论对技术创新实践指导的重要作用背景下，从实证角度探讨兰州新区高技术企业的技术创新能力及开发影响因素，一方面从生态学和技术进化论的角度拓展了技术创新理论的研究视角和研究内容，另一方面以实证的方式研究增强理论研究的说服力。根据研究分析以期提出兰州新区产业发展优化策略，为探求化解兰州新区引进高技术企业以及企业开发创新技术引进的瓶颈问题，优化资源配置和高新技术产业生态发展环境、增强西部地区高技术产业创新能力提供理论参考。

二、研究假设及关系模型

在前人大量相关理论研究的基础上[7,9-11]，首先进行模型构建。将技术间的竞争与共生关系、技术生态因子、技术生境因子均列为企业在技术开发过程中的主要影响因素（见图1）。基于研究的可测性，研究方法主要采用五级量表法和因子分析法来测量技术生态环境下技术的开发影响因素。将技术间的竞争关系与共生关系、技术生态因子、生境因子分别设为自变量；选用序次量表的方法，将专利成果产出、专有技术、技术性能、技术适用面的拓展、技术可靠性的提高、技术使用便捷性等因素作为衡量企业技术开发绩效的因变量；将行业类型、所有制形式、所处的发展阶段和企业的规模设为可能影响企业技术开发绩效的控制变量。（具体研究假设见表1）

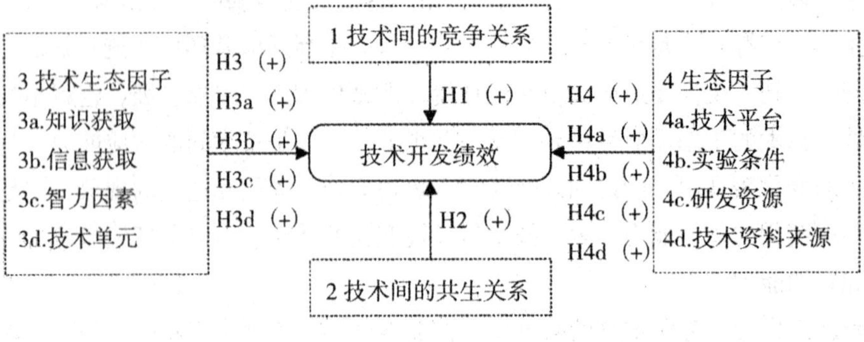

表 1　技术开发绩效影响因素研究假设

假　设	内　容
H1	技术间的竞争关系对技术开发绩效有正效应
H2	技术间共生关系对技术开发绩效有正效应
H3	技术生态因子对技术开发绩效有正效应
H4	技术生境因子对技术开发绩效有效应
H3a	知识对技术开发绩效具有正效应
H3b	信息对技术开发绩效具有正效应
H3c	智因对技术开发绩效具有正效应
H3d	技术单元对技术开发绩效具有正效应
H4a	技术平台对技术开发绩效具有正效应
H4b	实验条件对技术开发绩效具有正效应
H4c	研发资源对技术开发绩效具有正效应
H4d	技术资料来源对技术开发绩效具有正效应

（一）量表

本文主要运用 Likert 五级量表法对技术间生态关系、技术生态因子、生境因子及技术开发绩效变量进行测量。其中，1 表示不符合，即企业技术开发的实际情况与问卷所描述的情况完全不相符，5 代表非常符合，即企业技术开发的实际情况与问卷调查所描述的情况完全符合。根据综述研究可知，目前对技术间生态关系及生境因子的研究尚缺乏较为成熟的量表设计，本文是在前期文献研究和后期具体调研的基础上，对测量的项目进行继承和开发。如对问卷中一些载荷系数偏小的题目进行了删改，同时也对一些不易理解的表达进行了解释修改，最终形成正式采用的量表。

（二）样本选择

本文的调研内容涉及高新技术企业技术或产品开发的多个方面。调查对象主要为掌握企业技术实况的项目人员、技术人员、管理人员等。具体调查中采用实地走访调查和典型调查相结合的方式。共发放问卷 300 份，共收回有效问卷 244 份。基本情况如表 2 所示。

表 2 样本基本情况分析表

项目		频率	百分比
所属行业	生物医药	25	10.2%
	电子信息	94	38.5%
	装备制造	46	18.9%
	新材料	21	8.6%
	新能源	7	2.9%
	石油化工	4	1.6%
	节能环保	30	12.3%
	现代服务业	8	3.3%
所有制形式	国有企业	69	28.3%
	民营企业	144	59.0%
	合资企业	9	3.7%
	其他形式	22	9.0%
发展阶段	初创前期 <3 年	7	2.9%
	初创后期 3~5 年	22	9.0%
	成长期 5~10 年	63	25.8%
	扩张期 >10 年	152	62.3%
企业规模	小型企业	151	61.9%
	中型企业	72	29.5%
	大型企业	21	8.6%

（三）变量

自变量设定为四个层面，即技术间的竞争关系、共生关系、技术生态因子（包括知识、信息、智因、技术元 4 个维度）、生境因子（包括技术平台、实验条件、研发资源、技术资料来源 4 个子构面）。因变量为技术开发绩效。为保证问卷回收率及所获得的数据的可行性和有效性，本文借鉴已有文献研究，选用序次量表的形式，选择专利申请量情况、专有技术拥有量变化情况、技术性能改变情况、产品所占的市场份额情况、技术可靠性情况、研发项目的产业化或工程化情况等测量项目来总体衡量企业技术开发绩效。控制变量设定为企业所属的行业类型、所有制形式、所处发展阶段及企业规模。

三、研究分析

（一）数据分析

首先对调查结果进行因子分析和信效度检验。采用了 SPSS24.0 分析软件进行探索性因子分析。通过对量表各个构面进行 KMO 检验和 Bartlett's 球形检验，再经过多步替代，需要删除一些因子载荷小于 0.400 的测量项目。初步分析得出检验结果，如表 3 所示：变量技术间竞争关系构面的 KMO 值是 0.601，技术间共生关系构面的 KMO 值是 0.752，技术生态因子构面的 KMO 值（均值）是 0.733，技术的生境因子构面的 KMO 值（均值）是 0.811，技术开发绩效构面的 KMO 值是 0.830。可以看出，技术生态因子、生境因子各子构面的 KMO 值均在 0.700 以上，且 Bartlett's 球形检验结果极显著，说明各构面非常适合进行探索性因子分析，且提取的公因了数与量表的结构一致，各变量的第一主成分贡献率均在 50%以上。因此说明，该量表具有很好的建构效度。此外，通过 Cronbach's α 系数来度量量表的信度，检验结果见表 3。可见，除技术间竞争关系外各构面和子构面的 Cronbach's α 系数的值均在 0.700 以上，说明量表的信度达到了可以接受的水平。

表 3 量表信度与效度检验分析

变量		构成	标准化因子载荷	KMO	Bartlett's 球形检验	方差解释性(%)	Cronbach's α
技术间竞争关系 B1		B 1.1	0.397	0.601	p<0.001	54.145	0.577
		B 1.2	0.622				
		B 1.4	0.606				
技术间共生关系 B2 产品技术与工艺技术间关系 B3		B 2.6	0.463	0.752	p<0.001	64.629	0.813
		B 3.1	0.655				
		B 3.2	0.685				
		B 3.3	0.702				
技术生态因子 C	知识获取 C1	C 1.1	0.743	0.688	p<0.001	71.895	0.804
		C 1.2	0.779				
		C 1.3	0.635				
	信息获取 C2	C 2.1	0.568	0.825	p<0.001	62.849	0.851
		C 2.2	0.502				
		C 2.3	0.678				
		C 2.4	0.759				
		C 2.5	0.635				
	技术单元 C3	C 3.1	0.667	0.680	p<0.001	67.738	0.761
		C 3.2	0.738				
		C 3.3	0.627				
	智力因素 C4	C 4.1	0.53	0.737	p<0.001	61.652	0.791
		C 4.2	0.693				
		C 4.3	0.647				
		C 4.4	0.596				

续表

变量		构成	标准化因子载荷	KMO	Bartlett's 球形检验	方差解释性(%)	Cronbach's α
生境因子 D	技术平台 D1	C 1.1	0.668	0.778	p<0.001	64.400	0.860
		C 1.2	0.619				
		C 1.3	0.752				
		C 1.4	0.575				
		C 1.5	0.607				
	实验条件 D2	D 2.1	0.699	0.817	p<0.001	79.178	0.911
		D 2.2	0.822				
		D 2.3	0.839				
		D 2.4	0.807				
	研发资源 D3	D 3.1	0.51	0.793	p<0.001	67.157	0.829
		D 3.2	0.724				
		D 3.3	0.747				
		D 3.4	0.705				
	技术支撑 D4	D 4.1	0.715	0.854	p<0.001	69.244	0.889
		D 4.2	0.789				
		D 4.3	0.812				
		D 4.4	0.596				
		D 4.5	0.551				
技术开发绩效 E		E 1.1	0.633	0.830	p<0.001	70.727	0.914
		E 1.2	0.693				
		E 1.3	0.754				
		E 1.4	0.667				
		E 1.5	0.73				
		E 1.6	0.768				

通过对全量表的 KMO 值检验和 Bartlett's 球形检验，结果见表 4，可知全量表的 KMO 值为 0.867，该量表适合进行因子分析。Bartlett's 球形检验结果：显著性 p 值 <0.001，球形检验也通过。以上两个检验是检验量表是否适合进行因子分析，也就是量表是否具有结构效度的检验方法，检验结果表明此量表非常适合进行因子分析。

表 4　全量表的 KMO 检验和 Bartlett's 球形检验

KMO 检验	0.867
Bartlett's 球形检验	P<0.001

（二）模型及假设检验

1.描述性统计及相关分析

通过对各变量进行描述性统计分析及积差相关分析，结果显示（见表 5），除技术间竞争关系外，其他各变量平均分均＞3，表示各测量题项的观察值勾选的选项介于符合和比较符合之间，处于中等偏上的水平。相关分析结果显示（见表 6），除技术间竞争关系外，其余各变量都与技术开发绩效显著相关，显著水平 $p<0.01$，也就是说除了假设 H1 外，其他所有假设均得到了初步验证。此外，本研究又运用哈曼单因子检测方法进行了同源偏差检验，进一步进行因子分析，将量表题目全部纳入进行分析，不进行旋转，不指定提取因子的数量，进行分析，如果只析出一个因子，或者某一个因子解释力特别大，则可判定存在严重的共同方法偏差。对量表进行因子分析（见表 7），结果显示抽取出了 10 个因子，且第一个因子的方差百分比仅为 27.962%，说明不存在同源偏差。

表 5　描述性分析结果

变量	平均值	标准差
技术间竞争关系	2.877	0.679
技术间共生关系	3.426	0.716
技术生态因子(知识获取)	3.687	0.773
技术生态因子(信息获取)	3.534	0.712
技术生态因子(技术单元)	3.351	0.615
技术生态因子(智力因素)	3.587	0.660
技术生态因子	3.542	0.523
生境因子(技术平台)	3.459	0.713
生境因子(实验条件)	3.084	0.994
生境因子(研发资源)	3.317	0.751
生境因子(技术支撑)	3.453	0.739
生境因子	3.371	0.558
技术开发绩效	3.460	0.714

表 6 变量相关分析结果

相关性	B1	B2	C1	C2	C3	C4	C	D1	D2	D3	D4	D	E
B1													
B2	.193**												
C1	−0.054	.340**											
C2	.130*	.293**	.558**										
C3	0.007	.267**	.378**	.457**									
C4	−0.114	.224**	.413**	.319**	.377**								
C	0.006	.371**	.777**	.833**	.681**	.692**							
D1	−.148*	.211**	.375**	.284**	.438**	.622**	.552**						
D2	0.025	.141*	.259**	.160*	.266**	0.124	.253**	.256**					
D3	−0.063	.204**	.347**	.248**	.278**	.379**	.408**	.440**	.560**				
D4	−0.025	.287**	.450**	.461**	.432**	.367**	.567**	.447**	.461**	.578**			
D	−0.097	.259**	.472**	.367**	.446**	.449**	.562**	.669**	.747**	.813**	.814**		
E	−0.089	.167**	.298**	.334**	.293**	.361**	.430**	.357**	.361**	.636**	.497**	.580**	1

注：** 表示在 0.01 水平上显著相关；* 表示在 0.05 水平上显著相关。

表 7 同源偏差分析检验结果

	总方差解释		
成分	提取载荷平方和	方差百分比(%)	累积(%)
1	12.863	27.962	27.962
2	3.859	8.39	36.352
3	3.319	7.215	43.567
4	2.572	5.591	49.157
5	2.191	4.763	53.92
6	1.73	3.761	57.682
7	1.554	3.379	61.06
8	1.483	3.225	64.285
9	1.173	2.55	66.835
10	1.083	2.355	69.191

2.控制变量对技术开发绩效的检验

以企业所属行业、所有制形式、发展阶段和企业规模为自变量，以技术开发绩效为因变量进行多元回归分析，这几个变量均为多分类（类别数 >3）变量，使用方差分析来分析这些控制变量对技术开发绩效的影响。分析结果表明（见表 8），不同企业规模之间开发绩效有显著差异；不同行业之间的企业开发绩效差异极显著；而企业所有制形式和发展阶段对技术开发绩效的影响均不显著，因此，可排除其对技术开发绩效的影响。

表 8 控制变量对技术开发绩效检验结果

	控制变量	平方和	自由度	均方	F	显著性
技术开发绩效	所属行业	13.786	8	1.723	3.676**	0.000
	所有制形式	2.204	3	0.735	1.448	0.230
	发展阶段	3.088	3	1.029	2.043	0.108
	企业规模	3.018	2	1.509	3.007*	0.051

注：* 表示在 0.05 的显著水平（双侧）上显著相关；** 表示在 0.01 的显著水平（双侧）上显著相关；

3.技术生态因子各子构面对技术开发绩效的影响

以技术生态因子的四个构成因素知识、信息、技术元、智因为自变量，以技术开发绩效为因变量进行多元回归分析，分析结果见表 9 和表 10，结果表明：四个自变量与技术开发绩效的多元相关系数为 0.440，共可解释技术开发绩效的 19.4%；其中自变量中知识获取和技术单元这两个变量的系数没有通过统计检验，说明它们对技术开发绩效没有明显的解释能力，假设 H3a，H3c 未得到验证；信息获取和智力因素的系数为正切 β 系数较大，说明，这两个变量对技术开发绩效有很好的解释能力，从而，假设 H3b，H3d 得到了验证。

表 9 技术生态因子各子构面与技术开发绩效的相关性分析

相关性		知识获取	信息获取	技术单元	智力因素
技术开发绩效	相关性	.298**	.334**	.293**	.361**
	显著性	0.000	0.000	0.000	0.000

注：* 表示在 0.05 的显著水平（双侧）上显著相关；** 表示在 0.01 的显著水平（双侧）上显著相关；

表 10 技术生态因子各子构面对技术开发绩效的多元回归分析

因变量:技术开发绩效	未标准化系数		标准化系数	t	显著性
	B	标准误差	β		
（常量）	1.301**	0.293		4.446	0.000
技术生态因子(知识获取)	0.057	0.068	0.061	0.831	0.407
技术生态因子(信息获取)	0.179*	0.074	0.178	2.414	0.017
技术生态因子(技术单元)	0.112	0.079	0.097	1.421	0.157
技术生态因子(智力因素)	0.262**	0.072	0.242	3.663	0.000
$R=0.440, R^2=0.194$, Adjusted$R^2=0.180, F=14.357$***					

注：表中系数为标准化系数；* 表示 $p<0.1$；** 表示 $p<0.05$；*** 表示：$p<0.001$

4.生境因子各子构面对技术开发绩效的影响

以生态因子的四个子构面：技术平台，实验条件，研发资源，技术支撑为自变量，技术开发绩效为因变量，进行多元回归分析。结果表明（见表 11 和表 12）：四个自变量与技术开发绩效的相关系数为 0.657，共可解释技术开发绩效的 43.2%；其中技术平台和实验条件两个自变量的系数没有通过统计检验，说明技术平台和实验条件对技术开发绩效没有解释能力。研发资源与技术支撑的系数均为正数，且对应的 β 系数较大，说明这两个变量对技术开发绩效的解释能力较强。从而，假设 H4c、H4d 得到了验证，而 H4a、H4b 没能得到验证。

表 11 技术生境因子各子构面与技术开发绩效的相关性分析

相关性		技术平台	实验条件	研发资源	技术支撑
技术开发绩效	相关性	.357**	.361**	.636**	.497**
	显著性	0.000	0.000	0.000	0.000

注：* 表示在 0.05 的显著水平（双侧）上显著相关；** 表示在 0.01 的显著水平（双侧）上显著相关；

表 12 技术生境因子各子构面对技术开发绩效的多元回归分析

因变量:技术开发绩效	未标准化系数		标准化系数	t	显著性
	B	标准误差	β		
（常量）	1.081**	0.204		5.298	0.000
技术平台	0.051	0.056	0.051	0.904	0.367
实验条件	−0.022	0.043	−0.030	−0.507	0.613
研发资源	0.497**	0.064	0.523	7.767	0.000
技术支撑	0.180**	0.061	0.186	2.938	0.004
R=657,R²=0.432,AdjustedR²=0.423,F=45.491***					

注：表中系数为标准化系数；* 表示 p<0.1；** 表示 p<0.05；*** 表示 p<0.001

5.技术间生态关系、技术生态因子、生境因子对技术开发绩效的影响

表 13 阶层多元回归分析结果

阶层变量	阶层 1		阶层 2		阶层 3		阶层 4	
	β	t	β	t	β	t	β	t
竞争关系	−0.093	−1.383	−0.132	−1.954*	−0.102	−1.639	−0.042	−0.747
共生关系			0.191	2.979**	0.030	0.474	−0.011	−0.188
生态因子					0.572	6.699***	0.217	2.425**
生境因子							0.627	7.694***
R^2	0.008		0.043		0.194		0.354	
ΔR^2	0.8%		3.5%		15.1%		16.0%	
F 值	1.194		5.426		19.237		32.725	
△F 值	1.194		8.876**		44.882***		59.197***	

注：表中系数为标准化系数；* 表示 p<0.1；** 表示 p<0.05；*** 表示 p<0.001

通过阶层多元回归，综合分析技术间生态关系、技术生态因子、生境因子对技术开发绩效影响。共包括 4 个阶层，如表 13 所示：阶层 1 是技术间竞争关系与技术开发绩

效之间进行回归分析。结果显示，竞争关系对技术开发绩效影响不显著，从而假设 H1 不成立。阶层 2 是技术间竞争关系，技术间共生关系与技术开发绩效之间进行回归分析。可知在加入技术间共生关系后，技术间竞争关系对技术开发绩效产生了一定的负向影响。技术间共生关系（β=0.191，$p<0.05$）对技术开发绩效有积极影响，从而假设 H2 成立。阶层 3 是技术间竞争关系，技术间共生关系，技术生态因子与技术开发绩效之间进行回归分析。结果显示，在加入技术生态因子后，技术间竞争关系和技术间共生关系对技术开发绩效的影响均变得不再显著，技术生态因子（β=0.572，$p<0.001$）对技术开发绩效有积极正面影响，从而假设 H3 成立。此时 R2=19.4%，表示生境因子可解释技术开发绩效 19.4%的信息。阶层 4 是技术间竞争关系，技术共生关系，技术生态因子，生境因子与技术开发绩效之间进行回归分析。结果显示，纳入技术间生境因子后，技术间竞争关系与技术间共生关系对技术开发绩效的影响变得不显著，技术生态因子（β=0.217，$p<0.05$）和技术生境因子（β=0.627，$p<0.001$）对技术开发绩效有积极正面影响。从而假设 H4 得到验证。它们共可解释技术开发绩效的 35.4%。

四、结论与启示

本文研究内容在国内外理论文献研究的基础上，结合对兰州新区典型企业的走访调研，建立了理论模型并设计量表对企业进行了实况调研。主要考察了企业技术间竞争关系、技术间共生关系、技术生态因子和生境因子对技术开发绩效的影响。研究结果表明：技术间共生关系、技术生态因子及各个子构项（知识获取，信息获取，技术单元，智力因素）、技术生境因子及各个子构项（技术平台，实验条件，研发资源，技术支撑）对开发绩效均有极其显著的正面影响；而技术间竞争关系对技术开发绩效有着负面影响，但是影响不显著。因此，通过以上数据分析，我们可以得到以下启示。

首先，独立作用条件下，竞争关系对技术开发绩效影响并不显著，而在加入技术间共生关系后，技术间竞争关系对技术开发绩效产生了一定的负向影响。而在分别加入技术生态因子、技术间生境因子后，技术间竞争关系对技术开发绩效的影响均又变得不再显著。因此，可以认为技术间竞争关系对技术开发没有正向影响，一定条件下甚至有负面影响。这就要求企业在进行技术开发时适度考虑竞争因素，一是一方面对于正常竞争的情况要坦然正视，但另一方面对于一些恶性或同质的竞争要尽量避免或正确应对。二是技术间共生关系对技术开发绩效具有极其显著的正面影响，这说明在技术开发过程中，某一项技术的开发并不是其单一技术的研究发展，而是多项技术的共同攻克进步，这就要求企业在进行技术研究开发时一定要注重产品技术与工艺技术、辅助技术或者是支撑技术与核心技术之间的并行开发的相辅相成关系，努力在产品的整体生产工艺技术上下功夫，形成可靠的一整套技术方案。三是技术生态因子及其各个子构项目对技术开发绩效有着显著的正相关，这说明企业要根据企业技术人员在获取知识能力、所拥有的知识结构及其积累、信息来源、基础技术能力、运用知识、技术、信息的能力等多个方面的综合智力能力，制定适合企业自身发展情况的技术开发策略，特别是要注重营造良好的技术开发研究氛围，激发技术开发人员的智慧潜力；另外，要注重技术元对技术开发绩效的影响，即要关注相关技术间的组合、嫁接和重组。四是从结果技术生境因子及各个子构项目对技术开发绩效有着显著的正相关来说，针对企业而言需要注重加强技术平台的完善建设和充分应用，加大对实验条件的改善和提升，要有充足的研发资源投入，而且需要不断加大，同时还需要不断拓展技术信息来源渠道，加强技术信息资料的多方面积累。综合而言，技术开发绩效涉及多项技术的共生、互补、配套和支撑等多项关系，是技术间生态关系、技术生态因子、技术生境因子综合作用的结果，因此，企业在进行技术开发时，一定要从技术生态的视角出发，综合考虑影响技术开发绩效的各方面因素，全面优化技术开发生态环境，从而提升技术开发效率。

从技术生态的视角研究企业技术开发的影响因素对技术创新管理理论和技术开发实践活动都有着非常重要的意义，本章研究内容虽在前人研究的基础上进行了不断积累总结，但还是存在一定的不足和局限性。如，在有关技术间竞争关系和共生关系两个维度的量表目前可参考借鉴的样本非常少，因此，在有关内容设计中可能存在考虑不充分，或者有偏差的情况，或对研究产生一定影响。此外，在生产实际中存在着各个变量之间较为复杂的相互作用关系，如技术生态因子与技术生境因子之间或存在着相互促进或其他密切联系，但本研究中未对各个变量之间的关系进行验证或说明，这些方面的深入研究还有待今后不断优化设计、深化分析，进一步探讨说明。

参考文献：

[1]刘奥林.中国技术创新政策分析[D].广州：华南理工大学，2015.

[2]洪帅，吕荣胜.中国产业创新生态系统研究综述[J].经济问题探索，2017(05)：38–44.

[3]詹志华，王豪儒.闽台高新技术产业创新生态系统构建及路径思考[J].北京科技大学学报，2018，34(2)：92–97.

[4]罗发友，刘友金.技术创新群落形成与演化的行为生态学研究[J].科学学研究，2004，22(1)：99–103.

[5]约翰·齐曼.技术创新进化论[M].上海:上海科技教育出版社，2002.

[6]贾杲.技术生态:技术论研究的新领域[J].自然辩证法研究，1992，8(9)：34–39.

[7]刘娜.技术的生态适应性及协同演化研究[D].济南：山东师范大学，2012.

[8]朱方长.技术生态对技术创新的作用机制研究[J].科研管理，2005，26(4)：8–14.

[9]付菁.高技术产业区域技术生态位测度与研究[D].广州：广东工业大学，2011.

[10]张丽萍.从生态位到技术生态位[J].科技管理，2002(3)：23–25.

[11]钟美瑞.技术生态位及生态化对企业技术创新的作用机理[J].科技进步与对策，2009，26(24)：79–83.

[12]胡成功.生态位理论与我国知识经济发展方略[J].中国软科学，2000(6)：120–124.

（撰稿人：牛瑞雪　付　英　张爱宁　　《生产力研究》2019 年 7 期）

国内科技成果第三方评价研究综述

摘　要：本文对2009年至今发表的科技成果第三方评价相关文献进行了分析和梳理，归纳总结了目前科技成果第三方评价存在的问题、评价目的和用途、评价方法以及评价指标，提出了现有研究存在的不足，并对未来各地方科技成果第三方评价进行了展望。

关键词：科技成果　第三方　评价　文献

科技成果是科研人员在科技活动中通过智力劳动取得的知识产品，是推动社会经济发展、建设现代化强国的必要资源，党和政府一直以来非常重视科技发展，不断强调人才强国战略和科教兴国战略。科技成果评价作为科学技术管理不可缺少的组成部分，中国从1961年开始实施科技成果鉴定制度，随着国家的发展以政府科技行政管理部门主导的评价方式已经不适合当前科技创新发展的大趋势，科学技术部于2016年正式废止《科学技术成果鉴定办法》，将所有的科技成果评价与鉴定工作交由社会第三方科技服务机构承担。科技成果第三方评价具有独立、客观、公正、科学的特点，这种新型的评价方式可以更好地促进科技资源优化配置，激发广大科研人员的积极性和创新能力，建立良好的科研学术风气，同时可以提高科技成果的推广应用范围和转化率，对中国科技事业发展具有重大的意义。

一、研究现状

科学技术部于2009年发布了《科技成果评价试点工作方案》《科技成果评价试点暂行办法》，启动第1期科技成果评价试点以来，各地科研机构、高等院校、企业等单位纷纷从科技成果第三方评价的目的、方法、指标、存在问题、管理办法、政策建议等方面开展了一系列研究。湖南省出台了《湖南省科技成果评价行业自律管理办法》《湖南省科技成果评价管理办法》等文件，青岛市发布了《青岛市科技成果评价试点暂行办法》《科技成果评价报告备案管理办法》《科技成果标准化评价规范》，广东、江苏、四川、甘肃等地也通过各种方式开展了科技成果评价的工作。地方科技成果第三方评价工作的开展时间较短、社会经济水平差异较大、学者们的学术背景不同，科技成果的分类方法和结果、科技成果第三方评价体系、科技成果评价管理体系等还未达成有效共识。现有研究大部分针对科技成果第三方评价存在的问题及对策建议、构想展开论述，科技成果第三方评价指标体系方面的研究较少，并且只注重成果的成熟度、先进度、科学性、效益等几个方面，对于科技成果的产业化应用前景和市场活动的关注度较少，也缺乏对科技成果发展过程的评价。

二、相关文献统计分析

本文采用文献计量分析的方法，对 2009 年至今被中国知网、万方数据、维普期刊等数据库收录的有关科技成果第三方评价的文献进行了检索，检索词为“科技成果或科技”“评价”“第三方或专业评价机构或中介机构或行业组织”，排除科技成果第三方评价以外的文献，共得到 42 篇相关文献，就年度发表数量和作者来源进行了统计分析。

（一）年度论文发表量

从图 1 可以看出论文年度发表量总体呈上升的趋势，2009—2016 年期间的论文发表数量比较少，2016 年以后年平均发表数量为 8 篇。导致这一现象的可能原因为 2009—2016 年处于试点阶段，2009 年科学技术部启动了 9 家单位的科技成果第三方评价试点工作，2014 年科学技术部奖励办公室公布了 15 家试点单位，试点涉及的省市及单位有限，第三方评价工作开展的范围较小，并且都处于探索阶段；2016 年科学技术部对《科学技术成果鉴定办法》予以废止之后，科技成果第三方评价工作引起了学者们和科研人员的高度重视，但处于起步阶段，评价指标体系不够成熟，所以针对科技成果第三方评价存在的问题以及政策建议等方面的论文发表量上升，有关科技成果评价方法和评价指标等方面的论文量依旧比较少。

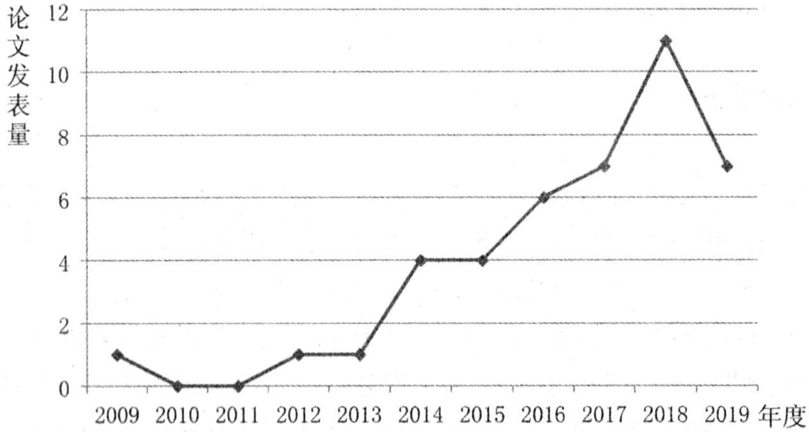

图 1　年度论文发表量

（二）作者来源

图 2 为第一作者来源情况，42 篇论文中有 22 篇作者来源于科研院所，15 篇来源于高等院校，剩余 5 篇来源于企业，其中科研院所中有 18 篇为科技信息类研究所。以上数据表明：科研院所尤其是科技信息类研究所是科技成果第三方评价的重要单位，可能的原因在于政府科技行政管理部门为顺利地将成果鉴定的方式改革为科技成果第三方评

价的方式，主要还是以本系统下属单位和部门为主要试点；高等院校为科技成果第三方评价的主要单位，源于它拥有丰富的信息资源、雄厚的师资力量和强大的项目支撑。

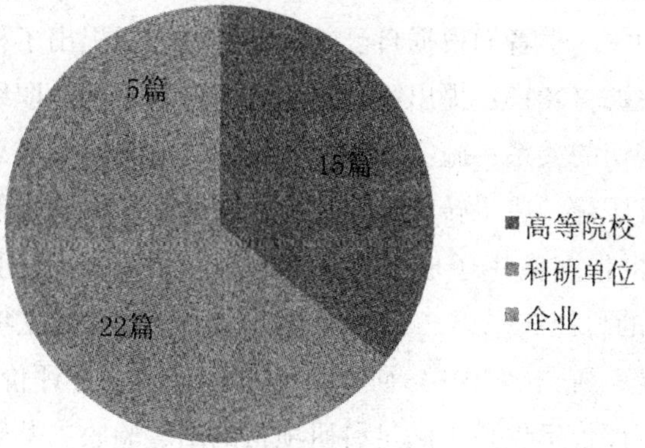

图 2 作者来源

三、特征分析

（一）存在的问题

2016 年科学技术部正式废止《科学技术成果鉴定办法》以后，部分省市开始开展科技成果第三方评价工作，一些评价机构和学者对此做了深入研究，剖析了科技成果第三方评价存在的问题。例如黎子辉（2019）提出科技成果第三方评价机构的工作人员和遴选的专家参差不齐，工作质量和专业性难以保证，第三方科技成果评价方法的科学性尚待提升，评价机构数据搜集与分析的能力存在发展空间，可能致使评价全面性和客观性较缺乏，评价工作监督程序缺乏导致评价结果的真实性有待考证。盖芳（2019）提出第三方评价机构工作人员对科技成果评价的认识度不高、评价人才及其能力培养不够，评价的方式和目的比较直接单一，缺少全面反映科技成果的第三方评价指标体系，科技成果咨询专家库建设比较滞后等问题。李振吉等（2014）、刘强等（2018）提出第三方中医药科技成果评价存在的问题，有科技成果评价体系和评价机制还未建立，对评价机构的监督制度尚未形成，评价机构的公信力有待提高，人们在观念与政策导向上不重视中医药科技成果的凝练和产出。边全乐等（2014）提出科技成果第三方评价存在着政府科技管理部门主导的成果鉴定方式和社会第三方评价并存，科技成果分类评价指标体系还未建立，依然以水平评价为主，太过注重一头一尾，缺乏对科技成果应用前景、市场价值和科技活动的整体性评价。胡亚菲（2018）进行了四川省科技成果第三方评价研究，提出评价者自身的文化素质和能力会对评价过程和结果的公正性有直接影响，评价目的多为申报国家或省部级科技奖励，并非针对成果的市场价值和产业化前景进行评价，专家评议制度和信誉制度不够完善，成果评价报告法律效力缺乏必要的政策支持等问题。

（二）评价目的和用途

科技成果第三方评价是科研成果管理的主要手段，与科研项目的发展方向和科研人员的切身利益息息相关。学者们根据自己的调查和研究，提出了科技成果第三方评价的目的和用途。如王琳娜（2013）提出第三方科技评价与奖励、职级晋升、报酬、经费资助、成果发表有着密切的关系；施家春（2018）指出地方科技成果第三方评价工作的目的为申报奖励、晋升职称、成果转移转化、科研绩效考核；刘强等（2018）认为农业科技成果第三方评价报告多数用于成果登记和申报奖励，少数用于课题立项；刘淼等（2018）提出湖南省的科技成果第三方评价主要用于科技计划立项、科技奖励、高企认证、人才及职称评定；陈丹（2016）研究了科技成果第三方评价服务与科技成果产出，提出科技成果第三方评价不仅是为满足科研项目的结题验收、奖励申报，也应该关心成果评价对成果本身的促进作用。时彦华等（2017）提出苏州市科技成果第三方评价的目的为科技成果登记、科技奖励评审、生产许可证审批；边全乐等（2016）阐述了科技成果第三方评价可作为科技成果登记、科研计划立项、成果转让交易、知识产权评估、申报科技奖励、生产许可证审批、科技成果宣传推广等重要佐证。曹末（2019）提出科技成果第三方评价报告为国家、行业的科技成果备案工作提供佐证材料，是申报各类国家级、省部级重大科技奖励时的必备材料，有利于成果转移转化工作的顺利进行，可作为财政科技经费支持的依据。黄佳（2015）进行了软科学成果评价指标体系及模型研究，提出成果评价可用来分析与项目立项目标的偏差程度及原因，评价成果取得的直接效益和潜在效益。

（三）评价方法

评价方法是得出客观、公正、科学的评价结论的前提，科技成果第三方评价在定性评价的基础上强调了定量分析，学者们针对定量评价方法进行了各种研究。如施家春（2018）提出科技成果第三方评价可采用德尔菲法、回归分析法、层次分析法、图谱分析法等方法，可综合上述几种方法并与评价咨询专家的评价意见相结合，定量与定性结合地对科技成果作公正合理的评价。唐涛（2019）建议采用多元统计、层次分析法和多层次灰色评价等评价方法建立一套定性和定量相结合的科技成果综合评价方法体系。王琳娜（2013）根据不同评价对象、评价目的运用 AHP 法分别建立了基于第三方视觉的科技成果评价指标体系和综合评价模型。秦乐（2019）采用 AHP 层次分析法确定了评价指标的权重，构建了科技成果第三方评价指标体系。王晶华等（2017）对投入产出视角下科技成果经济效益的评价，采用综合评价结合层次分析法来确定各指标的权重。曹末（2018）以同行评议法为基础确立科技成果第三方评价基本原则，利用改进德尔菲法结合有色金属行业特点，创建了科技成果第三方评价指标体系。黄佳（2014）针对软科学类科技成果，综合应用德尔菲法、层次分析法、模糊数学法等评价方法建立了科技成果评价模型。

（四）评价指标

到目前为止，各地方、各领域存在不同的科技成果第三方评价指标体系，但大多数指标体系是在国家标准《科学技术研究项目评价通则 GBT22900—2009》《科技成果评价试点暂行办法》的基础上演变而来。例如边全乐（2014）构建了新形势下农业科技成果第三方评价制度，提出从科学价值和意义、研究内容、难易和复杂程度、创新度、推动作用、他引次数以及论文期刊影响等方面构建农业基础研究类科技成果评价指标体系。王琳娜（2013）构建的科技成果第三方评价指标体系包含水平、复杂与难度、效益、推动社会进步的作用 4 个一级指标和创新程度、成熟度、效益、适用范围等 15 个二级指标。秦乐（2019）从技术水平、实用价值、推广前景三个方面构建了科技成果评价指标体系，包含创新性、先进性、成熟性、潜在稳定性、通用性、行业发展能力、潜在市场占有率、推广成本等 18 个二级指标。谭春辉等（2016）针对武汉市科技成果评价需求，按照分类评价原则将科技成果划分为基础研究、技术开发类应用研究、社会公益类研究、软科学研究四类，并分别设计了评价指标。其中基础研究成果包含科学水平、科学价值、成果产出、应用推广价值 4 个一级指标和创新性、科技进步价值、知识产权、效益等 11 个二级指标；技术开发类应用研究和社会公益类研究评价指标由技术水平、效益作用、应用推广价值 3 个一级指标组成，包含技术成熟程度、创新程度、先进程度、技术难度和复杂程度、效益、推广条件、应用前景等 10 个二级指标；软科学研究成果包含学术水平、学术价值、效益与影响 3 个一级指标和创新程度、科学性、难度和复杂程度、学术贡献、效益等 10 个二级指标。乔德华（2016）将农业科技成果分为农业基础研究、应用研究和技术转化三类，构建了新型农业科技成果评价指标的体系。农业基础研究类指标体系包含 4 个一级指标、12 个二级指标和 31 个三级指标，农业应用研究类包含 4 个一级指标、11 个二级指标和 31 个三级指标，农业技术转化类包含 3 个一级指标、8 个二级指标和 12 个三级指标。黄佳（2015）从学术价值、社会效益、经济效益、科研难度及效率等四个方面建立了软科学类科技成果评价指标体系，设计了创新性、先进性、知识产权状况、效益等 19 项二级指标。

四、不足与展望

现有研究中的科技成果第三方评价体系和评价机制，大都是基于学者们在已有政策和文件的基础上根据个人对科技成果第三方评价内涵的理解，主观色彩较强、差异性较大，设计的评价指标个数较多并且含义不够明确，在实际评价操作中难以实现。科技成果第三方评价工作目前还处于初步发展阶段，遇到种种困难在所难免，随着学者们的不断深入研究，各地方科技成果第三方评价机构的专业水平和公信力将有所提高，科技成果第三方评价指标体系、评价规范、行业管理规范等将会确定并实施，在各地方实现独立、客观、公平的科技成果第三方评价已为期不远。

参考文献：

[1]黎子辉.高校图书馆共建第三方科技成果评价服务的实践——以华南理工大学图书馆为例[J].科技视界,2019(4).

[2]盖芳.提升地方第三方科技成果评价质量的思考[J].甘肃科技,2019(2).

[3]李振吉,徐春波,刘建平,等.建立第三方中医药科技成果评价体系的构想[J].世界中医药,2014(6).

[4]刘强,申丹,徐春波,等.中医药第三方科技评价的实践和思考[J].世界科学技术－中医药现代化,2018(3).

[5]边全乐,杨韵龙.论新形势下农业科技成果第三方评价制度的构建[J].农学学报,2014(8).

[6]胡亚菲.四川省科技成果第三方评价机制初探[J].技术与市场,2018(8).

[7]王琳娜.基于“第三方”视角的中国特色科技评价体系研究[D].济南:济南大学,2013.

[8]施家春.关于提升地方科技成果第三方评价工作质量的思考[J].创新科技,2018(1).

[9]刘强,刘宗敏.新形势下完善农业科技成果经济效益评价机制的对策研究[J].农业科技管理,2018(1).

[10]刘淼,苗蕾.湖南省科技成果评价工作的现状与对策研究[J].企业技术开发,2018(7).

[11]陈丹.积极引导科技成果评价为高水平科技成果产出服务[J].科技创新导报,2016(36).

[12]时彦华,陈洪梅,范容.苏州市科技成果评价现状及对策研究[J].江苏科技信息,2017(9).

[13]边全乐,杨韵龙,毕延刚.基于科技成果第三方评价的农业科技创新——以中国农学会为例[J].安徽农业科学,2016(14).

[14]曹未.有色金属行业科技成果评价管理体系优化研究[D].北京:北京邮电大学,2019.

[15]黄佳.软科学成果评价指标体系及模型研究[D].济南:山东大学,2015.

[16]唐涛.科技成果评价工作创新探索[J].技术与市场,2019(3).

[17]秦乐.科技成果评价指标体系研究[J].信息通信技术与政策,2019(1).

[18]谭春辉,李思佳,程凡.创新武汉市科技成果评价指标研究[J].科研管理,2016(S1).

[19]乔德华.新型农业科技成果评价体系建设探讨[J].农业科技管理,2016(5).

（撰稿人：李静芳　张　龙　谢丹萍　路翠萍　　《甘肃科技》2020 年 16 期）

科技试验示范区耦合系统演化与评价方法研究——以兰白科技创新改革试验区为例

摘　要：在区域创新系统运行过程中，随着各创新主体协同度的不断增加，创新绩效将越来越依赖于创新耦合行为的实现。以兰白试验区为研究对象，从三系统创新主体耦合角度出发，对区域内创新主体及创新要素的交互作用与耦合效应进行分析，并基于数据包络分析方法构建区域创新效率评价模型进行实证检验。通过探讨科技试验示范区创新构成要素的交互耦合机理，揭示区域创新系统的运行规律，为科技试验示范区的耦合评价奠定理论和方法基础。

关键词：创新改革　试验示范区　交互耦合　创新效率

一、引　言

由规模驱动转向创新驱动已成为各国在发展模式选择上的共识，并已形成了一些典型做法，如硅谷（美国）、班加罗尔（印度）、筑波科学城（日本）、新竹科学园（中国台湾）等。这些国家和地区纷纷通过促进产业集聚、促进高科技企业发展，形成创新引领的产业发展生态。中国也向来重视自主创新示范区和科技试验示范区的建设，积极推进高新技术产业集群化发展，大力完善区域创新核心带建设。自 2009 年以来，相继组建了北京中关村、武汉东湖、上海张江等国家级自主创新示范区。这些示范区在提升区域创新能力、带动区域经济发展方面发挥着重要作用，是中国“告别硅谷崇拜”开启创新驱动发展的积极探索，是构建中国特色国家创新体系的重要组成部分，标志着中国区域创新体系建设进入一个新的历史发展阶段。

在科教资源密集区和创新要素聚集区建立的科技试验示范区，是国家探索“创新驱动”经济发展模式的“先行区”和“试验地”。作为目前西部唯一的科技试验示范区，兰白科技创新改革试验区是西部欠发达地区通过创新实现区域发展的重要试点。2018 年 2 月，国务院新批复成立的兰白国家自主创新示范区，便是将这一成功经验的继续推广。然而，各类研究文献对于落后地区开展的试点工作很少关注，相关的政策评价研究极为缺乏。对科技试验示范区耦合机理的分析评价及其创新构成要素的演化趋势的分析，既是摸清科技试验示范区发展底数进而科学制定发展规划的需要，又是总结试验区发展经验与不足进而健全区域创新体系的需要，为制定兰白试验区创新激励政策，把兰白试验区打造成具有创新驱动功能的西部重要增长极与国家“一带一路”战略推进向西开放的重要战略支撑奠定决策研究基础，对培育和催生经济社会发展新动力、引领丝绸之路经济带的创新发展、提升西部地区经济发展水平具有重大意义。

二、文献回顾与问题提出

国外学者对科技产业园区的研究最早可以追溯到Saxenian对硅谷和128高速公路两个高技术产业集群的创新竞争环境的评价[1]；Philip Cooke区域创新系统进行了理论与实证研究[2]；一些学者热衷于采用指数形式来评价区域创新体系[3-4]；Furman、Poter和Stern等学者也探讨了创新环境对区域创新能力的影响[5-6]。许多学者在高新区、科技园区的基础上对国家自主示范区展开分析，Zeng等学者设计了高新区评价指标体系与模型[7]。国内学者中，辜胜阻较早对科技试验示范区进行了探讨[8]；部分学者对科技试验示范区的创新网络体系、科技金融创新、科技创新政策等进行评价研究。综合来看，国内外关于创新示范区的研究成果在评价维度、方法选择和结果分析等方面尚未形成一致的意见和看法，对于经济欠发达地区的评价研究更是空白。

耦合（coupling）这一概念出自物理学，后来逐步被应用在经管领域的研究中。美国学者K.E.Weick最早使用耦合理论分析经济社会问题；Flores Myma等从耦合视角出发提出了协同创新观点[9-10]。在我国，吴大进等编著的《协同学原理和应用》,是最早将耦合理论应用于经济管理研究中的先例。此外国内学者对技术创新和组织创新、产业转移与区域创新、城市化与区域创新、经济发展与环境系统、科技与金融、高技术知识转移等系统之间的耦合关系做了大量的研究，但是对区域多系统交互耦合的分析研究尚显薄弱。需要指出的是，在对耦合评价方法的研究和使用方面，国外学者较多地应用综合指数加成法进行分析，而国内研究常用耦合协调测度模型包括灰色系统模型、投入产出模型、协同演化模型等。苏英对中国科技创新与科技金融时序耦合进行测算[11]；庞庆华等提出了金融集聚、区域创新与生态效率的空间耦合模型[12]；张近乐构建了军民融合产业与区域经济耦合协调度模型[13]；杜英等测算了重大专项产学研耦合度[14]，国内研究主要集中在刻画和测算协调度。

综合以上国内外相关研究，国内外学者在科技试验示范区的理论和实证方面做了大量的研究，这些研究对本项目的研究具有重要的借鉴作用。但是国内外对科技创新示范区创新耦合系统的研究时间较短，国外的研究主要集中在对创新组织、创新支持或创新环境的研究。国内相关理论研究比较重视定性范式解析、要素关联分析，且关注点相对分散，缺少系统化的研究。基于耦合视角的研究对创新耦合系统结构、功能和特征的认识不够明确，对创新系统演化机理尚缺少较有力的刻画，不能从深层次挖掘创新系统耦合协同发展的规律。综合国内外研究思想，本研究基于多元耦合系统角度，从创新主体耦合层面出发，分析科技试验示范区通过耦合实现系统有序结构与协同演进的内在机理，并通过构建量化评价模型，对兰白试验区创新系统进行实证评价研究。

三、科技试验示范区区域创新系统的交互耦合机理分析

根据竞争优势理论的观点，产业整体的竞争优势主要来自于生产要素、需求因素、产业因素和企业竞争等四个基本要素和政府、机构两个辅助要素的演化整合[15]。也就是说，区域创新系统不单单包括各级政府、大学和科研机构、企业和中介机等创新主体，还需要知识、技术、人才、资本、信息等创新要素的有机组合与有效支撑。

（一）区域创新主体

美国社会学家亨利·埃茨科威兹在1997年提出的三螺旋理论强调，政府、企业、大学和科研院所作为创新系统中的核心机构，分别承担着主导者、发动者、创新主体的作用，三种力量相互独立又存在利益互惠、交叉影响的关系。根据三螺旋理论，区域创新体系主要包括高校和科研机构、地方政府、企业和中介机构等行动主体。从创新的视角来观察，不同主体其角色特征各不相同，地方政府是创新活动的宏观管理者，主要通过产业引导、政策扶持和制度保障等管理工具优化资源配置，激励创新主体进行创新研发，优化创新环境；高校和科研院所主要面向人才培养和知识与技术的产出，担负着知识和技术的开发、应用、传播职能。企业面向经济产出，通过技术成果转移转化，促进科技与经济的有效结合。中介机构是创新系统中的辅助主体，为各创新主体提供技术服务及搭建桥梁纽带。在市场环境下，创新主体之间利用政府的服务创新和政策导向，强化科技与经济的嵌合，高效构建产学研用一体化机制，促进区域创新体系的形成[16]。

（二）区域创新要素

区域创新要素包括知识技术、人才、信息和资金等，是创新系统中最基本的组成部分。根据创新要素流动的过程和范围的不同，可以把创新要素的流动分为内部流动和外部流动两类。一是创新要素在创新主体内部的流动，创新要素由每个创新主体的资源链自我循环反馈，相对较少受到外部环境的影响。二是系统内各创新主体之间实现创新资源要素的公开，实现创新要素在不同层次、不同领域内的流动，促进自组织要素的流动与整合，从而发挥区域内资源的“外部效用”和“溢出效用”[17]。

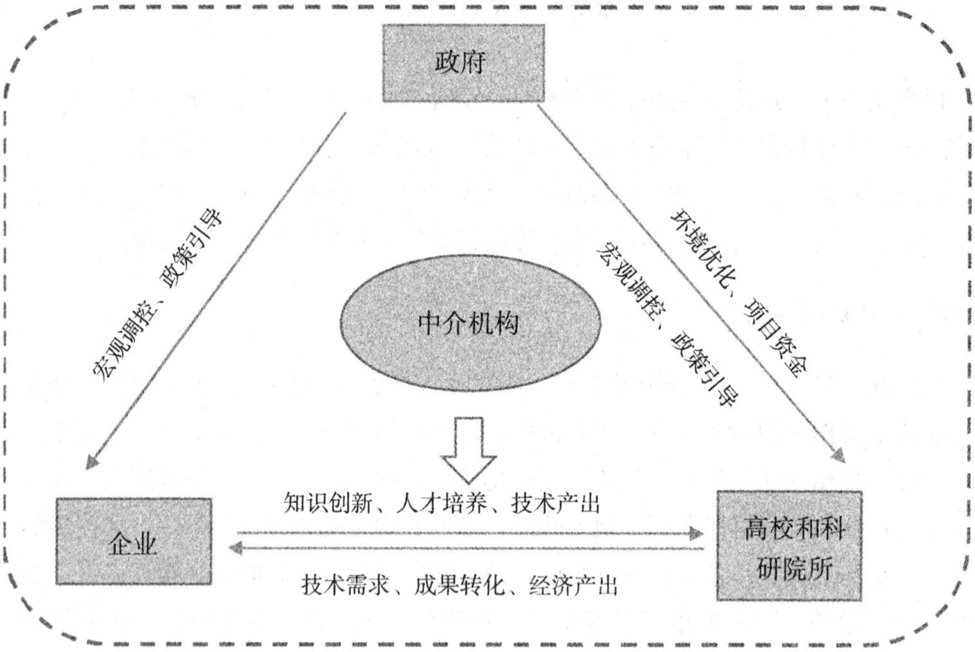

图 1 区域创新系统中创新主体的要素流动

（三）区域创新系统耦合运行机制

大学、科研院所等主体在区域创新系统中，通过人才培养和技术研发，输出了人才、技术、科研成果；企业汲取高技能人才、通过新技术、新材料的试验加工，输出能够产生经济效益的产品和服务；政府通过对信息、市场情况等的了解，输出政策、法律和服务等。中介机构发挥了催化剂作用，整合各类信息资源，通过金融贷款、信息服务、法律援助等综合性配套服务，搭建政府与企业、高校院所和企业、企业与企业间的桥梁。各创新主体基于对科技成果、专利发明、经济效益、人才效应、品牌效应等逐利属性开展协同创新活动，企业获得了实现技术进步所需的人才、知识、技术及信息资源，扩大企业规模，提高对资源的利用效率。大学和科研院所从企业层面获取市场需求信息，面向市场开展技术创新及产品研发，加速了基础研究的提升及新产品的转移转化及产业化。政府通过政策支持、项目资金支持等方式，引导院所和高校加快知识产出及成果研发，促进企业加快市场化产品的进程，从而促进资源的优化配置。在区域创新系统中，创新主体在分工、协同、耦合的多种机制的共同作用下，促使创新要素的集聚和优化整合，人才流、知识技术流、信息流和资金流等创新要素有序运动，使得创新主体的运行机制更加有效，从而促进更多人才、资本、政策、知识技术的流动和优化整合，不断增强协同效应和耦合效应，提高区域创新效率[17]。

四、兰白试验区区域创新系统耦合协调度分析

（一）模型构建

耦合度是指两个或两个以上系统相互作用的程度。衡量耦合度通常运用容量耦合概念和耦合系数模型，采用基于序参量的耦合度测度方法，对区域创新主体各子系统之间的有序性以及区域创新系统的整体耦合协同程度进行测算。考虑到中介机构没有直接参与区域创新活动，且中介机构相关指标数据获得较难，本文定义了三个交互子系统：政府子系统、大学和科研院所子系统、企业子系统。通过测度三系统之间的耦合协同程度，综合评判区域创新系统的发展水平。构建三大创新主体子系统的耦合关联度函数：

$$C=\left[\sqrt{\frac{U_1\times U_2\times U_3}{(U_1+U_2+U_3)\ \ 3}}\right]^{\frac{1}{3}}$$

其中 $Ui=1,2,3=\sum_{I=1}^{n}1,2,3\lambda_{ij}U_{ij}$，$\sum\lambda_{ij}\ =1$。$U_1$、$U_2$、$U_3$ 分别为政府子系统、高校和院所子系统、企业子系统，表示三个子系统的综合评价函数，λ_{ij} 表示权重，权重赋值方法通常有主观赋值及客观赋值方法，两者各有利弊。考虑到主观赋权方法的原始信息收集困难以及主观因素差异的影响，采用熵值赋权法计算各指标权重。C 即耦合度，反映了创新主体系统之间合作协调的程度，表征的是系统间或系统内部要素是否处于有序状态。C 的取值介于 0 ~ 1，当三系统耦合关系较好，合作机制顺畅，耦合度越接近 1，反之，越接近 0。

耦合度可以判别创新主体三系统之间的耦合强度，同时对三个系统未来发展系统进行预警。但是，如果存在各子系统的有序度较低且相似的情形，子系统之间会出现“伪耦合”的情形。因此为消除“伪耦合”因素的影响，引入耦合协调度模型，其算法可表示为：

$D=(C\times T)^{1/2}$

$T=\alpha U_1+\beta U_2+\gamma U_3$

式中：D 为耦合协调度；T 为三系统耦合综合调和指数；α、β、γ 为待定系数，分别表示为政府、大学和院所、企业对区域经济发展的贡献系数，且 $\alpha+\beta+\gamma=1$，在参考其他学者以及区域发展现实的基础上，此处取 $\alpha=0.3$，$\beta=0.4$，$\gamma=0.3$[17]。

基于数学原理的[0,1]范围。当 D=1 时，耦合度达到最大值，实现了子系统之间稳定有序的状态。当 D=0 时，耦合度达到最小值，呈现了无序状态。将这一过程分为无序到有序状态的四个阶段：低级耦合范围为（0,0.3），拮抗阶段范围为（0.3,0.5）、磨合阶段在（0.5,0.8），高度耦合在（0.8,1）范围内。

（二）指标构建

区域创新系统发展水平受到很多因素的影响，考虑到能够体现区域创新现状及内

涵、指标数据的可获得性、指标的合理性、完整性等因素，分别从创新投入和创新产出两个范畴出发，综合考量知识技术、人才、信息、资金、创新产出等因素，构建区域创新三系统耦合发展指标体系。

表 1 区域创新主体耦合测度指标体系

创新主体子系统	一级指标	二级指标
政府子系统	创新投入	地方财政科学技术支出占地方财政支出的比重
		兰白技术创新驱动基金投入额
	创新产出	人均地区生产总值
		技术市场合同成交额
企业子系统	创新投入	企业研发投入占主营业务收入比重
		R&D 人员全时当量
		科学研究与技术服务业企业数
	创新产出	优势特色产业产值
		高技术产业增加值占工业增加值比重
		企业新产品销售收入占主营业务收入比重
		战略性新兴产业增加值占 GDP 比重
大学和高校子系统	创新投入	R&D 人员全时当量
		R&D 经费内部支出
	创新产出	专利申请数
		科技论文数

注：政府子系统和企业子系统的指标数据使用兰白试验区统计数据，大学和高校子系统使用兰州市及白银市数据替代分析。

（三）实证结果分析

由于兰白试验区 2014 年批复建设，2015 年建立统计制度，目前仅有 2015—2018 年度数据，无法从长期时间序列层面分析动态变化，仅能对近几年的状态进行一个短期分析。通过无量纲化处理、熵值法计算权重、计算序参量、计算耦合度及耦合协调度后，得到兰白试验区三系统的耦合协调度。

表 2 兰白试验区创新主体耦合度

U_1	U_2	U_3	C	D	耦合评价
0.5049	0.4136	0.4869	0.3320	0.3915	中度协调、拮抗阶段

1.子系统序参量创新指数分析

从子系统的序参数变量来看，企业子系统的创新系数低于其他两个子系统的发展水平，企业的创新发展水平相比其他两个主体相对滞后，究其原因主要在于，兰白试验区建设初期，试验区正处于经济转型期，新区企业也处于成长期，虽然政府加大了对试验区企业的资金支持，企业R&D经费支出和高技术产业企业数等也有所增加，但受企业生产周期及市场环境等要素的综合影响，企业的创新收益见效较慢，随着相关政策和制度的进一步落实，企业的创新效益将得到大幅度的提高。高校和院所子系统作为企业技术创新的主要支持者，和企业之间的合作较为紧密，其创新系数处于两者之间，表明了其知识产出及人才在创新系统协同发展中的重要作用。兰白地区创新资源集中度较高，集中了甘肃省90%的科研机构、75%的高校以及77%的科技人才，研发人员占全省的57.3%，高级职称人员占全省的79.2%。集中的科教及人才资源为试验区的发展提供了强有力的支撑。

相比而言，政府子系统创新系数较高，表明了政府对试验区建设的重视及投入力度。2015年，甘肃省为支持兰白试验区创新发展，由省财政、兰州市、白银市、兰州新区共同出资，设立了23亿元的兰白试验区技术创新驱动基金，这也是甘肃省科技创新领域有史以来规模最大的一次投入。截至2018年8月，该项引导基金已经批准设立11支子基金，基金总规模达50亿元，兰白基金出资13.5亿元，吸引社会资本36.5亿元，其中省外资本13.3亿元。已组建完成的8支子基金，放大倍数为3.72。兰白基金通过建立科技型中小企业科技贷款融资体系，设立若干支子基金，建立科技贷款风险池，以后补助、参股投资等方式支持兰白试验区及省内辐射区科技企业、科技孵化器的建设和运营，拓宽了科技型企业的融资渠道，发挥财政专项资金的引导和放大作用[18]。

2.三系统耦合协调度分析

通过对兰白试验区区域创新三系统耦合关联度及协同度的计算可以看出，兰白试验区三系统的整体创新耦合度还偏低，处于中度耦合及拮抗状态，但总体上呈现出逐渐协同上升的趋势。这表明兰白试验区目前正处于耦合创新的成长阶段，良性的耦合发展机制正在逐步建立，正在由无序向有序状态演进，从成长阶段向稳定阶段迈进。

五、兰白试验区创新活动效率评价研究

（一）数据包络分析模型

为了更好地研究区域创新效率问题，许多学者运用评价模型、经济模型、多目标决策模型、实物期权方法等多种实证分析方法进行测算，但是因为多种指标输入和多指标输出之间的关系比较模糊，这些方法在评价创新效率方面仍然存在很多问题。为解决这些方法的缺陷和不足，许多研究者提出使用数据包络分析多输入和多输出指标之间关系，本研究也使用此方法来评价兰白试验区区域创新效率。

与计量分析中的回归、统计等参数评价方法相比，数据包络分析可以在无需满足太多假设的情况下对决策单元的相对有效性进行评价。具体来说，一是不需要使用变量的

市场价值来说明投入与产出之间的关系。二是不需要假设输入和输出之间的具体量化公式，在评价区域创新效率方面具有许多优势。

（二）指标构建

衡量科技创新的指标包括投入和产出两个方面，投入方面通常包括人力投入、物力投入以及资金投入，创新产出包括知识产出和经济产出。根据这一原则，选取全社会研究与试验发展经费支出、研究与试验发展人员、企业研究与试验发展经费支出、有研发机构的企业数作为投入指标；技术合同成交额、万人发明专利拥有量、开发新产品新技术、产品销售收入作为产出指标。

（三）实证结果分析

表 3　兰白试验区四区创新效率值及松弛变量

地区	综合技术效率	纯技术效率	规模效率	S_1^-	S_2^1	S_3^-	S_4^-	S_1^+	S_2^+	S_3^+
兰州新区	1	1	1	0	0	0	0	0	0	0
兰州高新区	1	1	1	0	0	0	0	0	0	0
兰州经开区	0.561	0.740	0.758	24656.7	1184.1	0	5.9	0	183.7	0
白银高新区	1	1	1	0	0	0	0	0	0	0
平均值	0.890	1	0.911	6164.165	296.027	0	1.5	0	45.9	0

根据 DEA 模型计算结果，兰州新区、兰州高新区、白银高新区区域科技创新绩效综合效率、纯技术效率和规模效率均为 1，科技创新绩效达到 DEA 有效，技术因素和规模效益都实现了有效性，表明三个区域科技创新发展过程中科技投入实现了效益最大化。兰州经济区的创新效率是 DEA 无效，包括了纯技术无效率、规模无效率两方面作用。究其原因，一方面由于地理区位劣势，兰州经开区地处兰州安宁区，高新技术企业数量整体偏少，高新技术产业规模偏小。2017 年兰州经济开发区高新技术企业仅为 55 家，为兰州高新区高企数量的 30%。且高新技术企业结构单一，主要集中在生物医药、电子信息等领域，其他领域高新技术企业发展相对缓慢，新兴产业较少。另一方面区域联动发展及产学研耦合机制还不完善，投入的资源和要素没有得到充分利用，造成成本浪费。

由 DEA 前沿面分析可知，投入指标的松弛变量为零，则表明所对应的投入要素发挥了最大的效用，反之，则作用发挥不充分。由表 3 可以看出，兰州经开区全社会 R&D 经费支出以及 R&D 人员数两个指标均存在冗余现象，表明科技投入没有完全被产出所吸收和反映。分析其原因，可以发现主要是因为经济区的各类专业技术人员中 80% 集中在教育、卫生系统，能够担当企业“技术救星”的领军人才相对缺乏，并存在院校、院所和企业之间的技术壁垒、门槛障碍等现象。从产出指标来看，产出要素实现效益最大化则对应指标的松弛变量为零，反之，则表示未能达到有效水平，由表3可以看出，兰州经开发区技术市场合同成交额以及开发新产品数存在不足，表明兰州经济区需要在重大科技成果上有所突破，加强产学研合作，深化技术产出与成果转移转化。

六、兰白试验区耦合系统协同发展的路径与对策

（一）加强统筹协调促进发展

进一步完善甘肃省与科技部、张江自主创新示范区的三方协调机制，协调推动甘肃省、兰州市、白银市与张江自主创新示范区在资金、项目、技术、人才的系统对接。充分发挥省部会商工作机制作用，包括重点问题支持、政策协调、重大项目支持、创新基地建设等试点区域建设。另外，兰白试验区需要加强与其他国家自主创新示范区、东部和中部国家高新区以及各类特色产业基地的交流合作。

（二）打造试验区人才高地

人才资源是创新能力提升的主要保障。针对落后地区人才流失严重、引智难度大的问题，要依托国家和省、地各类人才政策，如国家“千人计划”、甘肃省海外人才引进计划等，努力营造尊重人才的氛围，推进试验区在高层次人才引进、人才发展、人才激励、人才服务体系建设等方面进行积极探索，将试验区打造为人才创新创业特区，并及时跟进，评价政策效果，进一步释放改革、人才红利。

（三）加强创新型企业及科技服务业的培育

政府要继续加大对企业技术创新的支持和引导力度，引导企业攻克技术难题，加大技术创新投入。积极探索和深化产学研协同机制，推动企业、科研院所深度融合。调动企业作为创新主体的积极性，鼓励企业加大自主创新投入，在人才培养、技术交流与合作、市场开拓等方面积极帮助企业解除后顾之忧，保证科研成果能有效地转化为经济效益。积极引导和推动加大试验区科技服务业的发展，推进高新技术企业的孵化和培育，探索众创、众包、众扶、众筹“四众”新模式，扩大创新创业融资渠道，促进创客迅速成长，培育一批具有竞争力的科技服务业创新集群。

（四）培育壮大优势特色产业和战略性新兴产业

作为经济欠发达地区的创新试验区，兰白试验区在加快产业转型升级培育特色产业方面，要不断优化发展布局，积极发展战略性新兴产业，努力形成四区各具特色、优势互补的产业集群。这就需要结合试验区产业基础和资源优势，加强引导和战略定位，积

极培育和扶持中小微企业。各级各部门要主动服务企业发展、解决企业难题，打造优质高效服务环境。

（五）强化试验区品牌宣传与考核监督

加大试验区品牌宣传力度。作为西部创新的名片，试验区需要秉持开放合作的姿态，不断展示和推广试验区发展经验，扩大社会影响，精心完善门户网站，加强信息服务，打造创新论坛，加强媒体宣传报道。进一步完善试验区统计监测平台和制度建设，推动数据统计、指标监测、数据发布等工作正式纳入各区考核范围，完善试验区发展要求的年度考核评价、跟踪监测及第三方评估工作制度。

参考文献：

[1]Saxinian.A.Regional advantage:culture and competition in Silicon Valley and Routel28[M].Cambridge Mass:Harvard University Press,1994.

[2]Cooke.P.,Uranga.M.G.,Etxebarria.G. R egional Systems of Innovation:an Evolutionary Perspective[J].Environmentand Planning,1998(09):1563—1584.

[3]沙德春.硅谷指数与中国国家高新区评价指标体系比较研究[J].中国科技论坛,2012(12):74-81.

[4]World Economic Forum. Global Competitiveness Report 2006-2007. Http://www. weforum.org/.

[5]M Porter and S Stern.The New Challenge to American's Prosperity,Finding from the Innovation Index [R] Washington,Council on Competitiveness,1999.

[6]迈克尔·波特.国家竞争优势[M]北京:华夏出版社,2002.

[7]Zeng S-X,Xie X-M,Tam C. Evaluating Innovation Capabilities for Scienc Parks:A System Model[J]. Technological and Economic Development of Economy,2010,16(3):397-413.

[8]辜胜阻,王敏.国家创新示范区的功能定位与制度安排[J].中国科技论坛,2011(09):92-97.

[9]Pai Da-Chang,Tseng Chun-Yao,Liou Cheng-Hwai.Collaborative innovation inemerging economies:Case of India and China [J].Innovation:Management Policy and Practice.2012(3):467-476.

[10]苏英.我国科技创新与科技金融时序耦合协同的实证研究[J].燕山大学学报(哲学社会科学版),2019,20(03):59-67.

[11]庞庆华,李铭珍,李涵.长江经济带金融集聚、区域创新与生态效率的空间耦合协调发展研究[J].工业技术经济,2019,38(02):68-76.

[12]张近乐,艾菲.军民融合产业嵌入区域经济发展耦合协调度研究 - 以陕西省航空航天制造业为例[J].南京理工大学学报(社会科学版),2016(01):60-64.

[13]杜英,李睆玲,张爱宁.内聚耦合视角下的产学研合作研究——以甘肃重大科技专项为例[J].中国科技论坛,2016(04):43-48.

[14]劳埃特·雷德斯多夫,马丁·迈耶尔,周春彦.三螺旋模式与知识经济[J].东北大学学报(社会科学版),2010,12(01):11-18.

[15]杨宇虹.基于三螺旋理论的区域创新主体间要素的耦合—协同研究[D].大连:大连理工大学,2015.

[16]段宇洁,石薛桥,郭瑞洁.区域创新主体间要素耦合协同研究—以山西省为例[J].河南科学,2018,36(10):1634-1641.

[17]孙理.撬动民间资金,缓解企业“融资难”[N].兰州日报,2019-02-26(R10).

（撰稿人：李畹玲　　《财会研究》2020 年 9 期）

R&D 税收优惠政策对企业研发投入的作用效力评估
——基于中国省际面板数据的实证分析

摘　要：选取 2009—2015 年中国 31 个省市面板数据，以研发费用税前加计扣除政策和高新技术企业税收优惠政策为实证对象，采用静态固定效应模型和动态差分 GMM 模型，评估分析 R&D 税收优惠政策对引导企业增加研发投入的作用效力。结果表明：R&D 税收优惠政策对引导企业增加研发投入具有正向激励作用；不同 R&D 税收优惠政策对企业增加研发投入水平的影响弹性存在差异，研发费用加计扣除政策的作用效力强于高新技术企业税收优惠政策；R&D 税收优惠政策不具有成本效率，存在较大效率提升空间。基于此，提出提高 R&D 税收优惠政策作用效力的建议。

关键词：税收优惠　研发投入　政策评估　GMM 估计

一、引　言

新增长理论强调研发（R&D）是推动技术进步和经济增长的关键驱动力，然而，由于研发成果外部性特征产生的"搭便车"行为影响了企业技术创新的积极性，导致企业研发投资均衡水平低于社会最优水平。于是，各国政府部门相继采用财政补贴、税收优惠或金融工具及其组合来干预企业研发投资行为，激励其自主开展研发活动。其中，税收优惠政策因具有高透明度、灵活性、可预期性等特点，成为理论界所认可的解决知识溢出带来的投资不足问题的最有效手段（Guellee 和 Potterie，1997；Ozcelik 和 Taymaz，2008），同时也受到政府部门和市场主体的青睐，成为世界各国政府部门激励企业加大研发投入的重要政策工具之一。

在中国实施创新驱动发展战略、建设创新型国家的背景下，为支持企业技术创新制定了一系列税收优惠政策，企业所得税法规定，企业开发新技术、新产品、新工艺发生的研究开发费用，可以在计算应纳税所得额时加计扣除，国家重点扶持的高新技术企业，按减 15%的税率征收企业所得税。各省市纷纷采取高新技术企业税收优惠、研发费用税前加计扣除等 R&D 税收优惠政策激励企业持续加大研发投入，强化技术创新主体地位。据国家税务总局统计数字显示，2016 年中国有近 8 万户企业享受到研发费用加计扣除优惠，比 2015 年增长了近五成；减免税额达 960 亿元，比 2015 年增长 26.5%。由此产生的疑问是，如此巨大的税收优惠力度在引导企业持续增加研发投入的效用究竟如何？企业 R&D 税收优惠政策的有效性问题引起了社会各界的广泛关注。基于此，本文以高新技术企业税收优惠、研发费用税前加计扣除等两种最受关注的税收优惠政策为实证对象，对中国实施 R&D 税收优惠政策对企业研发投入的作用效力进行评估，以期为相关政府部门的宏观管理决策提供经验论据和决策参考。

二、文献回顾

国内外研究者从不同角度就税收优惠政策效力问题进行了研究，为文章提供了富有启发意义的经验论据。由于R&D税收优惠政策对企业研发投资行为的影响存在异质性、多元性等特点，无法简单地归入“促进论”或“抑制论”[1]。理论界对政府R&D税收优惠政策对引导高新技术企业和科技型企业自主开展技术创新的效果研究仍持有争议。通过对国内外研究成果的梳理，得到以下观点。

（一）“税收激励”的观点

以Nelson等[2-3]为代表的学者提出税收优惠通过降低企业税收负担和研发投资的边际成本以达到激励技术创新的目的。在此基础上，Dagenais[4]从外部性的角度分析得到税收优惠是激励企业进行研发投资的有效方式，并以加拿大为例证实了每1单位税收优惠能带来0.98单位的企业研发投入；Duguet Emmanuel[5]的研究得出每1欧元税收优惠将带来略多于1欧元的研发投入；Yonghong Wu[6]认为税收优惠对企业研发投资行为存在长期影响；中国学者王旭[7]、廖添土[8]等的研究也支持税收激励的观点，更进一步地，冯海红[9]的研究发现税收优惠对企业研发投资的激励作用存在最优政策力度区域；程瑶[10]证实了税收优惠政策对企业研发投入量及研发投入强度具有激励作用，且东部、中部地区企业享受税收优惠政策的比率要高于西部地区。也有研究认为，税收优惠虽然能够促进企业增加研发投入，但政策作用受企业规模、所属行业等因素影响（Tadahisa Koga，2003；Yohei Kobayashi，2014）。

（二）“避税激励”的观点

Fazzari[11]、Hall[12]等对税收优惠作用效果产生了质疑，认为税收优惠政策实施成本高，在解决技术创新的外部性问题上是无效率的；OECD2009年出版的《科技政策回顾与展望》一书指出信息不对称情况下，税前加计扣除政策在实施过程中普遍存在研发费用界定难、归集难、核准难等问题，不仅削弱了政策效果，还为企业提供了避税机会和空间；Estache[13]指出税收优惠在降低边际有效税率上的作用不明显，反而可能导致税收套利和逃税；吴祖光[14]、李维安[15]等认为由于管理层“寻租”行为导致企业利用税收优惠政策进行避税。

（三）“挤出效应”的观点

Eisner[16]认为税收优惠对于研发投资的激励有限，且有可能阻碍私人部门的研发投资。Hovakimian[17]等通过对企业研发活动投资、固定资产投资与现金流变化的理论分析得出，对现金流变化越敏感的企业，由于税收带来的现金流出对研发投资的挤出效应越明显；Boeing[18]发现税收优惠有即时的挤出效应和滞后的中性效应，导致企业 R&D 投入强度下降。刘虹[19]认为政府 R&D 支持政策不单产生激励效应，还会产生挤出效应，两种效应分布图大致呈“倒 U 型”曲线。

综上，既有文献从不同角度就 R&D 税收优惠对企业研发投入影响、效应等进行了研究，为考察中国 R&D 税收优惠政策的有效性提供了富有启发意义的经验论据。与既有文献相比，文章的贡献可能有：第一，丰富了既有研究领域，既有文献多是对欧美国家税收优惠政策实施的经验分析，来自发展中国家的研究较少，以高新技术企业税收优惠和研发费用税前加计扣除为实证对象的研究更少，通过对中国 R&D 税收优惠对企业研发投入的作用评估分析，以期为中国及类似发展中国家实施税收激励政策提供借鉴和参考，同时也为中国税收优惠政策的完善和调整增添新的实证证据。第二，拓展了既有研究方法和既有文献多选择静态方法，而采用税收减免额这个事后指标来度量税收优惠的话，只有当企业研发资金实际支出后，才能依据政策享受相应的税收抵扣，因此，从动态视角来考察 R&D 税收优惠政策效力更具科学性和合理性。

三、实证模型的设定

（一）模型的设定

有关税收优惠政策对企业研发投入作用效力问题的实证研究多在生产函数模型下展开，经典方法是将研发投入作为被解释变量、税收优惠和其他控制变量作为解释变量[9, 20]，进行 OLS 回归分析。模型假定：

$$rd_{it}=c+\alpha tax_{it}+\eta_{it} \qquad (1)\text{式}$$

rd 表示 R&D 经费投入，tax 为税收减免额，C 为常数项，η_{it} 表示随机扰动项。

文章从中国税收优惠政策实施的实际出发，评估分析研发费用税前加计扣除和高新技术企业税收优惠等两个典型 R&D 税收优惠政策的实施效果，建立模型如下：

$$lnrd_{it}=c_1+\alpha lntax_{it}^{y}+\beta lntax_{it}^{g}+\mu_i+v_i+\varepsilon_{it} \qquad (2)\text{式}$$

为验证文章的命题，在公式（2）基础上引入工具变量，建立如下动态面板模型：

$$lnrd_{it}=c_1+\alpha lntax_{it}^{y}+\beta lntax_{it}^{g}+\gamma\, lnrd_{it-1}+\mu_i+v_i+\varepsilon_{it} \qquad (3)\text{式}$$

公式（3）中，rd 为被解释变量，采用企业 R&D 研发经费内部支出表示，rd_{it-1} 为工具变量，表示 R&D 经费投入的滞后项（滞后一期的影响弹性最为显著），tax^y、tax^g 为解释变量，分别表示企业享受的研发费用加计扣除减免税额和高新技术企业减免税额。小标 i 表示省份，t 表示年份，C1 为常数项。系数 α、β 测度了在控制住上一期全部影响因素的前提下，当期研发费用加计扣除政策和高新技术企业税收优惠政策对研发经费投入的短期影响。系数 γ 表示 R&D 经费投入的调整速度，即税收优惠对 R&D 经费投入影响的持续时间。μ_i 表示不可观测个体效应，ν_t 表示时间效应，ε_{it} 表示随机扰动项，服从独立同分布。

（二）数据来源与处理

文章选取2009—2015年中国31个省（直辖市、自治区）的面板数据对模型进行估计。数据来源于相应年份的《中国科技统计年鉴》《工业企业科技活动统计年鉴》以及《中国区域创新能力监测报告2016 2017》。为剔除物价因素的影响，所有数据以2009年为基期按照各省市居民消费价格指数进行了相应平减处理。

四、实证结果分析

（一）静态面板模型分析

为避免"虚假回归"问题，首先，采用LLC、IPS、Fisher-ADF、Fisher-PP等检验方法对变量进行平稳性检验。单位根检验结果显示，各变量的原序列均存在单位根，为非平稳序列。通过进行差分处理，发现各变量在5%的显著水平下都是平稳的，属于一阶单整序列，满足回归模型的平稳性条件（结果见表1）。采用Kao（Engle-granger based）方法对面板数据进行协整检验，判断变量之间是否存在长期关系，检验结果均拒绝原假设，表明解释变量与被解释变量之间存在协整关系，可进行面板数据的回归估计。为科学选择模型，根据Hausman（1978）提出的方法进行检验，在5%的水平下，拒绝原参数的固定效应估计与随机效应估计不存在显著差异的假设，从而确定采用固定效应模型进行静态面板数据回归分析。

表1 面板单位根检验结果

变量	LLC	IPS	Fisher-ADF	Fisher-PP	单位根判断
ΔLnrd	-26.5925	-31.2513	358.644	258.994	否
	（0.0000）	（0.0000）	（0.0000）	（0.0000）	
ΔLntaxy	-14.2346	-1.83492	94.6589	156.734	否
	（0.0000）	（0.0333）	（0.0048）	（0.0000）	
ΔLntaxg	-17.3516	-5.37653	136.305	204.855	否
	（0.0000）	（0.0000）	（0.0000）	（0.0000）	

注：括号内表示显著性水平。

静态固定效应模型分析结果见表2第二列，R^2 为0.9621，说明模型具有很好的解释作用，P值在1%的显著性水平下，回归结果具有很强的稳健性。结果显示，企业享受的研发费用加计扣除减免税额每增长1%，当年的R&D经费投入增长0.42%；高新技术企业享受减免税额每增长1%，当年的R&D经费投入增长0.2403%。由此可见，政府实施 R&D 税收优惠政策对企业研发投资行为产生了明显的正向激励作用。研究结果与李万福等（2013）的结论一致，即政府实施的 R&D 税收优惠政策总体上是有效的，企业研发享受的税收优惠越多，越能激发企业加大研发投入、持续开展技术创新活动。通过对静态固定效应模型分析结果的比较分析可以发现，研发费用税前加计扣除政策与高新技术企业税收优惠政策的影响作用不同，弹性系数分别为 0.42%、0.2403%，可见，研发费用税前加计扣除政策相比高新技术企业税收优惠政策的激励效应略微明显一些。

表 2 面板数据回归结果

变量	静态模型	动态模型①	动态模型②	动态模型③	动态模型④
$Lnrd_{it-1}$	–	0.5728*	0.6630*	0.7137*	0.7242*
		(11.5375)	(56.6421)	(59.3310)	(105.3082)
$Lntax^y$	0.4200*	0.1873*	0.1805*	–	–
	(9.0443)	(2.7881)	(14.7104)		
$Lntax^g$	0.2403*	0.1094*	–	0.1312*	–
	(6.2206)	(9.2382)		(29.8798)	
C	3.6465*	–	–	–	–
	(51.3154)				
J 统计量	–	19.4454	26.9739	21.7799	23.4217
Sargan 检验	–	0.0783	0.0125	0.0589	0.0537
R^2	0.9621	–	–	–	–
N	217	155	155	155	155

注：* 表示在 1%水平下显著，括号内是估计参数的统计量。

资料来源：作者通过数据测算整理所得。

（二）动态面板模型结果分析

由于不同企业纳税立场以及对研发投资预期的差异，可能导致税收优惠和 R&D 经费投入之间的内生性问题（Bloom，2002），而静态面板模型忽略了内生性问题，Arellano 和 Bover（1991）提出的差分广义矩估计方法（简称“差分 GMM 方法”），通过引入工具变量可有效解决变量内生性产生的估计偏误问题。在工具变量的选择上，研究者多选用因变量的滞后变量作为工具变量，于是，文章选用滞后一期的 R&D 经费投入作为工具变量进行差分 GMM 估计。差分 GMM 模型一般选用 Sargan 检验法判断模型中是否存在过度限制约束问题，原假设为模型过度约束正确，采用卡方检验。由表 2 第三列可知，除动态面板模型②外，其余三个模型 Sargan 检验的 P 值均大于 0.05，表明接受 Sargan 检验的原假设，即模型选取的工具变量有效。

1.激励效应

由动态模型①估计结果可知，在考虑 R&D 经费投入存在滞后效应情况下，企业享受研发费用加计扣除减免税额每增长 1%，当年的 R&D 经费投入增长 0.1873%；高新技术企业享受减免税额每增长 1%，当年的 R&D 经费投入增长 0.1094%，且在 1%的水平下都是显著的。动态 GMM 估计结果显示：研发费用税前加计扣除政策和高新技术企业税收优惠政策实施对企业增加 R&D 经费投入均产生了正向激励效应。可见，中国实施 R&D 税收优惠政策有效降低了企业的应纳所得税额和相应税收负担，降低了企业研发投入的风险，从而发挥了拉动企业研发投资的作用。

2.不同政策作用效力存在差异性

由动态模型①估计结果可得出，不同 R&D 税收优惠政策对企业研发经费投入的影响弹性存在差异，研发费用加计扣除政策的弹性系数 α 为 0.1873、高新技术企业税收优惠政策的弹性系数 β 为 0.1094，相比之下，研发费用加计扣除政策的弹性系数高出 0.08%，说明实施研发费用税前加计扣除政策对企业增加 R&D 经费投入的作用效力要比高新技术企业税收优惠政策略为明显。为深入分析两种政策激励效果的差异，构建动态面板模型②和③，模型估计结果显示，研发费用税前加计扣除政策的弹性系数 α 为 0.1805、高新技术企业税收优惠政策的弹性系数 β 为 0.1312，结果表明研发费用税前加计扣除政策的作用效力相比高新技术企业税收优惠政策要明显，导致政策效力产生差异的原因可能在于两种政策适用范围、税收抵扣比例等的不同。高新技术企业税收优惠政策仅针对国家认定的高新技术企业，所得税税率按 15%征收，政策实际惠及面相对较窄；研发费用加计扣除政策广泛适用于科技型中小企业，税收抵扣比例最高达 75%，政策门槛相对较低、惠及面更宽。可见，研发费用税前加计扣除政策的惠及面更宽，因而激励作用更强。

3.成本效率

根据动态面板模型②和③估计结果显示，一单位研发费用加计扣除额可带来 0.1805 单位企业研发投入；一单位高新技术企业税收优惠可带来 0.1312 单位企业研发投入；文章的研究结果高于王旭等（2017）得出的企业税负每降低 1%，R&D 投入增加 0.055%的测算结果。然而，据欧美创新型国家或地区经验数据显示，在美国 1 美元税收优惠能带来 1 美元额外的研发投入（Hall 和 Van Reenen，2000），在欧盟国家 1 欧元的税收抵扣将带来超过 1 欧元的总研发投入（Duguet Emmanuel，2012），相比之下，目前中国实施的这两个 R&D 税收优惠政策并不具有成本效率，还存在较大的效率提升空间。实证结果反映出 R&D 税收优惠政策在解决由于技术创新市场失灵导致企业研发投入低于社会最优水平这一难题时发挥的作用有限，同时折射出中国 R&D 税收优惠政策体系存在缺失和不完善。

4.滞后效应

动态面板模型①~④估计结果还表明，企业 R&D 经费投入存在明显滞后效应，rdit-1 的弹性系数分别为 0.5728、0.6630、0.7137、0.7242，说明企业当期的研发决策受过去研发投资行为的影响显著。企业技术创新活动需要经历从技术到产品再到市场应用和产业化的过程，这一研发决策周期往往超过一年。另外，文章研究的两种税收优惠都属于税前减免，从投入研发资金到享受税收减免中间需要一定的时间。由此，进一步验证了文章构建的动态效应面板模型的合理性。

五、结论与建议

文章基于2009—2015年中国31个省市的面板数据，分别采用静态固定效应模型和动态差分GMM模型，对R&D税收优惠对企业研发投入的作用效力进行了检验和评估。与已有文献相比，文章选取了研发费用税前加计扣除额和高新技术企业税收优惠额作为解释变量进行研究，同时将滞后一期的R&D经费投入作为工作变量，采用静态与动态相结合的视角对比研究了中国实施R&D税收优惠政策对企业增加研发投入的作用效力。得到结论：①无论是静态固定效应模型还是动态差分GMM模型估计结果均表明，R&D税收优惠与企业研发投入存在显著正相关关系，说明中国政府实施的R&D税收优惠政策对引导企业增加研发投入产生了正向激励作用。②不同R&D税收优惠政策对企业增加研发投入水平的影响弹性存在差异，通过模型对比分析发现，研发费用税前加计扣除政策的激励效应相比高新技术企业税收优惠政策更为明显。③与欧美部分创新型国家或地区相比，中国实施R&D税收激励还不具有成本效率，一单位税收优惠带来明显不足一单位企业研发投入，说明R&D税收优惠政策体系还不尽完善，政策效力存在较大提升空间。

在中国深入实施创新驱动发展战略、大力推动大众创业、万众创新的背景下，完善税收优惠政策制度体系以更好地激励企业技术创新成为当务之急。基于上述分析，文章提出以下建议：一是因“企”制宜制定政策，即依据处于不同生命周期阶段企业技术创新的特点以及不同税收优惠方式的作用效力，实施不同优惠政策及优惠力度，且采取分行业、分梯度、动态税收优惠的方式，如企业研发费用占销售收入比例这一指标将企业划分为若干等级，每一等级实行不同优惠税率，等级越高的企业，享受的税收减免越多，让政策更好地惠及创新型企业；二是实施创新激励应侧重于普适性和普惠性强的税收优惠政策工具，减少税收优惠政策的种类，降低政策享受门槛和成本，向小微企业倾斜，扩大政策实际惠及面，让更多企业享受政策红利；三是进一步落实R&D税收优惠政策，注重做好政策服务和政策实施效果的监督评估工作，确保更多企业享受到R&D税收优惠，同时需结合企业在享受政策时面临的实际困难和障碍，从制度层面、操作层面不断完善、细化政策，充分发挥好R&D税收优惠政策拉动企业研发投资的作用。

参考文献：

[1]江静.公共政策对企业创新支持的绩效—基于直接补贴与税收优惠的比较分析[J].科研管理.2011,4(4):1-9.

[2]Nelson R.The Economics of Invention:A Survey of the Literature [J].The Journal of Business,1959,32(2):101-127.

[3]Yonghong Wu.The Effectives of State R&D Tax Credits in Stimulating Private R&D Expenditure:a Cross-state Empirical Analysis[J].Journal of Policy Analysis andmanagement,2005(04):785-802.

[4]王旭,何玉.政府补贴、税收优惠与企业研发投入——基于动态面板系统 GMM 分析[J].技术经济与管理研究,2017(4):92-96.

[5]廖添土,肖锦生.所得税优惠对企业 R&D 投入的激励效应——基于福建省上市高新技术企业的数据[J].福建农林大学学报(哲学社会科学版),2018,21(6):49-54.

[6]冯海红,曲婉,李铭禄.税收优惠政策有利于企业加大研发投入吗?[J].科学研究.2015(05):665-673.

[7]程瑶,闫慧慧.税收优惠对企业研发投入的政策效应研究[J].数量经济技术经济研究.2018(02):116-130.

[8]Fazzari S,Herzon B.Capital Gains Taxes and Economic Growth(Policy Brief No.25)[R]. NY:the Jerome Levy Economics Institute of Bard College,1995.

[9]Hall B,Van Reenen J.How Effective are Fiscal Incentives for R&D? A Review of the Evidence[J].Research Policy,2000(29):449-469.

[10]吴祖光,万迪昉,吴卫华.税收对企业研发投入的影响:挤出效应与避税激励—来自中国创业板上市公司的经验证据[J].研究与发展管理,2013(05):1-11.

[11]李维安,李浩波,李慧聪.创新激励还是税盾?—高新技术企业税收优惠研究[J].科研管理,2016(11):92-96.

[12]Eisner R,Sullivan M A.The New Incremental Tax Credit for R&D:Incentive or Disincentive [J].National Tax Journal,1984,37(2):171-183.

[13]Hovakimian G.Determinants of Investment Cash Flow Sensitivity[J].Financial Management,2009,38(1):161-183.

[14]Boeing P.The Allocation and Effectiveness of China's R&D subsidies Evidence from Listed Firms [J].Research Policy,2016,45(9):1774-1789.

[15]刘虹,肖美凤,唐清泉.R&D 补贴对企业 R&D 支出的激励与挤出效应研究—基于中国上市公司数据的实证分析[J].经济管理,2012(4):19-27.

[16]谢维敏,唐清泉,陆珊珊.政府 R&D 资助、企业 R&D 支出与自主创新—来自上市公司的经验证据[J].金融研究,2009(6):86-99.

(撰稿人:姜 玲 张小宁 《财会研究》2019 年 5 期)

大事记

——2019 年——

1 月，所院成功入围省级财政预算绩效管理第三方机构库。入库后可以受省财政厅和省直部门委托开展绩效评价和咨询工作，入围第三方机构库进一步拓展了我所战略研究和评估评价的业务范围。

1 月，所院编制完成 2019 年版《甘肃省十大生态产业技术引进指南》。《指南》立足我省产业技术创新需求，紧紧围绕省政府十大生态产业发展规划和总体方案，首次提出我省优先发展的产业关键共性技术 83 项，甄别筛选出上千项国内外主要研发团队、主要领军人才和主要生产企业的详细信息，为省内相关部门、企业、研发机构和地方提供信息指引，对支撑引领十大生态产业高质量发展具有重要意义。

1 月 8 日，2018 年甘肃省科技统计与分析工作暨年报培训会在兰州召开，会议由甘肃省科技厅组织、所院承办。来自各市州科技局科技统计主要负责人，中央在甘科研院所、高校、省属科研院所及相关厅局单位统计工作人员等 140 余人参加了会议。

1 月 20 日，甘肃省统计局发布《关于表彰 2018 年度部门统计工作先进单位的通报》，甘肃省发改委、省教育厅、省科技厅等 16 家先进单位获表彰奖励。所院是省科技厅科技统计工作的支撑单位，获此殊荣。

2 月，所院研究中心承担完成《兰州白银国家自主创新示范区发展规划纲要（2018—2022 年）》编制工作，同时经省政府上报科技部。

2 月 24 日，甘肃省科技厅组织、所院统计中心承办的“科技创新支撑高质量发展评价指标专家研讨会”在兰州召开。有省发改委、省统计局、省政府研究室、中科院西北生态资源环境研究院、兰州大学、省科技发展战略研究院等单位的专家参加了研讨，省科技厅发展规划处负责人出席会议。会议传达了科技部战略规划司关于高质量发展研讨会的精神，与会专家就创新发展指标、高质量发展评价等相关议题开展讨论交流。

2月，受省科技厅委托，所院起草编制的《关于深化项目评审、人才评价、机构评估改革的实施方案》由省委办公厅、省政府办公厅印发。《实施方案》内容主要为落实中央《意见》的任务分工，同时结合我省实际，提出了四点创新和突破的内容。

3月，所院承担编制《甘肃省十大生态产业省内技术信息服务指南》，为了解产业动态与未来发展趋势提供了重要依据。《指南》研究提出了我省十大生态产业技术创新薄弱环节，梳理了我省对行业有重要影响、制约和短期内亟待解决并能够取得突破的核心技术，编制了甘肃省科技创新地图。

3月，所院评估中心参加省财政厅科技文化处2018年科技文化专项资金绩效评价定点采购竞争性答辩，并成功中标，作为第三方机构开展甘肃省2018年度省级引导科技创新发展专项资金、中央引导地方科技发展专项资金和省级科技科普单位基础条件改善及能力建设专项资金的绩效评价工作。评估工作历时一个月，完成对40家项目的实地调研并完成3部绩效评价报告，受到省财政厅的好评。

3月，为进一步规范全省科技统计工作，加强科技统计管理，完善科技统计组织，健全科技统计体系，保障科技统计质量，受甘肃省科技厅委托，所院统计中心承担起草了《甘肃省科技统计工作管理暂行办法》，并于2019年3月5日由省科技厅正式印发。

3月，所院统计中心与甘肃省统计局社科处、兰州市统计局、白银市统计局一行7人组成考察学习组，赴上海张江国家自主创新示范区学习考察。通过参观考察座谈，了解了张江在管理模式、统计调查、政策实施、发展规划等方面的先进经验和做法，为兰州白银国家自主创新示范区建设工作提供了借鉴。

3月，所院统计中心参加了甘肃省统计局在嘉峪关组织召开的甘肃省社会科技和文化产业统计工作会议，并与甘肃省统计局社科处、文化产业处的同志赴酒钢集团开展工作调研，重点围绕企业研发（R&D）经费财务记入方式以及享受国家加计减免等情况进行了详细的交流和探讨。

4月，所院评估中心编制完成《甘肃省科技创新地图（2019版）》。主图侧重反映我省综合科技进步水平、科技创新投入产出以及科技创新基地建设，小图侧重反映我省科技创新支撑产业结构优化水平和科技创新引领产业创新发展水平。

4月，甘肃省科技厅组织有关专家组成验收组，对所院承担的“甘肃省科技评价监测重点实验室建设经费”项目进行了验收。专家组认为实验室建设方向清晰明确、学科建设特色鲜明、基础成果丰富有用、外部影响逐步扩大，作为国内首家评价监测类重点实验室，在科技评价监测领域发挥了学科优势和行业特色。

4月，依托科技部领军人才创新驱动中心（甘肃）和国家级专家服务基地，所院研究中心组织专家先后深入康县三河坝镇、长坝镇开展富民产业培育和帮扶结对共建对接工作，有针对性的开展了食用菌种植、大樱桃栽培技术培训，为脱贫攻坚提供人才和智力支持。

5月，所院研究中心在庆城县举办“2019年专家服务团助力脱贫攻坚庆城行活动”，针对庆城县提出的畜牧养殖、医疗健康等方面发展中的需求，开展专家技术帮扶，打造了一个高层次人才与基层有关部门、产业发展交流对接的平台，助力脱贫攻坚，激活乡村发展新活力。

5月，所院统计中心完成《甘肃省科技统计调查制度（试行）》的报批备案，调查制度具体涵盖了4类地方科技统计调查任务：甘肃省高新技术企业统计跨月报、甘肃省重点实验室年度统计调查、甘肃省工程技术研究中心年度统计调查和甘肃省科技奖励项目成果转化情况年度统计调查。

5月，由甘肃省科技厅组织、所院统计中心承办的“全省研究与试验发展投入强度暨区域科技进步评价工作座谈会”在兰州召开。省科技厅副厅长朱晓力出席会议。会议围绕研究与试验发展投入强度、科技贡献率两项全面建成小康社会监测指标和我省区域科技进步评价指标展开研讨和意见征求，来自市州科技局、省直相关部门，以及重点院所、企业的30余位代表参加会议。

6月，所院与定西市科技局签订技术服务协议，所院统计中心受托开展《定西市区县科技进步评价报告》的研究与编制工作。

6月，围绕定西市马铃薯、中医药两个优势主导产业，所院研究中心编制完成《定西市中医药和马铃薯产业技术服务指南》，为定西市中医药和马铃薯产业高质量发展提供强有力的科技支撑。

8月，受兰州高新区经济发展和科技局邀请，所院统计中心业务人员参加“兰州高新区2019年统计业务培训班”，围绕火炬统计年报填报中存在的问题及统计相关知识做了详细解读和培训辅导。

8月，受武威市科技局邀请，所院统计中心业务人员参加“武威市科技局研发经费投入工作能力提升培训班”，围绕甘肃省科研院所研发投入及统计工作业务知识做了详细解读和培训辅导。

9月，所院研究中心启动《甘肃省中长期科学技术发展规划纲要（2021—2035）》和《甘肃省“十四五”科技创新规划》编制工作，制定了《甘肃省中长期科技发展规划纲要（2021—2035年）和甘肃省“十四五”科技创新规划（2021—2025）》编制工作方案，起草印发了《关于开展甘肃省中长期科学技术发展规划纲要（2021—2035）和甘肃省“十四五”科技创新规划（2021—2025）编制工作的通知》等系列文件。

9月，所院研究中心举办“临夏州民族产业发展高层次专家服务行”活动，邀请省内行业知名专家为县域经济和脱贫攻坚建言献策。

10月，所院相关人员承担开展“黄河流域生态保护和高质量发展”专题研究，参与起草《科技部“关于加快提升区域科技创新能力，支撑黄河流域生态保护和高质量发展”研究报告》，形成《黄河流域生态保护与高质量发展资料汇编》《黄河流域生态保护和高质量发展调研报告》《黄河下游流域生态保护和高质量发展调研报告》等资料汇编。

10月，为推进所院科技评价重点实验室和省级国际科技合作基地建设，2019年10月12—19日，所院组织创新政策评价访问团赴澳大利亚西澳大学开展国际交流访问。对科研成果转化、农业政策评价流程、成果共研共享、农业推广中的效果评价方式方法、科研人员培训、短期交流访问等议题进行了深入地交流和具体地磋商，并实地调研科研温室、集科研和营利于一体的现代化农场，取得了实质性进展，圆满完成访问任务。

10月，为推进所院与“一带一路”沿线国家和地区的国际学术交流合作，深化所院省级国际科技合作基地建设，2019年10月27日至11月2日，所院组团赴白俄罗斯国立大学，开展科学技术与创新业务交流访问和学习，对白俄罗斯国立大学科研组织和结构、科学研究与科技成果、教育领域的数字化转型的经验、计算机视觉的现代任务、生物制药、人类和动物生理学领域的实际研究方向等进行了全面地交流和学习，参观了学校历史博物馆、生物实验室、标本馆等，进一步拓宽了视野，增进了交流。

11月，所院召开了甘肃省科技评价监测重点实验室第二届学术委员会第二次全体会议。学术委员会全体委员以及特邀专家对实验室运行情况，特别是学科建设、创新探索中取得的成果给予肯定，一致认为重点实验室近年开展的各项工作具有很强现实意义，符合设立初衷，有效满足了当前政府部门对科技评估工作的要求。

——2020年——

1月，所院研究中心开展系列座谈调研活动，征集市州、企业、科研院所、高等院校“十四五”重大科技需求，开展“十四五”时期甘肃高质量发展的科技支撑研究，为科学编制《甘肃省“十四五”科技创新规划》奠定了基础。

1月，2019年度甘肃省科技统计与分析工作会议暨年报培训会在嘉峪关市召开，会议由甘肃省科技厅主办、所院统计中心承办，嘉峪关市科技局协办。来自各市州科技局科技统计主要负责人，中央在甘科研院所、省属科研院所、高等院校、兰白高新区及部分高新技术企业等相关单位统计负责人约180人参加了会议。甘肃省科技厅党组成员、副厅长巨有谦出席会议并讲话，嘉峪关市副市长赵宝毅致辞。

1月，受平凉市科技局邀请，所院统计中心业务人员在“平凉市科技统计调查暨高新技术企业认定管理培训班”上做培训讲解，具体围绕科技统计工作重要性与统计范围、科学研究机构统计年报及高新技术企业年报等做了详细解读。

2 月，所院统计中心开展了“新冠肺炎疫情对甘肃省高新技术企业情况影响”在线问卷调查。通过调查，深入了解了疫情对全省高新技术企业的影响，掌握了高新技术企业应对疫情采取的有效措施、企业面临的困难与需求，为我省下一步推进相关工作提供了有力的支撑。

3 月，面对紧迫的疫情形势，所院搜集国家及 31 个省市应对疫情政策 410 项，编制形成《应对新冠肺炎疫情中央及地方支持性政策汇编》（2 版共 6 册），编制完成《病毒防控及肺炎领域甘肃省相关科技成果汇编》，内容涵盖新冠肺炎、试剂盒和检测等 14 类 188 项科技成果，撰写《政策出击，抵御疫情》《控疫情，稳经济》等科技决策参考以及《在时疫中发挥情报的力量》等新闻稿，积极为疫情防控提供信息服务支撑。

4 月，受临夏州科技局邀请，所院统计中心参加临夏州“科技管理能力提升培训班”，围绕全省科技进步水平评价，高新技术企业统计调查等内容做了详细解读与培训。

5 月，受定西市科技局邀请，所院统计中心参加“定西市研发经费投入工作能力提升培训班”，围绕《甘肃省区域科技进步评价报告》解读及定西情况、火炬统计调查等方面做了详细解读与培训。

5 月，所院承担的 2017 年度和 2018 年度中央引导地方科技发展专项“兰白试验区统计监测评价平台建设”项目和“兰白试验区监测评价服务平台建设”项目通过省科技厅组织的专家验收。专家组认为项目搭建的兰白试验区统计监测评价平台为兰白试验区和兰白自创区的建设发挥了重要作用，为省委、省政府科学决策提供了可靠依据。

5 月，所院牵头更新编制了 2020 年版《甘肃省十大生态产业技术引进指南》和《甘肃省十大生态产业省内技术信息服务指南》，并印发省政府组成部门和市州科技局等相关部门，为我省相关企业、研究机构、部门和地方在引进技术、企业、人才和团队等方面提供信息参考。

6 月，所院研究中心高起点谋划、全方位把握、多角度思考，全力推进《甘肃省“十四五”科技创新规划》编制工作，形成《甘肃省“十四五”科技创新规划》初稿。

6 月，所院评估中心中标甘肃省政府决策咨询委员会 2020 年度研究课题“甘肃国企与民企融合发展打造优势产业链对策研究”。

6 月，甘肃省人民政府办公厅印发《关于提升甘肃省科技创新综合实力若干措施》。所院统计中心受托参与了文件的起草、编写、征求意见等环节。该政策的出台与发布为进一步激发全省科技创新活力、提升科技创新综合实力提出了新的“任务书”和“路线图”。

9 月，所院研究中心在岷县举办人力资源和社会保障部 2020 年专家服务基层重点服务项目“乡村振兴高层次专家基层服务行”活动，组织天津市及省内专家 15 人，通过实地考察、免费义诊、知识讲座、现场指导、对接交流等形式，为增强岷县内生发展动力，决战脱贫攻坚提供高层次智力支持。

9月，所院研究中心在庆阳市举办人力资源和社会保障部2020年专业技术人才知识更新工程高级研修项目“科技支撑脱贫攻坚与乡村振兴高级研修班”，为促进农业农村持续健康发展，科技支撑乡村振兴提供高端智力支持和高层次人才保障。

9月，以“技术评价、技术预见与区域绿色崛起”为主题的第15届全国技术预见学术研讨会，于9月17日—18日在张掖成功举办。来自68家国内有关技术预测、科技评价、情报研究等单位的180位业内人士参会。会议探索用新兴技术支撑科技战略，以期为构筑古丝路绿色崛起提供战略参考。研讨会促进了技术预见领域的交流与合作，推进了技术预见领域的理论与实践研究。

10月，受庆阳市科技局邀请，所院统计中心参加“庆阳市科技统计监测培训班”，围绕综合科技进步水平、科技进步贡献率等内容做了详细解读与培训。

10月，所院研究中心完成《甘肃科技发展战略研究》《科普知识1000题》《区域创新视角下兰白地区协同发展机理与实证研究》等3本著作的出版工作。

11月，所院研究中心完成《甘肃省绿色生态产业发展人才队伍建设规划（2021—2023年）》《甘肃省科技创新创业人才队伍建设规划（2021—2023年）》，科学谋划了我省新形势下的人才工作，为创新型甘肃建设提供了人才保证和智力支持。

11月，科技部火炬中心发布《关于表扬2019年度火炬统计工作先进单位的通报》，对在2019年度火炬统计工作考核评价中成绩突出的24家科技管理部门负责火炬统计主要处室和相关承担单位及83家国家高新区予以表扬，甘肃省科技厅高新处和甘肃省科技情报研究所获得表彰。

11月，所院统计中心受兰州市科技局邀请，赴兰州市科技局围绕兰州市科技进步评价及创新能力做解读培训。

11月，所院组织召开“甘肃区域科技创新工作座谈会”。会议邀请中国科技发展战略研究院玄兆辉研究员、国家统计局统计科学研究所何平研究员、甘肃省统计局社科处、省科技厅发展规划处负责人等参加座谈。座谈会围绕国家创新调查制度，甘肃省科技创新水平、现状以及创新环境等进行了讨论与交流，对深入推进我省科技统计与创新调查工作，支撑服务创新驱动发展提供了智力支持和新思路。

11月，受庆阳市科技局邀请，所院统计中心参加“庆阳市科技局科技进步统计监测工作培训班”，开展解读培训。

11月，所院统计中心荣良骥参加由中国科学技术信息研究所组团的为期14天的荷兰“提升科技信息素养能力研修班”。培训内容主要包括科技政策决策支撑研究，荷兰科技信息机构研究案例，制度创新，大数据、人工智能及开放科学等与科技信息素养相关的新技术研究与应用进展等。

12月，甘肃省政府研究室组织专家对所院评估中心承担完成的“甘肃国企与民企融合发展打造优势产业链对策研究”课题进行了评审。课题研究聚焦产业链中企业链创新链的融合，探究优势产业国企民企布局，凝练国企与民企融合模式，挖掘国企民企融合切入点，为探索建立甘肃高质量发展新的成长空间、关键的着力点和有力支撑体系提供决策依据。专家组一致认为，课题研究达到了预期目的，同意通过评审。

12 月，所院评估中心协同金昌科技局，赴金昌市就“十四五”科技创新规划编制需求进行调研，完成《金昌市“十四五”科技发展规划前期调研报告》及《金昌“十四五”科技创新规划》，并根据 6 位科技专家反馈意见和建议，对规划进行了完善。

12 月，所院评估中心立足省科技厅，服务多家单位，全年完成多种类型的重点评估报告 25 个。完成《甘肃省 2021 年科技专项经费—科技奖励事前绩效评估报告》等 2 个计划类评估；完成《甘肃省“十三五”科技创新规划评估执行情况总结评估》等 6 个政策规划类评估；完成《甘肃省 2019 年度中央引导地方科技发展专项资金绩效评价报告》等 11 个专项资金项目绩效评价报告及区域创新评估等多类评估报告，为各类决策咨询提供坚实支撑。

12 月，所院评估中心完成《甘肃省“十四五”时期农业领域技术预测研究报告》，加紧完善“十四五”时期生物医药领域和现代服务业领域技术预测评价研究和报告，探索形成甘肃特色技术预测研究路径，为聚焦产业创新发展助力。

12 月，所院研究最中心完成庆阳、酒泉、嘉峪关等市“十四五”科技创新规划初稿的编制工作，更好地服务于地方科技创新工作。